SANDRA VONDERSTEIN

Rally — Obedience

Vom Anfänger bis zum Leistungssportler

Mit kreativen Trainingsideen

KOSMOS

Figur 8
ohne
Ablenkung

Inhalt

DAS KOSTENLOSE EXTRA: DIE KOSMOS PLUS APP FÜR DIGITALE ZUSATZINHALTE

Dieses Buch bietet Ihnen weitere Inhalte in Form von Illustrationen mit allen Parcoursplänen.

Und so geht's:

1. Besuchen Sie den App Store oder Google Play.
2. Laden Sie die kostenlose App „KOSMOS PLUS" auf Ihr Mobilgerät.
3. Öffnen Sie die App und laden Sie die Inhalte für „Rally Obedience" herunter. Dort finden Sie auch den Link für die Trainingskarten zum Ausdrucken.

Mehr Informationen finden Sie unter plus.kosmos.de

ZU DIESEM BUCH

Ihr habt Lust, mit eurem Hund zu Hause, im Garten oder beim Gassigehen verschiedene Übungen zu machen? Ihr sucht nach Übungen, die euer Hund und jeder Hundeführer leicht lernen kann, die Spaß machen, die aber trotzdem so anspruchsvoll sind, dass ihr euren Hund kopfmäßig auslastet? Dann seid ihr bei der Sportart Rally Obedience fündig geworden.
Bei Rally Obedience macht der Hundebesitzer mit seinem Hund eine Rally, die aus DIN-A4-Schildern besteht und damit aus verschiedenen Übungen wie: Sitz! Sitz, Platz! oder Sitz, Platz um den Hund herum!
Mit diesem Buch nehme ich euch mit in die Welt von Rally Obedience, ich erkläre euch, was es für Schilder und Übungen gibt, wie sie funktionieren, wie ich sie meinem Hund beibringe und wie ich sie korrekt ausführe. Wir beginnen mit einfachen Übungen (Beginner) und erweitern unser Können immer mehr, über mittelschwere Übungen (Klasse 1 und Klasse 2) bis hin zu schwierigeren Übungen, wo wir dann schon in der Klasse 3 sind. Selbst wenn ihr einen älteren Hund habt oder einen Hund, der in seinen Bewegungen eingeschränkt ist, hält Rally Obedience viele Schilder/Übungen parat, die ihr auch mit diesen Hunden machen könnt.
Es gibt 115 verschiedene Aufgaben, aus denen ihr eine Rally zusammenstellen könnt. Eine Rally (Parcours) besteht aus 15 bis 24 Schildern. Durch sogenannte Mehrschildübungen gibt es zahlreiche Varianten, wie ein Parcours mit eurem Hund aussehen kann.
Ihr könnt diese Sportart allein zu Hause machen oder mit Freunden unterwegs, oder ihr könnt in einen Hundeverein gehen und sie dort trainieren. Ganz wie ihr das möchtet. Doch Vorsicht: Diese Sportart hat Suchtpotenzial, fangt ihr sie einmal an, ist es ganz schwierig, wieder damit aufzuhören.
Das Besondere an dieser Sportart ist, dass ihr euren Hund mit Handzeichen, Kommandos und mit Leckerchen ansprechen und motivieren dürft. Nicht nur dürft, sondern es ist sogar erwünscht: der nette Umgang mit dem Hund. Er ist kein Sportgerät, sondern unser Teamkollege!!
Die Rally Obedience-Spiele sollen euch die Trainingsstunden mit eurem Hund und euren Freunden versüßen. Beachtet hier auch die Kosmos App, die euch kostenlos Spielpläne und Rally Obedience-Karten liefert.
Sucht ihr weitere Informationen zum Thema Rally Obedience, schaut euch gerne unsere Webinare im Kosmos Verlag an, die euch durch Videos Rally Obedience noch näher bringen.

RALLY OBEDIENCE — *Schach für Mensch und Hund*

DIE BASICS

Rally Obedience lässt sich mit Schach vergleichen: Es ist eine geistige Auslastung für Mensch und Hund. Durch die Möglichkeit, Schilder mit Übungen in unterschiedlichen Konstellationen zu kombinieren, entwickelt sich jeder Lauf anders.

Die Vielzahl der Schilder erlaubt einen immer wieder anderen Parcoursplan und dein Teampartner Hund macht jeden Lauf aufs Neue interessant. Seit Januar 2022 gibt es eine spannende Änderung im Regelwerk: Es gibt ab der Klasse 1 bis Klasse 3 Stationen, die man mit einem rechts geführten Hund absolvieren muss. Durch diese Idee sind der Phantasie im Parcoursbau fast keine Grenzen gesetzt. Sie öffnet die Tür zu einem abwechslungsreichen Sport, der den Hund nicht einseitig belastet. Rally Obedience kann man allein zu Hause auf kleinstem Raum trainieren, im Garten oder draußen beim Sparzierengehen. Oder man kann sich mit Freunden treffen und draußen auf einer Wiese oder einem Platz zusammen üben oder in einem Verein. Es bietet so viele verschiedene Übungsmöglichkeiten, dass jede Trainingseinheit aufs Neue Spaß und Abwechslung bereitet.

Auch wenn du dich nicht sportlich mit deinem Hund betätigen möchtest oder kannst und du keine Geduld dazu hast, deinem Hund witzige Tricks beizubringen, und kein Interesse, mit dem Hund Nasenarbeit zu machen, ist Rally Obedience etwas, was du mit deinem Hund gemeinsam machen kannst. Fängst du mit Rally Obedience an, befindest du dich in der Beginner-Klasse. Hier wird der Hund noch links geführt. Das bedeutet, dass dein Hund sich auf deiner linken Seite befindet.

Rally Obedience besteht aus kleinen, kurzen Gehorsamsübungen, die du mit deinem Hund zusammen absolvierst. Nachdem du eine Übung gemacht hast, gehst du mit deinem Hund ein paar Schritte bei Fuß, um zur nächsten Übung zu gelangen.

Sitz ist eines der ersten Kommandos, das die Hunde lernen.

EIGENE RALLY ZUSAMMENSTELLEN

Aus dem Zusammenfügen von diesen Übungen kann man eine kleine Rally machen. Man schreibt die Elemente auf Schilder, stellt sie in einem Abstand hintereinander auf und arbeitet sie mit seinem Hund zusammen ab. Am Anfang hat man ganz einfache Übungen,

☞ DIE ÜBUNGEN IN DER BEGINNER-KLASSE

SCHILD 01 = SITZ

Hier gehst du mit deinem Hund an deiner linken Seite auf das Schild zu. Das Schild befindet sich auf deiner rechten Seite und du signalisierst deinem Hund, dass er sich neben dich setzen soll. Du darfst dabei Sitz sagen oder mit deinem Finger das Sitz zeigen. Und wenn der Hund schön sitzt, kannst du ihm zur Belohnung ein Leckerchen geben. Das ist der große Unterschied zu vielen anderen Sportarten: Bei Rally Obedience darfst du die ganze Zeit mit deinem Hund reden und ihn auch, wenn er eine Übung korrekt gearbeitet hat, füttern bzw. belohnen. Manche Hundeführer streicheln den Hund auch zur Belohnung.

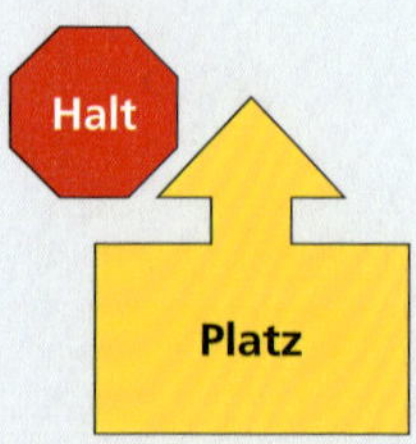

SCHILD 02 = SITZ PLATZ

Bei dieser Übung muss der Hund sich neben dich setzen und sich dann ins Platz legen, nach dem Platz wieder aufstehen und mit dir weitergehen. Im Großen und Ganzen keine besondere Herausforderung. In der Welpen- und Junghundeschule hat dein Hund bestimmt schon gelernt, sich neben dich hinzusetzen und aus dem Sitz ins Platz zu gehen. Zu Beginn reicht es, wenn der Hund kurz sitzen bleibt und dann ins Platz geht.

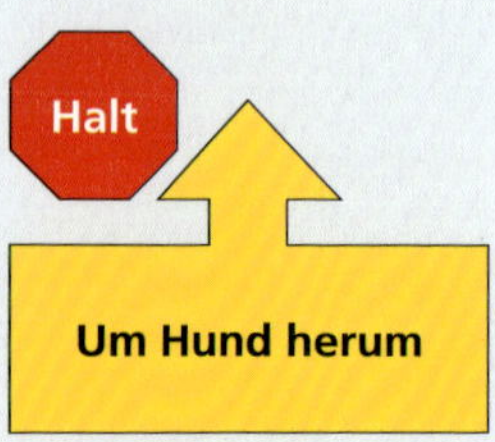

SCHILD 04 = HALT – UM DEN HUND HERUM

Kann der Hund schon länger sitzen bleiben, probiere dieses Schild (04) aus. Der Hund bleibt sitzen, während du um ihn herumgehst. Wenn der Hund sitzt, gehst du in Laufrichtung um deinen Hund herum, während er die ganze Zeit sitzen bleibt. Bist du am Ausgangspunkt angekommen, stellst du dich neben deinen Hund. Jetzt kannst du ihm zur Belohnung ein Leckerchen geben oder ihn streicheln.

SCHILD 05 = HALT – PLATZ – UM DEN HUND HERUM

Du beginnst mit deinem Hund auf der linken Seite führend. Das Schild steht rechts von dir. Du zeigst oder sagst deinem Hund, dass er Sitz machen soll, danach lässt du ihn aus dem Sitz ins Platz gleiten. Sobald der Hund liegt, umrundest du ihn in Laufrichtung. Dann geht der Hund aus dem Platz mit dir weiter.

wo der Hund nur Sitz und Platz können sollte, aber die Übungen werden immer schwieriger. Rechts seht ihr eine mögliche Aneinanderreihung von verschiedenen Aufgaben.
Auf Videos im Internet kann man anschauen, wie Rally Obedience aussehen sollte. Wenn du bei YouTube „Rally Obedience" eingibst, findest du unzählig viele Videos, die dir zeigen, wie ein Lauf aussehen kann.

SCHILDER UND KLASSEN

Natürlich brauchst du dir nicht die Arbeit zu machen und dir Aufgaben ausdenken, die du mit deinem Hund ausführen könntest. Diese Aufgaben bzw. Schilder gibt es schon. Du kannst sie im Internet auf der Seite des VDH (Verband für das Deutsche Hundewesen) unter Hundesport/Rally Obedience finden oder über die Kosmos Plus App aufrufen und über den Link, der dort angegeben ist, am Computer ausdrucken.
Rally Obedience gibt es in verschiedenen Klassen. Die Anfänger (Beginner) fangen mit den Beginner-Schildern an. Das sind die Schilder, die vor der Nummer ein B haben. (B-001 bis B-032). In der Beginner-Klasse läuft der Hund immer an deiner linken Seite. Mit steigendem Schwierigkeitsgrad kommen die Klassen 1–3. In diesen Klassen gibt es Stationen, die der Hund rechts geführt absolvieren muss. Allerdings sind es nur wenige Stationen, wo der Hund auf deiner rechten Seite arbeitet. Dazu später mehr.
Für die Seniorklasse gibt es einen eigenen Schilderpool. Rally Obedience nimmt Rücksicht auf große Hunderassen. Deshalb können in RO alle Hunde mit einer Schulterhöhe von 55 cm und größer und einem Alter von 6 Jahren sowie Hunde von kleinerer Statur ab 8 Jahren in der Seniorklasse starten. Die Seniorklasse ist kein Muss, sondern eine freiwillige Angelegenheit. Die Schilderauswahl in der Seniorenklasse berücksichtigt, dass die Hunde sich nicht so gut linksrum drehen können. Außerdem wird darauf Rücksicht genommen, dass der Hund nicht so viele Sitz-/Platz-Übungen machen muss. Denn das Hinsetzen und Aufstehen ist für diese Hunde schon mal etwas beschwerlich. Aus diesem Grund gibt es für die Senioren auch Schilder, in denen das Element „Steh" vorkommt. Der Seniorhund muss sich nicht mehr dran gewöhnen, auf deiner rechte Seite zu laufen. Da ist er außen vor.
Falls ihr einen „alten" Hund habt, könnt ihr auch mit diesem Rally Obedience anfangen. Wahrscheinlich kennt ihr das Sprichwort: „Was Hänschen nicht lernt, lernt Hans nimmermehr." Das gilt weder für den Menschen noch für den Hund. Ihr werdet sehen, dass sich euer Hund freut, wenn ihr euch mit ihm beschäftigt und ihm neue Sachen beibringt.

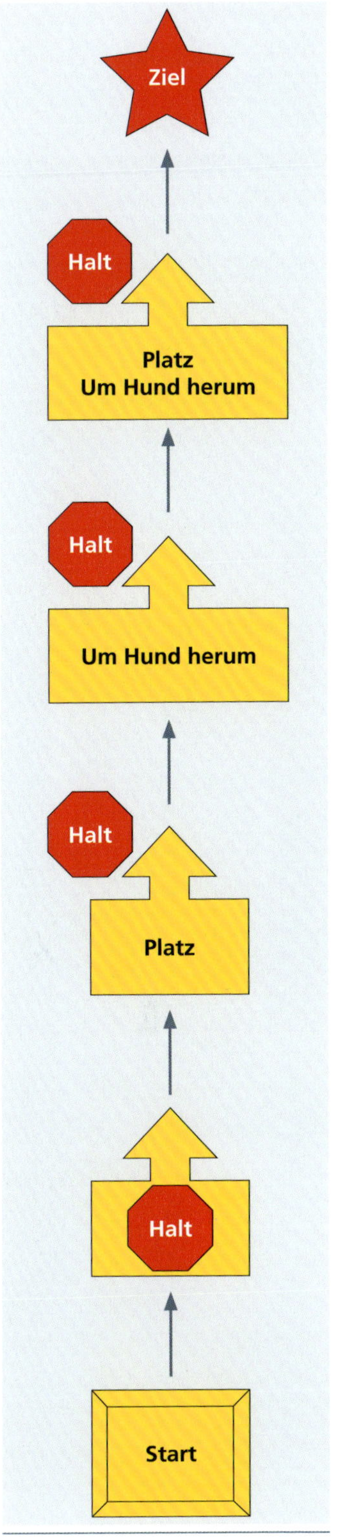

Andrea hat Borko von der Galgohilfe – wer weiß, was er erlebt hat? Mit Rally Obedience gibt Andrea Borko Sicherheit.

BEGINNER

Um Rally Obedience zu erlernen, kann man Kurse besuchen – in Vereinen, in der Hundeschule oder online. Es gibt aber auch viele Hundefreunde, die sich Rally Obedience selbst beibringen.

So habe ich es auch gemacht; ich druckte mir die Schilder aus und stellte davon einige als Parcours im Garten auf. Diesen Lauf filmte ich mit unserer Videokamera und schickte den Film zu einer Freundin. Sie begutachtete den Lauf und teilte mir erst mal alle meine Fehler mit. Aber auch das konnte mich nicht davon abhalten, Rally Obedience zu erlernen.

Eine gute Grundlage ist es, wenn man mit seinem Hund die Welpen- und Junghundeschule besucht hat. Denn hier setzt man schon einen ganz wichtigen Grundstein für Rally Obedience. Man hat schon mal eine Vorstellung davon, wie man den Hund dazu bekommt, sich auf Kommando hinzusetzen oder hinzulegen. Diese zwei Kommandos – Sitz und Platz – sind schon die halbe Miete, wenn man Rally Obedience erlernen möchte.

Wenn man dann noch weiß, dass man seinen Hund zum größten Teil auf seiner linken Seite führen sollte, hat man schon eine gewisse Grundlage.

Weiß der Hundeführer, welches Ziel er mit seinem Hund verfolgt, bringt er ihm auch schon früh das Steh bei.

Stehen ist für die Gelenke von Hundesenioren schonender als das Sitz.

B-001

B-001 Typ A Halt
Team hält im Arbeitsbereich an und der Hund setzt sich in Grundstellung. Er kann sich von selbst setzen oder vom HF per Hör- und/oder Sichtzeichen dazu aufgefordert werden.

Elemente	Hpt.Best.Teil
Hund sitzt	x
HF steht am Schluss neben dem Hund	

In diesem Buch machen wir „Learning by Doing“. Das ist die schönste Art und Weise, Rally Obedience zu erlernen. Um mit dem Training zu beginnen, braucht ihr euch nicht direkt die Schilder in DIN-A4-Größe auszudrucken, wir zeigen alle Schilder in diesem Buch. Die Karten kannst du über den Link in der Kosmos Plus App aufrufen und beim Lesen der Erläuterungen neben das Buch legen. Auf den Karten ist jeweils die Erklärung enthalten, die man in der Prüfungsordnung findet, wie das Schild abzuarbeiten ist. Darunter findest du eine Tabelle, wie viele Punkte ein Fehler kostet. Bei Rally Obedience läuft man auf einem Turnier einen Parcours und hat zu Beginn 100 Punkte. Macht man einen Fehler, bekommt man Punkte abgezogen. Pro Schild kann man aber höchstens 10 Punkte verlieren. Nun wollt ihr ja nicht sofort auf Turniere gehen, aber es ist auch für euch wichtig zu wissen, worauf es bei einem Schild ankommt.

TRAININGSKARTEN BEGINNER

SCHILD 01, HALT

Nehmen wir das erste Schild: Halt = *Sitz*. Auf der Karte kannst du sehen, wie dieses Schild aussieht. Darunter kommt die Nummer. (Keine Sorge, man muss nicht wissen, welche Nummer welches Schild hat!) Typ A oder B besagt, ob es sich bei diesem Schild um ein stationäres Schild handelt oder um ein Bewegungsschild.
Auf einem Turnier darf man, wenn man ein stationäres Schild (Typ A) abgearbeitet hat, den Hund füttern. Das heißt, ihr kommt an dem Schild an und beginnt in einem Arbeitsbereich von 1,2 m × 1,2 m die Übung. In diesem Fall setzt der Hund sich parallel zu deinem Bein. Hierfür darfst du mit deinem Hund sprechen und ihm das Kommando „Sitz“ oder „Sit“, oder welches auch immer du für das Setzen neben dir hast, geben. Du darfst auch einfach stehen bleiben und dein Hund setzt sich vielleicht automatisch hin. Nun kannst du in die Tasche greifen und für den Hund ein Leckerchen rausholen. (Beim Training kannst du natürlich den Hund auch zwischendurch mit Futter belohnen.) Wie du in der Tabelle sehen kannst, habt ihr den Hauptbestandteil dieses Schildes gezeigt und könnt weitergehen.
Sollte der Hund sich aber wider Erwarten nicht hinsetzen, dann habt ihr den Hauptbestandteil nicht erfüllt und würdet auf einem Turnier 10 Punkte abgezogen bekommen. Das wäre natürlich sehr schade, also versuche nach Möglichkeit, dass der Hund sich setzt.
Auf der Trainingskarte steht in der Tabelle als zweites Element: HF steht am Schluss neben dem Hund.
Stell dir vor, du hilfst deinem Hund ins Sitz, indem du dich vor ihn hinstellst und ihn dann animierst, ins Sitz zu gehen. Dann musst du dich, wenn er sitzt, wieder neben ihn stellen. Vergisst du das, be-

Ilva und Mia sind Anfänger und mit Freude dabei. Kinder ab acht Jahren dürfen an Turnieren teilnehmen.

Hier ist Henry für ein Sitz neben Frederike zu weit nach vorne gerutscht.

In der Beginner-Klasse, in Klasse 1 und bei den Senioren darf man mit Leine arbeiten. Die Leine darf in der rechten oder in der linken Hand gehalten werden.

Trainingskarten, die man gerade übt, kann man an die Kühlschranktür heften.

kommt ihr 5 Punkte abgezogen. All diese Informationen kannst du dieser Karte entnehmen.

Sitz trainieren: In Rally Obedience gibt es eine Regelung, dass der Hund ohne Punktabzug bis zu 30 cm von dir entfernt arbeiten darf oder bis zu 30° schräg sitzen, stehen oder liegen darf. Ist der Hund weiter entfernt oder sitzt, steht oder liegt schräger als 30°, gibt es Punktabzug, variabel von 1–5 Punkten.

Um dies zu vermeiden, könnt ihr das Sitz, Platz, Steh oder bei Fuß gerade gehen üben, indem ihr euch eine Begrenzung sucht, z. B. einen Zaun oder eine Mauer. Wenn du deinem Hund nicht so viel Platz lässt, setzt er sich automatisch gerade hin. Übt man dies einige Male, so bekommt der Hund eine gewisse Ahnung davon, was du von ihm erwartest: ein gerades Sitz neben dir.

TRAININGSTAGEBUCH

Ein Trainingstagebuch zu führen, ist keine schlechte Idee. Hier kannst du reinschreiben, welche Kommandos du für bestimmte Aufgaben verwenden möchtest. Bei mir gibt es für jede Aufgabe unterschiedliche Kommandos. Ich habe sie mir zu Beginn aufgeschrieben, damit ich die Kommandos nicht vergesse, falls ich eine Aufgabe mal eine Woche nicht übe.

Mancher Hund braucht eine gewisse Zeit, um komplexere Handlungen zu verstehen. Bei meinem Jay ist dies so. Ich versuche, ihm Handlungsabläufe beizubringen, und habe das Gefühl, dass er nichts versteht. Ich gebe ihm dann ein paar Tage Zeit, um das Gelernte sacken zu lassen. Dann versuche ich die Übung erneut, und siehe da, auf einmal bietet er mir das Gelernte an. Aus diesem Grund ist ein Trainingstagebuch nützlich. Du kannst dir aufschreiben, welche Schilder ihr schon geübt habt, welche Kommandos du dafür gegeben hast und was der Hund davon schon umsetzen kann.

Statt eines Trainingstagebuchs kann man auch die Kühlschranktür als Gedächtnisstütze benutzen. Kleb einfach die Schilder, die du zurzeit übst, an die Kühlschranktür und mach dir dazu Stichwörter. So wirst du immer wieder an eure Trainingseinheiten erinnert.

SCHILD 02, HALT, PLATZ

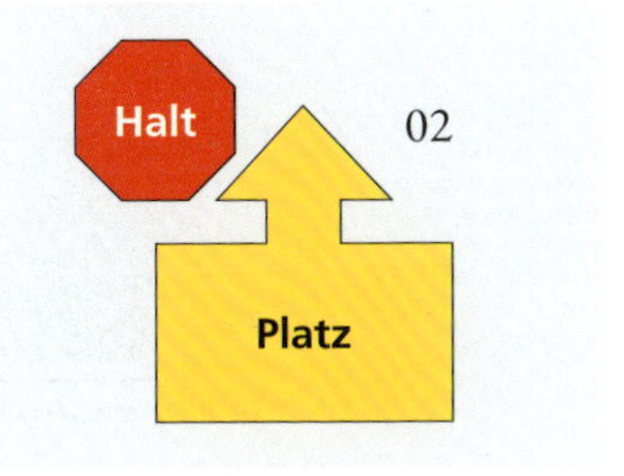

Typ A

Bei Schild B-002 sehen die Informationen schon anders aus. Hier handelt es sich wieder um ein Schild vom Typ A: ein stationäres Schild, und du darfst den Hund am Ende der Übung wieder füttern. Das heißt, du kommst an diesem Schild an und lässt den Hund, wie beim ersten Schild, sitzen und anschließend soll er sich hinlegen. Entweder sagst du einfach nur „Platz" und der Hund legt sich hin, oder du hilfst ihm, indem du das „Platz" zusätzlich mit deinem linken Arm zeigst. Oder der Hund setzt sich hin und du stellst dich vor ihn und zeigst ihm dann, dass er sich jetzt hinlegen soll. Legt er sich mit dieser Hilfe hin, stellst du dich danach wieder neben ihn, und jetzt darfst du ihn füttern, da ihr das Schild komplett abgearbeitet habt.
Punktemäßig ist es völlig egal, ob du deinem Hund mehr oder weniger Hilfe gibst. Wichtig ist nur, dass er die Übung zeigt. In der Tabelle können wir sehen, dass der Hauptbestandteil bei diesem Schild das

Renate arbeitet bei Ben mit Sichtzeichen und deutlicher Körpersprache. Bei Rally Obedience ist das alles erlaubt und Ben braucht es – er ist taub.

Platz ist. Legt der Hund sich nicht hin, sind 10 Punkte weg. Sollte der Hund sich aber zuerst nicht hinsetzen, sondern sofort ins Platz gehen, so fehlt nur ein Element (das Sitz) und ihr bekommt nur 5 Punkte abgezogen. Wichtig ist auch hier wieder, dass du dich nach dem Sitz und nach dem Platz immer in Grundstellung neben deinen Hund stellst. Von Bedeutung ist bei diesem Schild außerdem, dass der Hund aus der Platz-Position aufstehen muss und mit dir weitergehen soll. Das heißt, er darf nicht erst in die Sitz-Position gehen und dann aufstehen; das wären 5 Punkte Abzug, da man ein zusätzliches Element gesehen hätte, welches nicht auf dem Schild steht. Bei diesem Schild kommt ihr wieder links neben dem Schild an und bleibt mit eurem Hund stehen. Während du gerade stehen bleibst, setzt sich der Hund hin. Entweder setzt der Hund sich automatisch hin oder ihr helft ihm mit einem Hör- oder/und Sichtzeichen. Das Ins-Platz-Legen haben wir beim vorherigen Schild ausgiebig besprochen. Und nun darf oder muss der Hund sich nach dem Platz noch einmal hinsetzen. Zeigt der Hund das erste Sitz nicht oder das zweite Sitz nicht, so bekommt ihr für jedes fehlende Sitz 5 Punkte abgezogen. Bei diesem Schild gibt es keinen Hauptbestandteil, in der Tabelle ist nichts rot markiert und ein fehlendes Element an sich kostet „nur" 5 Punkte Abzug. Sollte der Hund nach dem ersten Sitz zwar Anstalten machen, ins Platz zu rutschen, legt sich aber nicht hin, so bekommt ihr für das fehlende Platz 5 Punkte Abzug. Beim Rally Obedience wird ein Platz so definiert, dass wenigstens ein Vorderbein bis zum Ellenbogengelenk auf dem Boden liegen muss. Denkt daran, dass, wenn ihr eurem Hund ins Platz helft, ihr, bevor der Hund sich wieder setzt, eine Grundstellung neben eurem Hund zeigt.

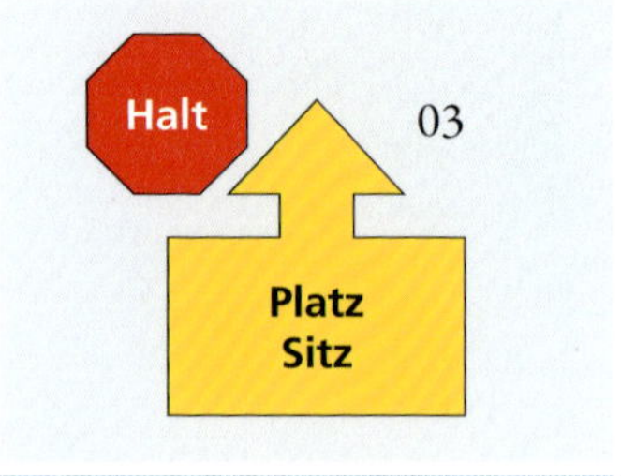

Typ A

UMRUNDEN-SCHILDER

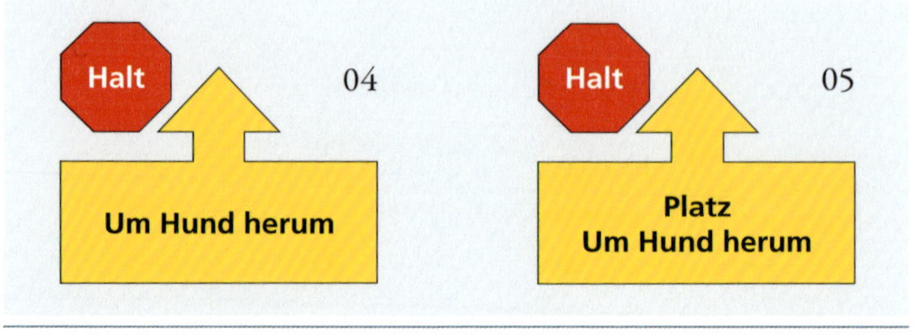

Schilder 04 und 05 gehören zu Typ A.

Bei diesen beiden Schildern ist es von Bedeutung, dass du immer in Grundstellung neben deinem Hund stehen bleibst, bevor du um ihn herumgehst. Mit Um-den-Hund-Herumgehen ist gemeint, dass du in Laufrichtung um den Hund gehst. Bist du um ihn herumgegangen, musst du wieder neben ihm in Grundstellung stehen bleiben, bevor

Ole bleibt artig im Platz, bis Danny wieder neben ihm in Grundstellung steht.

ihr weitergeht. Vergisst du dies, gibt es 5 Punkte Abzug. Bei diesen beiden Schildern ist es ganz wichtig, dass der Hund im Sitz oder im Platz bleibt, während du um ihn herumgehst. Sollte der Hund seine Position verändern, so musst du das Schild nochmals arbeiten, denn sonst kostet es euch 10 Punkte. Das machen viele Hundeführer verkehrt. Für die Wiederholung eines Schildes geht man 3 Schritte zurück und geht das Schild neu an und macht die Übung komplett neu. Bei dem Schild 005 *Sitz Platz um den Hund herum* sollte ich noch erwähnen, dass der Hund aus dem Platz sofort mit dir mitgehen muss. Er darf nicht ins Sitz hochkommen.

UMRUNDEN TRAINIEREN

Am besten gehst du nicht von Anfang an direkt um deinen Hund herum. Er muss ja erst mal lernen, dass er seine Position halten soll. Sag ihm, dass er liegen bleiben soll, und gehe erst mal einen Schritt vor und zurück und belohne ihn danach, wenn er die Position gehalten hat. Du kannst auch einen Schritt zur Seite gehen oder nach hinten; Hauptsache, der Hund bleibt liegen. Dann erweiterst du dies, indem du dich mehrere Schritte entfernst und – wichtig – immer wieder zurückgehst. Zur Abwechslung machst du mal einen Hampelmann vor deinem Hund und überzeugst ihn, die Position zu halten. Wenn dein Hund das alles schafft, kannst du auch um ihn herumgehen. Brenzlig ist immer die Stelle, wo du hinter deinem Hund bist, denn genau dort bist du nicht mehr in seinem Blickwinkel und der Hund verlagert seine Position, um dich besser im Auge zu haben. Wenn ihr dies aber vorher ausdauernd geübt habt, dürfte es nun funktionieren.

Ist dies nicht der Fall, so gehst du nochmal einen Schritt zurück und gibst deinem Hund mehr Zeit, dass Verlangte zu zeigen, oder frag eine Person, ob sie euch bei dieser Übung hilft. Du stehst wieder neben dem Hund, dieser sitzt oder liegt und eure Hilfsperson steht gerade vor euch. Sie hat einen Ball oder ein Leckerchen in der Hand und legt dieses gerade vor deinen Hund. Natürlich in einem etwas größeren Abstand. Nun hat der Hund das Spielzeug im Fokus, und wenn du Glück hast, kannst du nun um deinen Hund herumgehen, und ihn stört nicht, dass du kurzzeitig seinen Blickwinkel verlässt. Wenn du deine Position wieder erreicht hast, gibst du deinen Hund frei und er kann sich das Spielzeug oder das Leckerchen holen. Sollte der Hund zu früh aufstehen, sichert die Person natürlich das Objekt der Begierde, damit der Hund sich nicht selbst belohnen kann.

Kann dein Hund gut sitzen oder liegen bleiben, kannst du auch eine Ablenkung einbauen, indem jemand einen Ball an euch vorbeirollen lässt und dein Hund trotzdem die Position halten muss. Hier kommt wieder dein Trainingstagebuch zum Einsatz. Schreib auf, wie eure Fortschritte beim Umrunden sind, was deinem Hund schwerfällt oder was er super kann.

01

02

03

01 – 03 Als ob Floppy noch nie was anderes gemacht hätte: Artig bleibt er beim Hampelmann im Platz.

Gekennzeichneter Arbeitsbereich

DER ARBEITSBEREICH

Nun möchte ich dir noch den Arbeitsbereich erklären. Die Schilder stehen (fast) immer auf deiner rechten Seite. Der Hund befindet sich in der Beginner-Klasse und bei den Senioren links von dir. In der Klasse 1, 2 und 3 kann der Hund unter Umständen auch rechts von dir starten. Dann ist das Startschild mit einem R gekennzeichnet. Am Startschild geht ihr einfach links vorbei. Vorher darfst du gerne nochmal mit dem Hund spielen und auch Leckerchen geben. Ab dem Startschild müssen das Spielzeug und auch das Futter in deinen Taschen versteckt sein. Gürteltaschen sind auf Turnieren nicht erlaubt. Man darf den Hund nur aus Jackentaschen und Hosentaschen füttern. Alles andere ist nicht erlaubt. Der Hund muss an dem Startschild nicht Sitz machen – ihr könnt also quasi einen fliegenden Start machen und sofort losgehen. Vom Start geht es zum ersten Schild. Idealerweise geht der Hund schön bei Fuß neben dir. In den Klassen Beginner und Klasse 1 und Senioren dürft ihr auch mit Leine starten. Im Arbeitsbereich müsst ihr mit der Aufgabe, die auf dem Schild steht, beginnen. Sie muss nicht im Arbeitsbereich abgearbeitet werden, sondern nur begonnen werden. Wenn ihr ein Schild abarbeitet und danach in die gleiche Richtung wie vorher weitergeht, dann macht ihr die Übung in diesem Arbeitsbereich neben dem Schild. Geht ihr aber nach dem Abarbeiten des Schildes in eine andere Richtung weiter, arbeitet ihr die Aufgabe vor dem Schild.

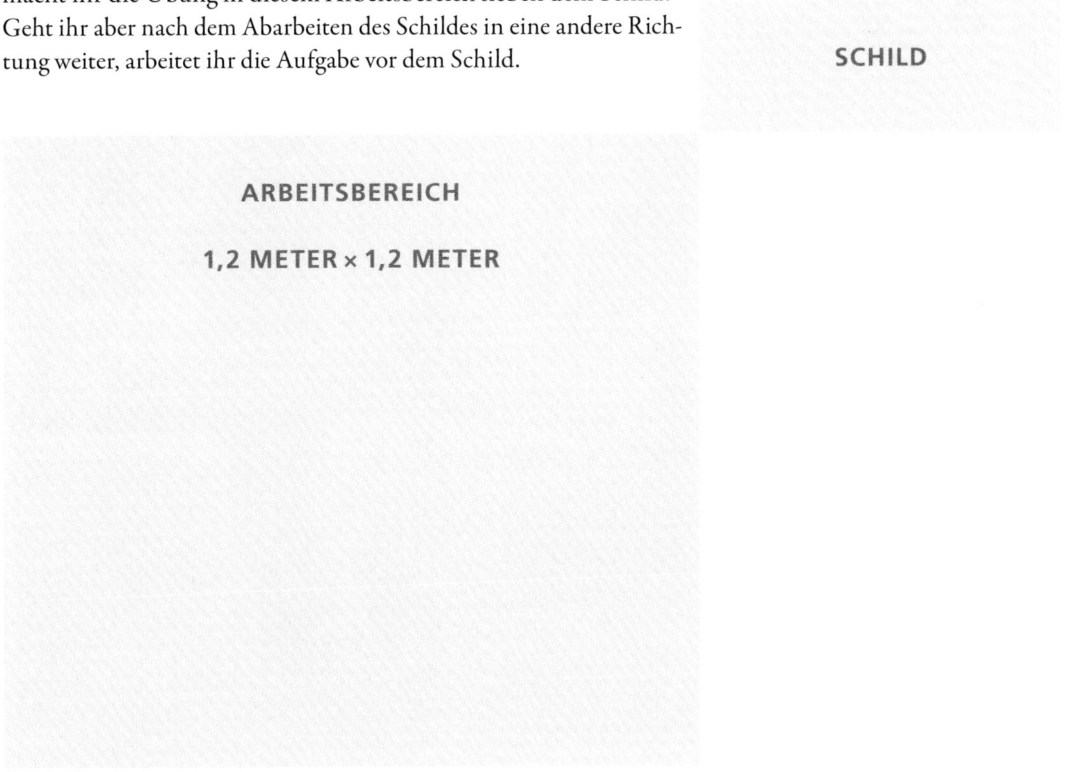

Arbeitsbereich, wenn es in die gleiche Richtung weitergeht.

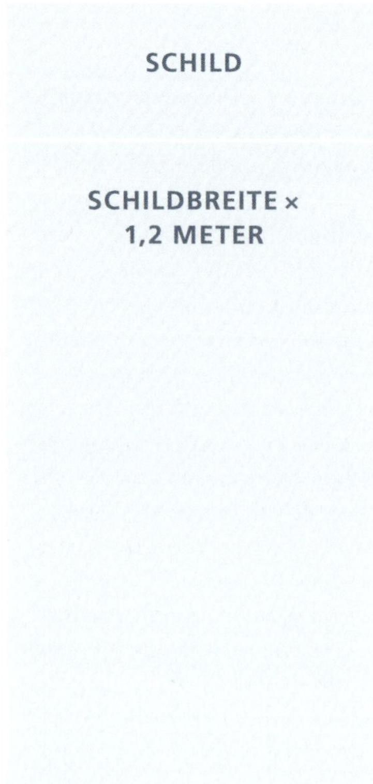

Arbeitsbereich, wenn man die Richtung verändert

Die Übung beginnt immer im Arbeitsbereich, aber die Aufgaben können auch darüber hinausgehen.

TYP B-SCHILDER

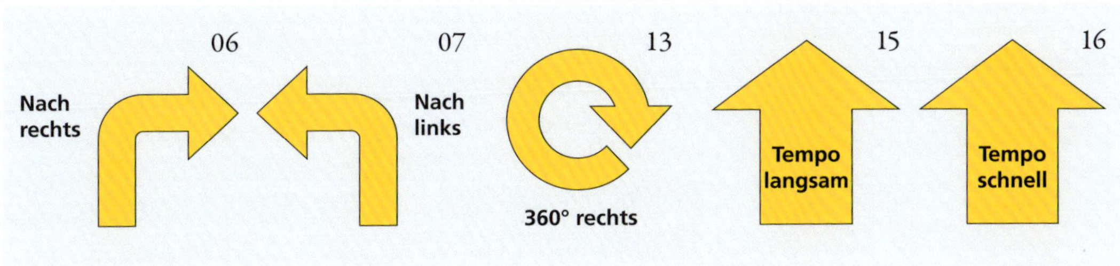

Bisher haben wir nur über Schilder gesprochen, die stationär waren. Das heißt, du bist mit deinem Hund zum Stillstand gekommen. Aber wir haben auch Schilder, bei denen ihr in Bewegung bleibt, das sind dann die Schilder Typ B. Ein Beispiel ist Schild B-06 *Nach rechts*. Ihr geht nach der Ausführung nicht in der gleichen Richtung weiter, deshalb führt ihr die Übung vor dem Schild aus. Da du mit deinem Hund am Ende nicht zum Stillstand kommst, darfst du hier auch nicht am Ende füttern. Das Gleiche gilt für das Schild B-07 nach links. Nur dass ihr nicht nach rechts abbiegt, sondern nach links.
Es gibt auch Schilder, bei denen man in Bewegung bleibt, aber trotzdem in die gleiche Richtung weitergeht wie vorher. Das wären die Schilder B-013, B-015 und B-016. Bei diesen Schildern arbeitet ihr neben dem Schild.
Bei dem Schild *Tempo langsam* und *Tempo schnell* ist es ganz wichtig, dass du mit deinem Hund zusammen am Schildanfang das Tempo gewechselt hast. Das heißt, man muss klar erkennen, ob du mit deinem Hund zusammen langsamer oder schneller geworden bist. Das Tempo wird so lange beibehalten, bis du ein Schild beginnst, bei dem du zusammen mit deinem Hund zum Stillstand kommst oder das Schild 17 *Tempo normal* kommt.

VORSITZ

Bei diesem Schild kommt ihr im Arbeitsbereich an und schließt eure Füße. Ihr zieht den Hund mit einer runden Bewegung vor eure Füße und lasst ihn hier sitzen. (Theoretisch dürft ihr 4 Schritte rückwärts gehen.) Neben dem Vorsitzschild steht immer ein Abschlussschild, damit der Hund wieder auf deine linke Seite neben dich kommt.
Je nachdem, welches Abschluss Schild die Übung beendet, handelt es sich bei dem Vorsitz Schild um ein Schild Typ A oder B: stationäres oder Bewegungsschild.

Typ A oder B

☞ ABSCHLUSS SCHILDER ODER ZUSATZSCHILDER

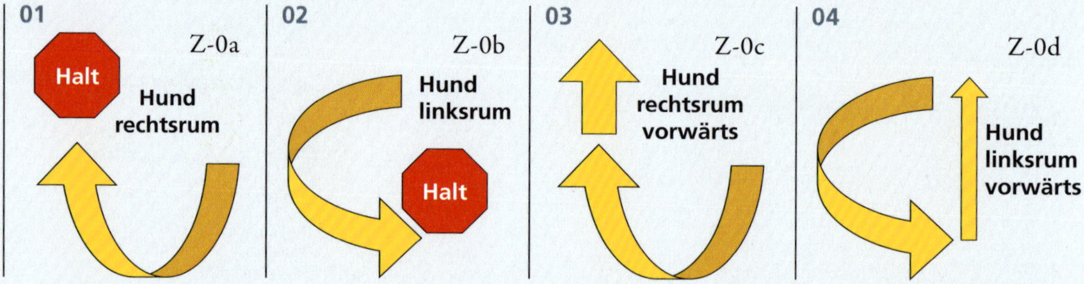

Einmal geht der Hund um dich rechts herum und setzt sich neben dich. (Typ A)	**01**	Als Abschluss gibt es das Schild *Hund rechtsrum Sitz*. Hier sind meine Kommandos: „Fuß – Sitz." Bei „Fuß" weiß mein Hund, dass er um mich herum auf meine linke Seite in „Grundstellung" kommen soll.
Oder er geht links gegen den Uhrzeigersinn auf deine linke Seite und setzt sich. (Typ A)	**02**	Hier sind meine Kommandos: „ReFu – Sitz." Da mein Hund rechts und links unterscheiden kann, habe ich mich entschlossen, diesen Abschluss mit „Re" (für rechts) zu kennzeichnen, dann weiß mein Hund schon mal, dass er sich rechts orientieren soll, und „Fu" (für Fuß), dass er danach sofort in Fußposition kommen muss. Das Sitz ist dann einfach dafür, dass dieser Abschluss mit Sitz endet.
Hier geht er auch rechts um dich herum auf deine linke Seite, aber statt sich zu setzen, gehst du mit ihm vorwärts. (Typ B)	**03**	Hier ist mein Kommando „Fuß", und mein Hund weiß, dass er um mich herum nach links in „Grundstellung" kommen soll. Sobald er auf Kniehöhe ist, gehe ich mit ihm los, ohne dass der Hund sich hingesetzt hat.
Hier wieder der gleiche Abschluss wie b, aber der Hund setzt sich nicht, sondern geht mit dir weiter. (Typ B)	**04**	Und hier ist mein Kommando „ReFu", und sobald er sich gegen den Uhrzeigersinn zu meinem linken Knie hingedreht hat, gehe ich mit ihm gemeinsam los, wieder ohne dass der Hund sich gesetzt hat.

Was du für Kommandos verwendest, bleibt, wie gesagt, dir überlassen. Natürlich kannst du auch mit Handzeichen arbeiten und deinem Hund den Weg zeigen. *Bei Hund rechts rum Halt,* kannst du, wenn der Hund im Vorsitz vor dir sitzt, mit dem rechten Arm den Hund einladen, um dich herumzulaufen, und wenn er hinter deinem Rücken ist, ihn mit der linken Hand annehmen und ihn ins Sitz führen. Im Rally Obedience ist alles erlaubt, Sichtzeichen und/oder Hörkommandos, ganz wie du und dein Hund mögen.

Je nachdem, welcher Abschluss gewählt wurde, verändert das Schild seinen Typ A/B. Du weißt ja: Bei Typ A darfst du deinen Hund am Ende füttern, und bei Typ B darfst du deinen Hund nicht füttern. Das heißt also, dass du den Hund nach den Abschlüssen a und b füttern darfst. Bei den Abschlüssen a–d kommt der Hund am Ende immer auf eure linke Seite.

01

02

03

01 – 03 Auch ohne die Rückwärtsschritte kann der Hund ein gerades Vorsitz.

VORSITZ ÜBEN

Das Vorsitz kannst du ganz einfach üben, indem du den Hund sitzen lässt. Nun stellst du dich vor deinem Hund hin – quasi vis-a-vis – und fütterst den Hund diese Position schön. Einige Hunde mögen dieses nahe Gegenübersitzen nicht und müssen erst lernen, dass diese Position chic ist. Wenn ihr feststellt, dass der Hund diese Position angenehm findet, könnt ihr das Kommando dafür einführen, zum Beispiel „Vor – Sitz".
Dies oft genug wiederholt, weiß der Hund, was ihr meint, wenn ihr „Vor – Sitz" sagt. Jetzt führt ihr den Hund neben euch, geht ein paar Schritte geradeaus und zieht den Hund mit einer runden Bewegung und dem Kommando „Vor – Sitz" vor euch. Der Hund hat eine Vorstellung von Vor – Sitz und setzt sich vor euch. Hier bekommt er wieder seine Belohnung. Auf Turnieren sehe ich häufig, dass die Hunde nach dem Vorsitz direkt einen Abschluss automatisch anbieten oder sogar erst gar kein Vorsitz zeigen. Übe ruhig häufig den Vorsitz ohne einen Abschluss und füttere hier erst mal den Hund. Du kannst dich danach erst mal auf die rechte Seite deines Hundes eindrehen und dann mit ihm zusammen eine 180°-Drehung machen, um wieder in die richtige Richtung zu kommen. Ein weiterer Trainingstipp ist der Elefantentrick. Ihr stellt die Schüssel vor euch und der Hund muss mit den Vorderpfoten drauf und sich immer euch gegenüber positionieren. Kann der Hund die Übung gut auf der Schüssel, tauscht ihr die Schüssel mit einem runden Bodentarget und lasst den Hund aus allen möglichen Positionen vor euch sitzen. Jetzt könnt ihr den Hund, von links neben euch oder auch rechts neben euch, durch euer Kommando vorsitzen lassen. Durch den Elefantentrick kommt der Hund schön gerade vor euch.

ABSCHLÜSSE ÜBEN

Schleicht dein Hund nur langsam um dich herum, kannst du ihn auch mit einem Spieli motivieren. Wenn dein Hund um dich herumläuft, fliegt das Spieli in gerader Richtung voraus. Sei kreativ und variiere die Abfolge von Abschlüssen, sodass dein Hund nicht automatisch im Voraus weiß, was jetzt für ein Abschluss kommt. Er soll immer auf deine Kommandos und/oder Sichtzeichen achten.
Es gibt auch noch dieses Schild: *Vorsitz 1 Schritt rückwärts* (B-025). Es beginnt wie das Schild 14 mit dem Vorsitz, dann gehst du einen Schritt rückw.ärts und forderst deinen Hund auf, dir vorwärts zu folgen. Nun schließt du die Füße und lässt den Hund vor dir sitzen. Das vergessen ganz viele Hundeführer oder sie wissen es nicht, da es von der Grafik auf dem Schild nicht so deutlich zu erkennen ist. Bei diesem Schild ist zu bemerken, dass der Hund deinem Rückwärtsschritt folgen soll und nicht von dem einen Vorsitz ins andere abgerufen wird. Das würde eurem Team 5 Punkte kosten. Zu diesem Schild gehört ein Abschlussschild von Za–Zd.

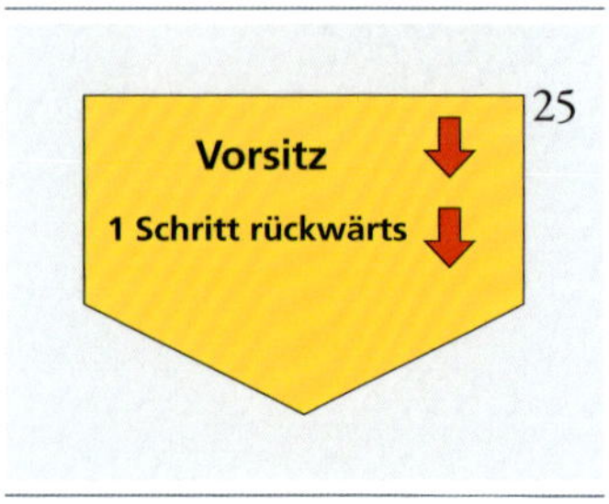

Typ A oder B

01

02

01 Vorsitz üben: Der Hund sitzt neben dir.

02 Du stellst dich nah vor deinen Hund hin.

03 Das nahe Vorsitz wird mit Leckerchen „chic" gefüttert.

03

Außerdem gibt es in der Beginner-Klasse noch ein drittes Schild, indem der Hund das Vorsitz können muss. Es gibt noch das Schild B-32 *Vorsitz – 1 Schritt rückwärts – Platz.*

032

Den Anfang dieses Schildes kennt ihr schon. Es ist vergleichbar mit dem Schild B-014 oder B-025. Der Hund setzt sich vor euch hin und ihr geht einen Schritt rückwärts. Der Hund folgt diesem Schritt gleichzeitig. Sollte er sitzen bleiben und ihr müsstet ihn aus dem Sitz zum Platz abrufen, kostet dieses Abrufen 5 Punkte. Nun soll der Hund sich nach dem Schritt, für ihn vorwärts, nicht hinsetzen, sondern hinlegen. Hierbei müsst ihr darauf achten, dass der Hund mit seinen Pfoten nicht durch eure Beine durchrutscht. Das wäre dann kein Vorplatz mehr und kostet 5 Punkte. Als gedachte Linie könnt ihr eure Fußknöchel nehmen. Sind die Pfoten dahinter, ist es kein Vorplatz mehr. Denkt daran, dass eure

01

Füße nicht zappeln dürfen, während der Hund das Vorsitz und das Vorplatz einnimmt, sowie der Hund das Zusatzschild arbeitet. Das können die Zusatzschilder a–d sein.

VORPLATZ ÜBEN

Diese Übung kann man wunderbar auf einer Mauer oder einer Bank üben. Lasst den Hund auf dieselbige springen. Ihr stellt euch vor euren Hund und lasst diesen sitzen. Gut ist, wenn ihr den Hund so auf die Mauer setzt, dass er noch die Möglichkeit hat, einen Schritt vorwärtszukommen, denn den muss er ja bei dieser Übung auch zeigen. Nun fordert ihr euren Hund auf, einen Schritt vorzugehen, und dann kommt euer Kommando für das Platz. Da der Hund nicht so viel Platz hat, die Mauer grenzt ihn auf natürliche Weise ein, muss er für das Platz „rückwärts" arbeiten. Dieses rückwärts gearbeitete Platz braucht ihr nachher für dieses Vorplatz.

02

01–03 Der Hund muss nach dem Vorsitz dem Rückwärtsschritt folgen und darf dann erst ins Platz gehen.

03

FIGUREN-SCHILDER

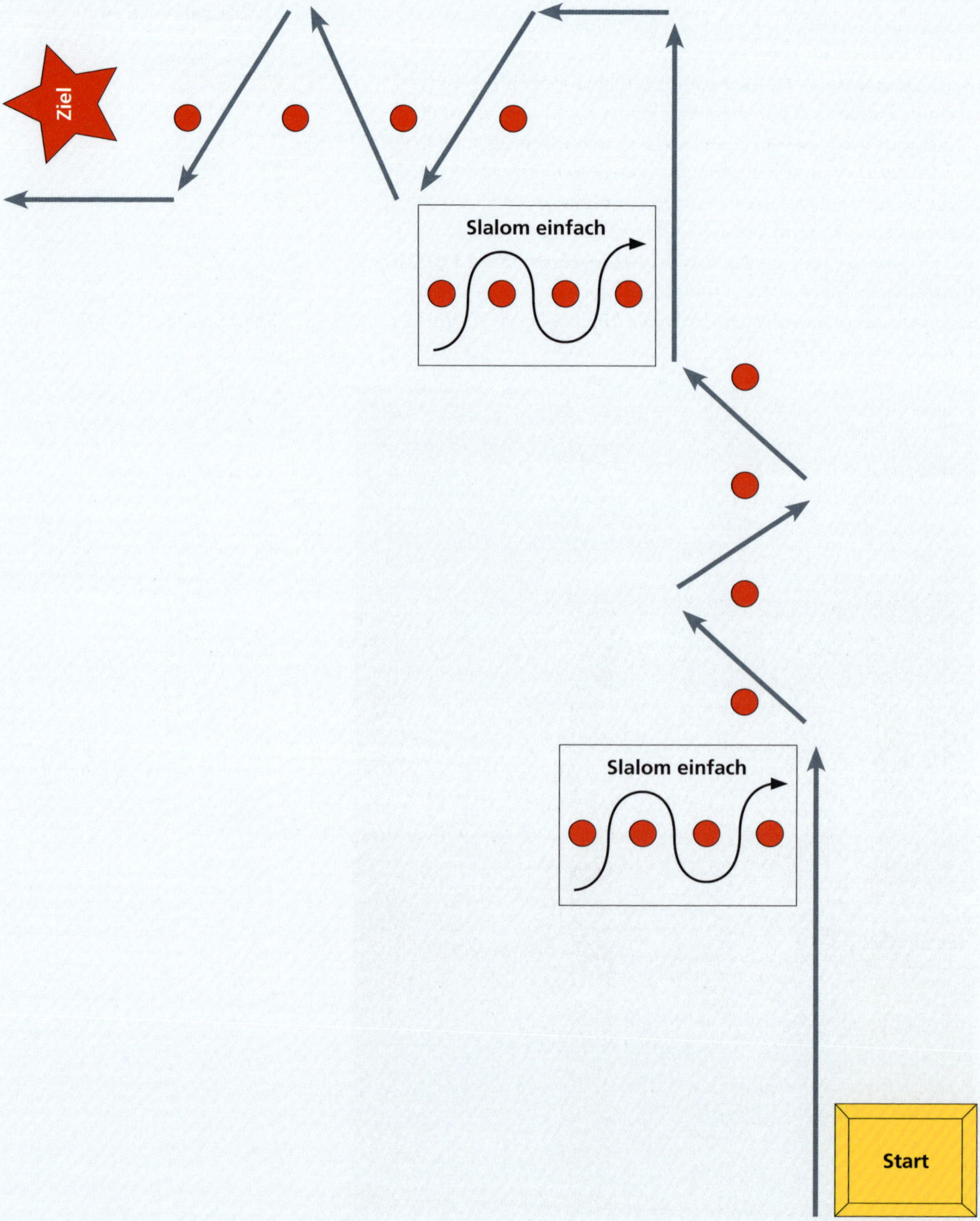

FIGUREN-SCHILDER

Nun haben wir noch die Figuren. Merke: Figuren werden immer mit dem links geführten Hund gelaufen, egal in welcher Klasse ihr seid. Hier gibt es einmal den Slalom, der aus vier Pylonen besteht, die in einer Geraden aufgestellt werden. Die Pylonen stehen jeweils 1,5 m auseinander. Der Eingang ist zwischen der ersten und der zweiten Pylone, wobei sich die erste Pylone zu deiner linken Seite befindet. Das Schild steht immer vor der ersten Pylone, deshalb befindet sich dieses Schild zu deiner linken Seite, du gehst rechts vorbei. Der Slalom kann im Parcours wie auf der Abbildung eingebunden sein. Nebem dem *Slalom einfach* gibt es noch das Schild B-021, *Slalom hin und zurück*. Der Unterschied ist, dass man die letzte Pylone umrundet und im Slalom zurück zum Ausgangspunkt geht.
Für einige Hundeführer ist die *Figur 8* ein schwieriges Schild. Hierfür werden vier Abdeckungen, unter denen sich vier Schüsseln befinden, benötigt, die in Form einer Raute aufgestellt werden. Die Schüsseln stehen jeweils 1,5 m auseinander; die Diagonale beträgt 3 m. Das Schild steht immer auf eurer linken Seite und ihr geht rechts von dem Schild in die Figur 8 rein. Ihr lauft durch die Mitte auf die andere Seite um die Schüssel wieder in die Figur 8 rein, durch die Mitte, um die Schüssel, wieder rum, dann wieder durch

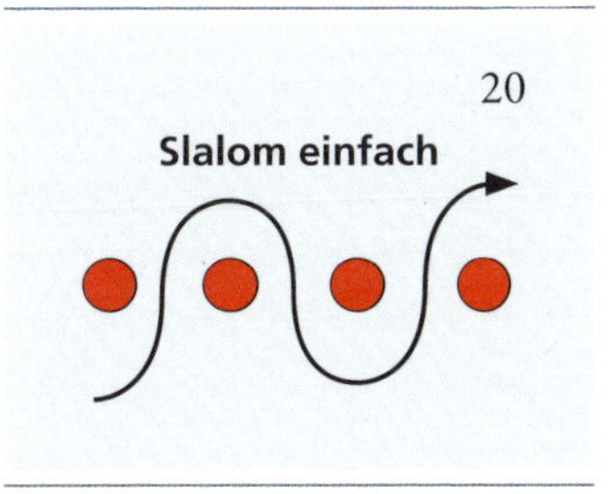

Typ B

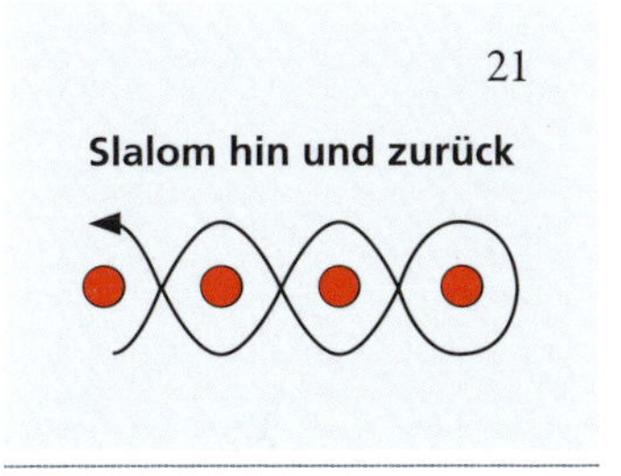

Typ B

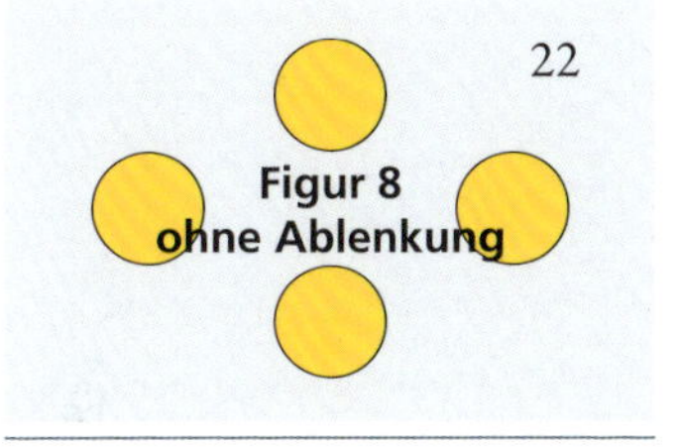

Typ B

Sam und Danny in der Figur 8

die Mitte und jetzt raus aus der Figur. Nun musst du gucken, wo der Parcours weitergeht.
Wichtig ist immer: Ihr lauft dreimal durch die Mitte und immer auf der gegenüberliegenden Seite raus, von wo ihr reingekommen seid.
In den höheren Klassen werden diese Schüsseln mit Futter und Spieli befüllt, um die Schwierigkeit für den Hund durch Ablenkung zu erhöhen.
Neben dem Slalom und der Figur 8 hat die Beginner-Klasse noch vier Figurenschilder.
Zum einen:

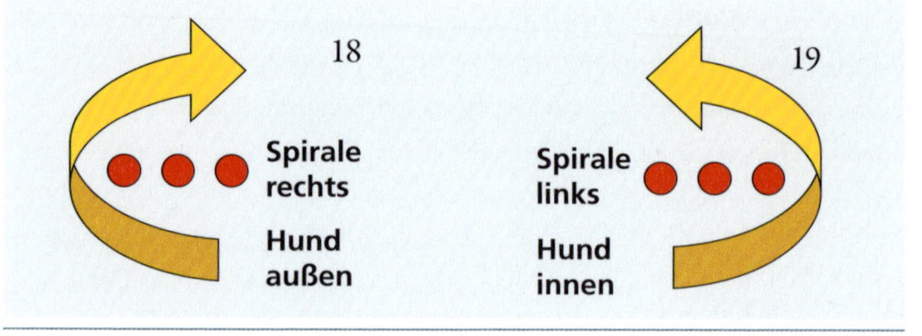

Alle Schilder hier gehören zu Typ B.

Bei diesen Figuren werden drei Pylonen auf einer Geraden mit einem Abstand von 1,5 m aufgestellt. Bei diesen Schildern kann man sich den Spruch: „Ebay 3, 2, 1" als Eselsbrücke merken. Zuerst geht man um drei Pylonen, umkreist diese als Ganzes, geht dann um zwei Pylonen, umkreist diese als Ganzes, und dann um eine Pylone und umkreist diese. Bei Spirale rechts geht man mit dem Uhrzeigersinn um die Pylonen und der Hund wird außen geführt. Bei Spirale links geht man gegen den Uhrzeigersinn um die Pylonen und der Hund wird innen geführt. Dabei muss man darauf achten, dass man dem Hund genügend Platz zum Umrunden der Pylone lässt.

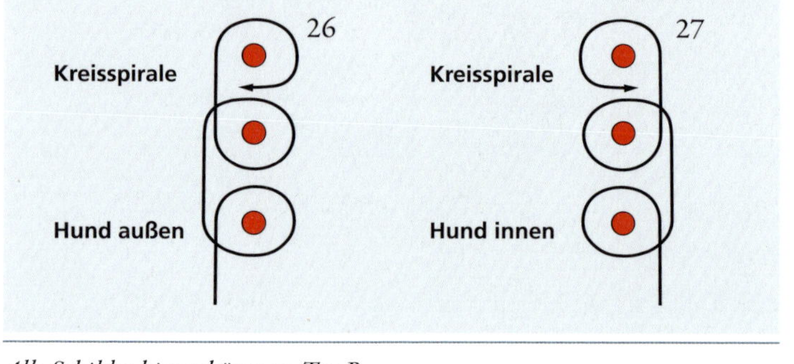

Alle Schilder hier gehören zu Typ B.

Bei den Kreisspiralen werden auch drei Pylonen auf einer Geraden mit einem Abstand von 1,5 m aufgestellt. Jetzt umkreist man aber zuerst die erste Pylone komplett, dann umkreist man die zweite Pylone und zum guten Schluss die letzte Pylone komplett. Bei Hund außen geht man im Uhrzeigersinn und der Hund wird außen geführt, bei Hund innen läuft man gegen den Uhrzeigersinn und der Hund wird innen geführt.

FEHLER VERMEIDEN

Wie schon erwähnt, sollte man ein Schild wiederholen, wenn man Fehler gemacht hat. Eine Wiederholung geht folgendermaßen:
Ein Schild hat nicht so gut geklappt, wie du dir das vorgestellt hast? Dann gehst du mit deinem Hund einfach 3–4 Schritte wieder zurück, gehst auf das Schild neu zu und machst es nochmal. In einem Turnier kann man ein Schild nur einmal wiederholen. Solltest du mehr als eine Wiederholung an einer Übung machen, bekommst du für dieses Schild quasi 10 Punkte abgezogen und für jede weitere Wiederholung 5 Punkte zusätzlich abgezogen. Im Training könnt ihr natürlich öfter wiederholen. Falls ihr ein Turnier lauft, ist es wichtig, dass du auf dem Rückweg deinen Hund nicht anfasst.
Du kannst ihn gerne mit der Stimme motivieren und dann frohen Mutes das Schild nochmal neu angehen.

Spiel und Spaß – der beste Motivator

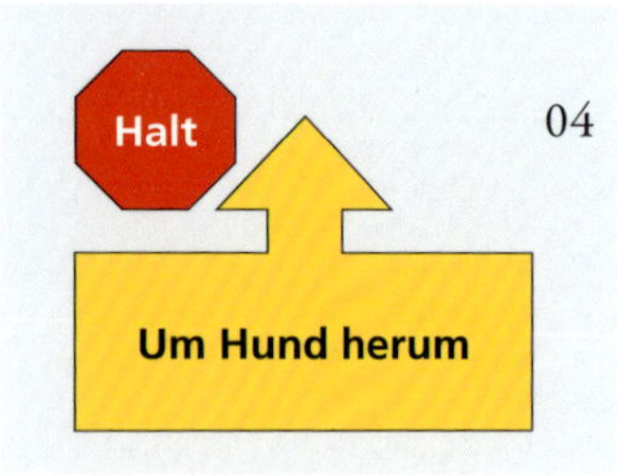

Typ A

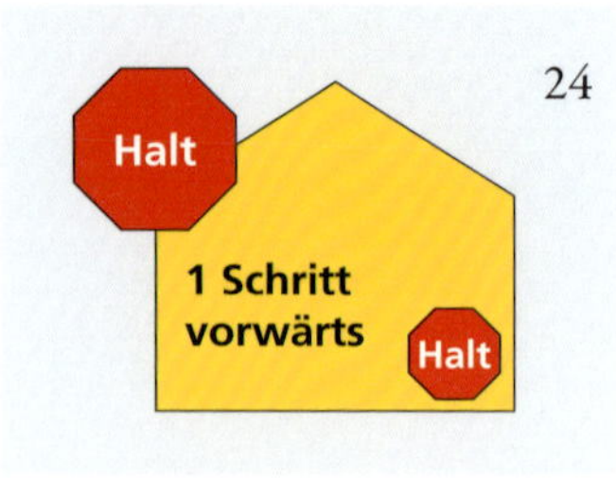

Typ A

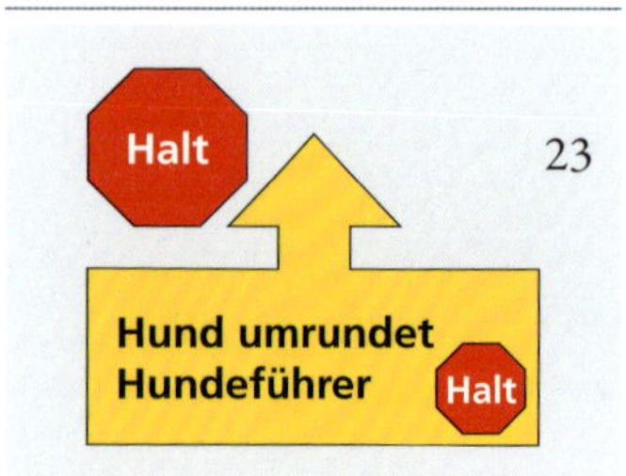

Typ A

Es können keine einzelnen Elemente neu gemacht werden, etwa beim Schild *Halt Um Hund herum.* Während du um den Hund herumgehst, legt er sich ins Platz. Dann brichst du die Übung ab und signalisiert deinem Hund, dass das nicht korrekt war – du kannst zum Beispiel „Fehler“ sagen. Dies wäre dann das Markerwort, das deinem Hund signalisiert, dass er die Übung nicht korrekt ausgeführt hat. Nimm ihn mit und geh nochmal in die Richtung, von der ihr gekommen seid, und wiederhole das komplette Schild.

WEITERE BEGINNER-SCHILDER

Beim Schild *Sitz 1 Schritt vorwärts Sitz* setzt sich dein Hund neben dich und du forderst ihn auf, einen Schritt mit dir mitzugehen und sich dann wieder hinzusetzen. Wenn du den Schritt recht klein machst, gibt es einige schlaue Hunde, die denken: „Warum soll ich aufstehen? Ich rutsche mal schnell mit meinem Pöppes ein bisschen nach vorne, das ist wesentlich energiesparender und viel schneller.“ Dies ist jedoch nicht erwünscht und würde euch 5 Punkte kosten. Achte darauf, dass der Hund seinen Po anhebt. Mach einen großen Schritt, damit dein Hund nicht auf die Idee kommt, einfach nur nach vorne zu rutschen. Falls du einen Hund hast, der sowieso etwas träge ist und sich schwertut mit dem Setzen, Aufstehen, Setzen, dann motiviere ihn. Spiel ihn mit einem Spieli, Futterbeutel oder Leckerchen an, geh mit ihm drei Schritte vorwärts und lass ihn dann sitzen. Nun wirfst du das Motivationsobjekt nach vorne, während du dich auch vorwärtsbewegst. Das findet dein Hund bestimmt klasse. Aus dem Sitzen wird ein Spiel. Wenn ihr das öfter gemacht habt, erkennt dein Hund die Aufgabe, und nun lässt du ihn mit dem Kommando „Sitz“ nach dem einen Schritt sitzen. Dein Hund wird hochmotiviert mit dir mitgehen und sich erwartungsvoll setzen. Als Belohnung gibt es natürlich den Spiele- oder Leckerchen-Jackpot. Nun macht ihr es abwechselnd: Mal wird ein Schritt gemacht und das Spieli wird geworfen, mal wird sich wieder hingesetzt. Den einen Schritt zwischen den zwei „Sitz“ kannst du auch mit dem Kommando „Ein Schritt“ belegen. So weiß dein Hund immer, dass, wenn du „Ein Schritt“ sagst, irgendein Element kommt, und er wird dich erwartungsvoll anschauen. Hiermit kannst du dein Trainingsbuch erweitern.

Es gibt auch ein Schild, bei dem der Hund zur Abwechslung mal um uns herumlaufen darf. Hier haltet ihr links neben dem Schild an und lasst den Hund neben euch sitzen. Dann soll der Hund in Laufrichtung um euch herumlaufen. Ihr dürft nicht mit den Füßen zappeln. Während der Hund um euch herumläuft, sind eure Füße wie festgewurzelt und bewegen sich nicht. Ist der Hund wieder am Ausgangspunkt angelangt, setzt er sich wieder hin. Zum Trainieren könnt ihr den Hund mit einem Leckerchen um euch herumführen.

KEHRTWENDUNG-SCHILD

Bei diesem Schild dreht der Hundeführer sich nach links um 180°, der Hund läuft um seinen Hundeführer herum und dreht sich rechtsrum um 180°. Danach gehen beide in die Richtung weiter, aus der sie gekommen sind. Der Hund ist nach Abarbeiten des Schildes auf deiner linken Seite. Da ihr die Richtung ändert, müsst ihr diese Übung vor dem Schild arbeiten.
Es gibt noch andere Schilder, bei denen man die Richtung ändert (siehe unten und folgende Seite). Richtungsänderungen führt man vor dem Schild aus. Das heißt, vor dem Schilderhalter macht ihr bei den Schildern B-08 und B-09 eine 180°-Drehung mit eurem Hund zusammen und geht in die Richtung weiter, aus der ihr gekommen seid. Ganz wichtig ist, die Drehung in die richtige Richtung zu machen, also bei links auch 180° nach links und bei rechts 180° nach rechts. Habt ihr eine Rechts-Links-Schwäche, so können euch im schlimmsten Fall 10 Punkte abgezogen werden, wenn ihr euch verkehrt herum dreht.
Es gibt aber auch noch die Drehungen. Auch hier ändert man seine Richtung und führt die Übung vor dem Schild aus. Bei 270° nach rechts dreht man sich mit seinem Hund zusammen rechtsherum. Gut ausgeführt ist die Aufgabe, wenn ihr nur einen kleinen Bogen macht und zusammen auf ein DIN-A4-Blatt passen würdet. Wenn ihr euch rechtsherum dreht, geht es im Parcours links weiter. Dreht ihr euch 270° nach links, geht es im Parcours rechtsrum weiter.
Bei der Linksdrehung muss der Hund in Fußposition bleiben, das ist für euren Hund schwierig. Dies könnt ihr am besten mit einer Stange üben, indem ihr darum dreht, oder ihr macht erstmal einen größeren Bogen, der dann immer kleiner wird. Eine weitere Trainingsmöglichkeit für die Drehungen ist der Elefantentrick (s. Kapitel Elefantentrick S. 154).

Bei den Schildern B-028 und B-029 dreht ihr euch vor dem Schild um 210° nach rechts oder links, je nachdem, welches Schild in eurem Parcours steht. Bitte denkt dran, dass die Drehung auf ein DIN-A4

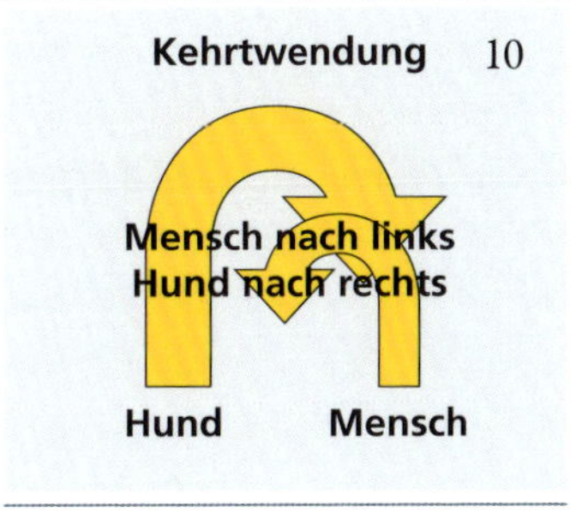

Typ B

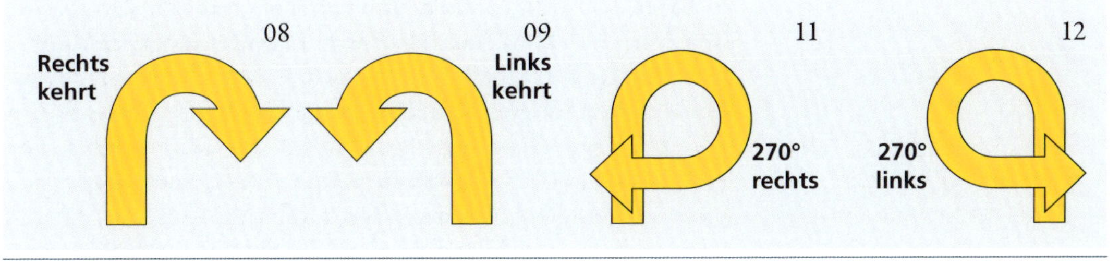

Alle sechs Schilder gehören zu Typ B.

Blatt passt und der Hund sich mit euch dreht, also immer schön in Fußposition bleibt. Diese Schilder sind Bewegungsschilder, das heißt für euch, dass ihr hier nicht füttern dürft.

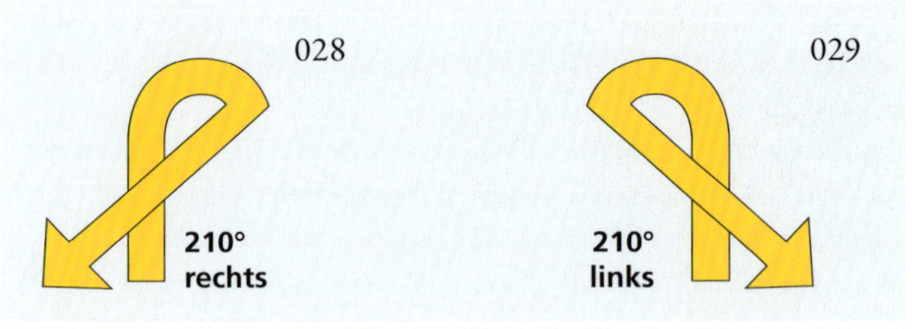

In der Beginner-Klasse gibt es noch folgende Richtungsänderungen:

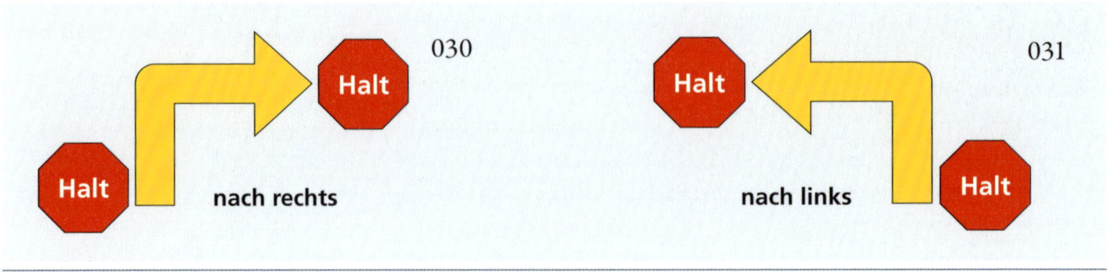

Hier ändert ihr die Richtung, deshalb macht ihr diese Übung vor den Schildern. Ihr bleibt vor dem Schild stehen, der Hund setzt sich neben euch hin. Nun geht ihr drei Schritte um die Ecke, dabei ist es völlig egal, wie. Nehmen wir mal das Schild 30: Ihr könnt einen Schritt nach vorne gehen und zwei nach rechts. Oder ihr geht zwei Schritte nach vorne und einen Schritt nach rechts. Oder ihr geht einfach drei Schritte in die vorgesehene Richtung. Allerdings kommt man bei drei Schritten in die gewünschte Richtung schon sehr weit zur nächsten Übung. Hier ist es völlig irrelevant, ob eure Füße sich berühren oder nicht. Wichtig sind einfach nur drei Schritte zwischen dem ersten Halt und dem zweiten Halt. Zeigt ihr tatsächlich einen 90°-Winkel und eure Füße berühren sich, so zählt dies als ein Schritt. Wenn ihr drei Schritte gemacht habt, schließt ihr die Füße und der Hund setzt sich wieder neben euch. Manche Teams machen zwei Schritte und schließen dann mit der nächsten Fußbewegung. Das sind keine drei Schritte und kostet 5 Punkte. Achtet bei dieser Übung darauf, dass der Hund mit euch mitgeht, in Fußposition ist und nicht sitzen bleibt (5 Punkte Abzug).

01–04 Die zwei Sitz müssen mit drei Schritten verbunden werden – egal wie –, Hauptsache, ihr biegt in die richtige Richtung ab. Da es sich um stationäre Übungen handelt, dürft ihr am Ende füttern.

01

02

03

04

DER ERSTE PARCOURS

Nach den Spielregeln für die Beginner-Klasse könnt ihr nun loslegen. Du fragst dich, wie? Drucke die Karten über den Link aus der Kosmos Plus App aus. Vielleicht hast du die Möglichkeit, sie zu laminieren.

Bisher bin ich nur auf die Vorderseite der Trainingskarten eingegangen, aber wie ihr bestimmt schon gesehen habt, ist auf der Rückseite großflächig das Schild abgebildet.
Wenn ihr zu Hause seid, könnt ihr ein oder zwei Übungseinheiten am Tag machen. Zu diesem Zweck wählst du aus den Beginner-Karten zwei bis drei pro Übungseinheit. Nun kannst du diese Karten mit deinem Hund trainieren. Denk daran, deinen Hund zu motivieren und im Anschluss zu belohnen. Eine Karte höchstens ein- oder zweimal üben. Das reicht.
Wenn ihr spazieren geht, nimm vier oder fünf Karten mit und stell sie euch als kleinen Parcours im Abstand von 3 Meter auf den Weg oder auf eine Wiese und laufe sie mit deinem Hund ab. Am Anfang ist es wichtig, dass ihr nicht so viel Ablenkung habt. Idealerweise

lauft ihr den Parcours zuerst mal ohne Hund ab, damit du ihn dir einprägen kannst, welche Schilder du trainieren willst, und danach mit dem Hund. Ganz wichtig ist das Belohnen und Spielen mit deinem Hund nach einer solchen Übungseinheit. Dein Hund soll Gefallen an dem Arbeiten mit dir finden.
Vielleicht habt ihr ja befreundete Hundebesitzer, die auch Lust haben, mit euch zusammen Rally Obedience zu machen. So kann man sich gegenseitig zuschauen und korrigieren und sich miteinander freuen, wie toll es läuft.
In diesem Buch und in der Kosmos Plus App gibt es auch viele Spiele, die ihr mit euren Freunden zusammen machen könnt. Die Spiele haben verschiedene Ziele. Bei einigen könnt ihr neue Schilder öfter wiederholen, z. B. bei „Mensch ärgere dich nicht!“ und „Baseball“. Bei „Harry Potter“ lernt ihr, die Schilder erstmal ohne Hund zu laufen. Dann habe ich für euch Spiele ausgesucht, wo ihr eure Gedächtnisleistung trainiert. Hier denke ich besonders an das Spiel „Mein Hund kann!“. Bei dem „Baseball“-Spiel lernt ihr, die Figuren zu laufen und einzelne Schilder. Blättere mal im Kapitel mit den Spielen ab Seite 170 oder klick mal in der App. Du wirst sicherlich fündig und kannst schon einige Spiele trainieren. In der Kosmos Plus App findet ihr zusätzlich Parcourspläne, damit ihr sofort spielen könnt.

Anhalten Steh
3 Schritte rückwärts
Vorwärts
3-306

TRAININGSMÖGLICHKEITEN

Ich verzichte darauf, in diesem Buch das Regelwerk von Rally Obedience abzudrucken, da es stets weiterentwickelt wird. Da es sich um eine relativ neue Sportart handelt, stellen wir Richter immer wieder fest, dass in unserer Prüfungsordnung noch nicht alle Eventualitäten niedergeschrieben sind. So kam man dazu, zu der Prüfungsordnung einen Richterleitfaden zu erstellen. Dieser enthält neu dazugekommene Variablen, die wir Richter beachten müssen. Du kannst das aktuelle Regelwerk mit der Prüfungsordnung und den Richterleitfaden auf der Homepage des DVG (Deutscher Verband der Gebrauchshundsportvereine e. V.) ansehen, herunterladen und ausdrucken (www.dvg-hundesport.de → Rally Obedience). So hast du schon mal die aktuelle Regelkunde zu dieser großartigen Sportart. Die Schilder in DIN-A4-Größe findest du auf der DVG-Seite zum Ausdrucken.
Möchtest du dir Rally Obedience mal live anschauen, kannst du in Hundeschulen und Vereine gehen oder dir ein Rally Obedience-Turnier anschauen. Oder man geht auf YouTube und gibt als Stichwort „Rally Obedience" an. Hier gibt es eine Menge Videos, in denen man sich die tolle Sportart anschauen kann. Rally Obedience ist in Deutschland eingeschlagen wie eine Bombe und breitet sich rasend schnell aus. Mittlerweile gibt es jede Menge Seminare, in denen man die Schilder lernen kann, die Mehrschildübungen und einiges mehr.

Ihr könnt verschiedene Seminare buchen: entweder mit Schwerpunkt auf die einzelnen Klassen, ein Mehrschildübung-Seminar oder Spiele-Seminare.

TURNIERE

Wenn ihr nun alle Beginner-Schilder gut beherrscht und du findest, dass ihr schon ein tolles Team geworden seid, hast du vielleicht schon damit geliebäugelt, mal auf einem Rally Obedience-Turnier zu starten.

Das ist eine gute Idee, denn hier könnt ihr euch mit anderen Rally Obedience-Sportlern treffen und austauschen. Die RO-Familie ist gemütlich und nett und hier kann man sich richtig wohlfühlen.
Auf einem Turnier lauft ihr einen Parcours in eurer Klasse, den ein Wertungsrichter extra für euch geschrieben hat. Der Wertungsrichter teilt euch im Anschluss mit, was ihr gut, und auch, was ihr nicht so klasse gemacht habt und vielleicht noch üben solltet. Ihr bekommt also eine Bewertung eures Laufes. Außerdem teilt er euch noch die erreichten Punkte mit.
Turniertermine vom DVG findest du hier: www.dvg-hundesport.de. Nun kannst du schauen, welche Turniere bei euch in der Nähe stattfinden. Da RO zurzeit sehr beliebt ist, achte darauf, dass eure Anmeldung sofort am Meldebeginn beim Veranstalter ankommt. Den Meldeschein findest du entweder beim Veranstalter oder hier: www.dvg-hundesport.de → Service → Formulare.
Das Großartige an Rally Obedience ist, dass ihr nicht Mitglied in einem Verein sein müsst, um an einem Turnier teilnehmen zu dürfen. Ihr könnt auch als Privatstarter starten. Du brauchst keine Begleithundeprüfung, um starten zu können. Du füllst den Meldeschein aus und schickst ihn zur Meldestelle. Beim ersten Start meldest du euch in der Beginner-Klasse an oder in der Senior-Klasse. In letzterer muss dein Hund mindestens 8 Jahre alt sein. Bei einer Schulterhöhe von 55 cm und mehr darf dein Hund auch schon mit 6 Jahren in der Klasse Senioren angemeldet werden. Der Veranstalter sendet dir eine Meldebestätigung zu, wenn ihr angenommen werdet. Das Startgeld muss im Vorfeld überwiesen werden. Du musst eine Turnierkarte ausdrucken, die du ebenfalls auf www.dvg-hundesport.de bei den Formularen findest. Am besten nimmst du Fotopapier, da bleibt die Karte länger in einem guten Zustand. Hier werden bei jedem Turnier Aufkleber reingeklebt. Da steht drauf, in welcher Klasse ihr wann, wo und mit wie vielen Punkten gestartet seid und welcher Wertungsrichter gerichtet hat.
Falls ihr mit zwei Personen mit eurem Hund RO trainiert und ihr auch beide auf einem Turnier starten möchtet, so ist dies durchaus erlaubt. Jeder Hundeführer druckt sich eine eigene Turnierkarte mit dem Hund aus. Der Hund darf auf dem Turnier mit zwei verschie-

denen Hundeführern starten. Seine Starts pro Tag sind auf zwei begrenzt. Der Hundeführer darf auch mit verschiedenen Hunden mehrfach starten. Da gibt es zur Zeit noch keine Begrenzung.
Jeder Hundeführer erläuft sich selbst seine Qualifikationen zum Aufsteigen. Das heißt, ein Hund könnte mit Person A mittlerweile in Klasse 3 starten, mit Person B jedoch erst bei den Beginnern. Soll der Hund jedoch in der Senior-Klasse starten, darf er nur einmal am Tag laufen.
Die Hundeführer, die einem Verband angehören, beantragen über ihren 1. Vorsitzenden eine Leistungsurkunde. Vielleicht hast du schon eine Leistungsurkunde, weil du in einer anderen Sportart mit deinem Hund startest, dann kannst du diese nehmen. Seit Anfang 2019 werden für Verband-Starter die Aufkleber in die Leistungsurkunde eingeklebt. Wenn ihr auch in anderen Sportarten auf Turniere geht, kannst du zur besseren Übersicht eine Seite nur für RO nehmen. Startet jemand anders mit deinem Hund, so werden diese Aufkleber auch in die Leistungsurkunde deines Hundes geklebt. Möchtest du weiterhin deine weiße Turnierkarte benutzen, so kannst du das auch machen. Allerdings gelten für die höheren Turniere nur noch die Qualifikationen, die in der Leistungsurkunde eingeklebt sind.

Borko trainiert fleißig für sein erstes Turnier.

LEINEN BEIM TURNIER

Für deinen Hund brauchst du auf dem Turnier ein handelsübliches, nicht tierschutzrelevantes Halsband oder Geschirr. (Nicht erlaubt sind einziehbare Leinen und Metallketten, Anti-Zug-Geschirre oder Haltis, Würge-, Stachel-, Strom- oder Druckluft-Halsbänder. Agility-Leinen, bei denen Leine und Halsband eins sind, dürfen auch nicht benutzt werden.) Achte darauf, dass das Halsband nicht zu eng ist und deine Hand noch dazwischenpasst. Floh- und Zeckenhalsbänder müssen nicht abgelegt werden. Anhänger sind nur erlaubt, wenn sie den Hund in seiner Bewegung nicht stören. Jegliche Dekoration, Hundemäntel etc., ist nicht erlaubt.

TURNIERABLAUF

Auf einem Turnier kannst du deinen Hund im Auto lassen, falls es nicht zu warm ist. Du kannst auch eine Hundebox mitbringen und deinen Hund dort ruhen lassen. Manche bringen auch ein Zelt mit und stellen dort eine Hundebox rein, damit der Hund etwas zur Ruhe kommen kann. Wieder andere setzen sich auf die Vereinsterrasse und lassen ihre Hunde unter dem Tisch liegen. Vergiss bloß nicht die Leckerchen, Hundespieli und einen Wassernapf.

Denkt daran, vor eurem Turnierlauf die Gürteltasche abzunehmen.

Es gibt geteilte Turniere, da kommt man morgens und kann mittags nach Hause fahren oder man kommt erst gegen Mittag. Es gibt aber auch Turniere, bei denen man den ganzen Tag vor Ort bleibt. Aber keine Sorge, es ist wirklich sehr interessant, sich mit Gleichgesinnten zu unterhalten und den anderen Sportlern bei den Läufen zuzusehen. Die Vereine geben sich immer sehr viel Mühe, euch einen netten Tag zu bereiten, und in der Regel gibt es zu humanen Preisen Frühstück, Mittagessen und Kaffee und Kuchen. Ihr seid gern gesehene Gäste, wenn ihr die Vereine unterstützt, indem ihr dieses Angebot annehmt. Zwischendurch könnt ihr auch mit eurem Hund spazieren gehen.
Wenn du beim Turnier ankommst, gehst du erst zum Meldebüro und meldest euch an. Dafür benötigst du, wie gesagt, die Turnierkarte/Leistungsurkunde und den Impfausweis deines Hundes. Hier wird nur kontrolliert, ob dein Hund eine gültige Tollwutimpfung hat. Dein Hund braucht auch eine Haftpflichtversicherung, dies wird jedoch meistens nicht kontrolliert. Im Gegenzug bekommst du deine Startnummer.
Im Aushang findest du einen Zeitplan vom Turniergeschehen, eine Starterliste und die Parcourspläne. Viele Starter fotografieren sich die Parcourspläne mit dem Handy ab. Wenn deine Klasse dran ist, werden alle Starter auf das Turnierfeld gerufen und ihr werdet gebrieft. Das heißt, ihr bekommt gesagt, wo der Vorbereitungsring ist und ob der Parcours gewisse Besonderheiten hat. Anschließend habt ihr 10 Minuten Zeit, euch den Parcours ohne Hund anzuschauen. Jugendliche dürfen zur Parcoursbegehung jemanden mitnehmen.

DER PARCOURS

Ich empfehle, den Parcours dreimal abzugehen. Beim ersten Mal Abgehen schaust du dir die Schilder und den Weg an. Beim zweiten Mal guckst du, welche Kommandos du wann und wo deinem Hund geben willst. Beim dritten Mal fügst du alles zusammen und gehst den Parcours zügig ab, wie du ihn mit deinem Hund ablaufen würdest. Solltest du der erste Starter sein, hetze dich trotzdem nicht ab. Auch du hast 10 Minuten Parcoursbegehung. Anschließend holst du deinen Hund und gehst zum Vorbereitungsring. Im Vorbereitungsring ist immer der nächste Starter. Auch dem ersten Starter stehen vier Minuten Zeit zu, seinen Hund warm zu machen und auf sich aufmerksam zu machen.

Zora, mein Seniorhund. Mir ist es wichtig, Rücksicht auf meinen Hund zu nehmen. Umso mehr freue ich mich, mit Zora ein Team zu sein.

Dann geht ihr zu eurem ersten Start. Leckerchen hast du in deiner Jacke oder Hundeweste. Gürteltaschen sind nicht erlaubt. Vor dem Start kannst du deinen Hund ableinen. Das Halsband bleibt am Hund. Die Leine kannst du dir umhängen, in einer Tasche verstauen oder einfach am Start hinlegen. In den Klassen Beginner, Klasse 1 und Senioren dürft ihr auch mit Leine laufen. Achte aber darauf, dass sie immer locker durchhängt. Verheddert sich der Hund während der Prüfung in der Leine, schaue den Richter an, frag ihn, ob du den Hund entwirren darfst, und befreie deinen Hund erst nach dieser Genehmigung.

Der Richter gibt euch den Ring frei, und nun gehört der Parcours euch. Genießt euren ersten Lauf! Denk dran: Füttern darfst du an allen Schildern, an denen du mit deinem Hund am Ende der Aufgabe zum Stillstand kommst. Aus der Tasche ins Maul des Hundes. Wiederholung nur da, wo du weißt, dass es richtig große Fehler waren, sonst lauft ihr einfach weiter. Wenn ihr über das Ziel kommt, belohne deinen Hund. Anschließend leinst du ihn wieder an und wartest, dass der Wertungsrichter euch eure Bewertung sagt.

Wenn eure Klasse um ist, werden die Ergebnislisten ausgehängt und du siehst, Wievielter ihr geworden seid. Auf der Siegerehrung sollte jeder Starter eine Turnierschleife bekommen oder eine vergleichbare Ehrengabe.

Der Spaß sollte immer an erster Stelle stehen, deshalb freut euch mit eurem Hund über euren Lauf.

DIE TURNIERSCHLEIFEN

90–100 Punkte = vorzügliche Leistung = rot
80–89 Punkte = sehr gute Leistung = blau
70–79 Punkte = gute Leistung = gelb
60–69 Punkte = bestanden = grün
<60 Punkte = teilgenommen = grün
0 Punkte = nicht bewertet = grün

Im Anschluss der Siegerehrung denkt noch daran, eure Turnierkarte/Leistungsurkunde in der Meldestelle abzuholen. Solltet ihr Gefallen an den Turnieren haben, kannst du überlegen, ob ihr beim nächsten Mal wieder in der gleichen Klasse starten wollt oder eventuell schon eine Klasse höher. Um eine Klasse höher starten zu dürfen, müsst ihr bei diesem Turnier 90–100 Punkte bekommen haben. Wenn man 70–89 Punkte hat, benötigt man dreimal ein solches Ergebnis, um aufsteigen zu dürfen. Der Aufstieg ist bei Rally Obedience freiwillig. Das heißt, wenn ihr in der nächsten Klasse noch nicht so bewandert seid oder einfach noch mehr Erfahrungen in dieser Klasse sammeln wollt, dann bleibt ihr in der Klasse. Erst wenn du aufsteigen willst, meldest du in der nächsten Klasse.

Klasse 1, wir kommen!

KLASSE 1

Jetzt wird es Zeit, uns die Schilder der Klasse 1 anzuschauen. In dieser Klasse muss dein Hund auch auf deiner rechten Seite arbeiten können. Jedoch ist diese Umstellung nur auf eine Übungsstation begrenzt. Also kein Grund, nervös zu werden. Zusätzlich muss dein Hund das Steh beherrschen, denn es gibt ab der Klasse 1 Schilder mit Steh. Aber auch für den Hundeführer gibt es eine Besonderheit – doch schaut selbst …

SCHILD 360° LINKS

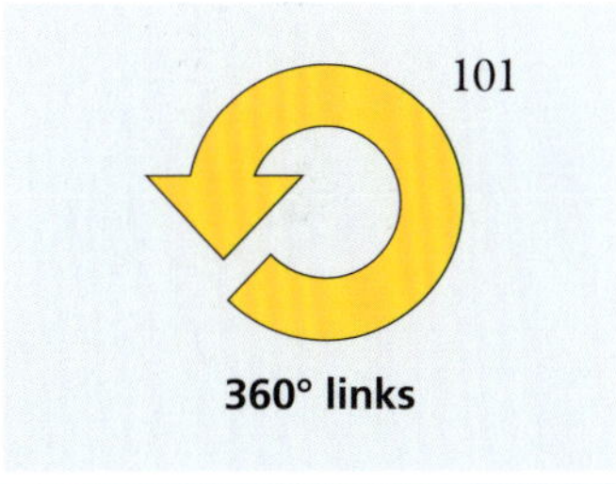

Typ B

Wir fangen mit dem ersten Schild an, *360° links*. Das ist das Pendant zu *360° rechts*. Du drehst dich mit deinem Hund gegen den Uhrzeigersinn, der Bogen soll so klein sein, dass ihr auf ein DIN-A4-Blatt passt. Da ihr danach in die gleiche Richtung geht, müsst ihr neben dem Schild beginnen.
Es ist ein Schild des Typs B, das heißt, hier gibt es nach dem Abarbeiten kein Futter für deinen Hund (im Training natürlich schon). Wichtig bei diesem Schild ist, dass dein Hund immer in Fußposition ist. Kannst du ihm in die Augen schauen, ist dies nicht korrekt und kostet leider 5 Punkte.

DREHUNGEN TRAINIEREN

Hunde können ihre Hinterläufe nicht gezielt bewegen, so wie wir mit unserem dicken Zeh auf Kommando wackeln können. Um das gezielte Bewegen der Hinterläufe zu üben, gibt es verschiedene Möglichkeiten: Beim Elefantentrick geht der Hund mit den Vorderpfoten auf einen Topf. Er lernt mithilfe eines Targets (Topf), seine Hinterläufe gezielt zu bewegen, indem die Vorderfüße auf dem Target stehen und seine Hinterpfoten um den Topf herumgehen. Geht mal hier auf Seite 154, im Kapitel Elefantentrick findet ihr speziell eine Anleitung für das Linksdrehen.
Die andere Möglichkeit: Stecke eine Stange in den Boden und umrunde sie mit deinem Hund. Der Hund hat die Stange auf seiner linken Seite, lass ihm genug Platz, dass er sie umrunden kann, geh aber nah genug, dass sie ihn in seiner Hüfte kitzelt. Du kennst das bestimmt: Wenn dich jemand an der Seite kitzelt, zuckst du zur Seite. Genauso ist das bei deinem Hund. Lass ihn mit den Vorderpfoten normal an der Stange vorbeigehen, dann bieg nach links ab. Nun spürt er die Stange an seiner linken Seite und weicht ihr mit den Hinter-

läufen bewusst aus. Das macht ihr euch zu eigen – macht es bei jeder Linksdrehung, steck im Parcours bei allen Linksschildern eine Stange rein und umlaufe sie mit deinem Hund. Dein Hund lernt je nach Auffassungsgabe schneller oder langsamer das Links. Du kannst es beobachten, wie er bewusst mit den Hinterpfoten der Stange ausweicht. Spätestens jetzt kannst du ein Kommando einführen. Bei mir heißt es „Links“. Denk an dein Trainingsbuch und notiere darin eure Fortschritte beim Linksgehen.

Typ B

SCHILD 1-102

Über dieses Schild machst du dir am besten nicht so viele Gedanken. Es wird vor dem Schild ausgeführt, da man nicht in die gleiche Richtung weitergeht wie vorher. Ihr geht mit dem rechten Fuß einen Schritt nach rechts und setzt den linken Fuß direkt wieder vorwärts. Ihr geht an dem Schilderhalter rechts vorbei. Es ist ein Schild des Typs B, also gibt es am Ende kein Futter.

01

01 – 04 Pia und Lissy zeigen gemeinsam das Schild 102 – Lissy folgt Pia sehr aufmerksam.

02

03

04

01

02

03

04

01 – 04 Frederike und Henry üben in der Bewegung Schritt zur Seite rechts. Das Schild wird vor dem Schilderhalter abgearbeitet und man geht rechts dran vorbei.

Bei allen Schildern mit 90° müssen sich die Füße berühren – egal wie.

103

90°-Drehung rechts – vorwärts

104

90°-Drehung links – vorwärts

105

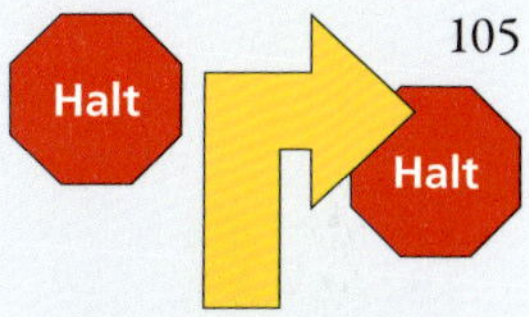

90°-Drehung rechts

106

90°-Drehung links

119

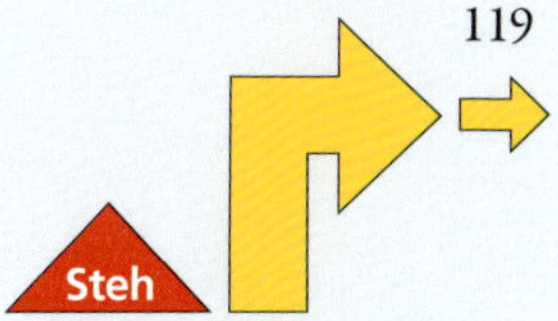

90°-Drehung rechts – vorwärts

120

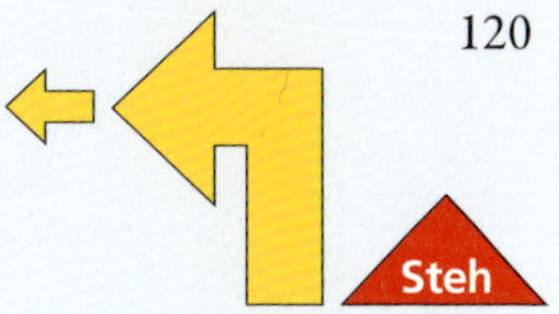

90°-Drehung links – vorwärts

WINKEL LAUFEN

Bei den nächsten Schildern wird es spannend: Bei allen sechs Schildern muss der Hund sich erstmal neben dich setzen oder stehen bleiben. Dann biegst du mit deinem Hund gemeinsam nach rechts oder links ab. Wenn auf dem Schild nicht *vorwärts* steht, sondern ein zweites Sitz, dann musst du deine Füße nach dem Abbiegen sofort schließen und der Hund muss sich wieder hinsetzen.
Schauen wir uns mal die Bestandteile der Schilder an, unabhängig von der Richtung. Bei den ersten vier Schildern bleibt der Hundeführer vor dem Schild stehen (es ist eine Richtungsänderung) und der Hund setzt sich hin. Nun biegt der Hundeführer je nach Vorgabe rechts oder links ab. Und hier ist der Winkel von Bedeutung. Die Füße des Hundeführers müssen beim Abbiegen Kontakt haben, und zwar in einem 90°-Winkel. Hierbei ist es völlig egal, ob deine Fuß-

spitzen sich berühren oder die Hacken oder die Fußspitze an die Hacke. Wichtig: Die Füße müssen sich beim Abbiegen berühren. Sollte Luft zwischen den Füßen sein, gibt es einen Punktabzug von 1–2 Punkten. Sind deine Füße so weit auseinander, dass man keinen 90°-Winkel mehr erkennen kann, gibt es 5 Punkte Abzug. Wie gesagt, letztlich ist es egal, *wie* du um die Ecke gehst, wichtig ist nur, dass sich deine Füße berühren.

Außerdem ist es wichtig, dass der Hund mit dir zusammen abbiegt. Es darf nicht so sein, dass der Hund sitzen bleibt und du schon mal abbiegst und dann den Hund abrufst. Dann ist der Hund beim Abbiegen nicht in Fußposition, und das kostet euch 5 Punkte. Bei den Schildern, wo zweimal „Halt" drauf ist, biegst du mit einem Fuß im 90°-Winkel ab und der andere Fuß schließt nur noch. Geh nicht noch einen Schritt nach vorne. (Diese Schilder gibt es später in der Klasse 2.) Denk daran, dass du in die richtige Richtung abbiegst, denn das Vertauschen von rechts und links kostet euch 10 Punkte.

WINKEL TRAINIEREN

Winkel zu laufen, ist gar nicht so einfach. Übt die Winkel beim Gassigehen am besten ohne Hund. Lass deinen Hund ruhig schnüffeln und die Nachrichten der anderen Hunde lesen. In dieser Zeit stellst du dir vor, dass jede Pfütze, jeder Pferdeapfel und jede Kreuzung ein Schild mit dem 90°-Winkel ist. Macht jedes Mal ein anderes Schild mit einem Winkel. Du kannst die Trainingskarten 103–106, 119 und 120 zum Gassigehen mitnehmen und üben. Wenn ihr das einige Monate gemacht habt, kennt ihr die Winkel, ohne groß darüber nachzudenken. Bei jeder Kreuzung kannst du mit deinem Hund ein 90°-Abbiegeschild üben. Wenn ihr das häufig macht, wirst du sehen, dass dein Hund schon automatisch vor einer Kreuzung zu dir kommt, damit er gemeinsam mit dir abbiegen kann. Für mich ist das ein schöner Nebeneffekt, denn man kann nicht immer sehen, wer von rechts oder links kommt, dann ist es praktisch, wenn der Hund im Einwirkungsbereich ist.

Sollte der Hund sich vor dem Steh setzen, kostet es zwar 5 Punkte, aber man kann versuchen, den Hund ins Steh zu ziehen.

SCHILD 1-107, 1-108

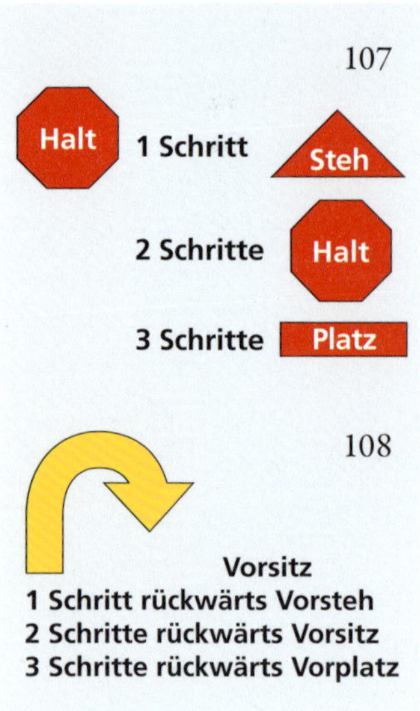

Schild 107: Typ A
Schild 108: Typ A oder B

Diese Schilder haben die alten Schilder mit dem viermal Sitz oder viermal Vorsitz abgelöst. Bei diesen Schildern geht es in die gleiche Richtung weiter, aus der ihr gekommen seid, deshalb arbeitet ihr es neben dem Schild. Ihr braucht allerdings nicht die Sitz-, Steh-, Sitz- und Platz-Übungen innerhalb des 1,20 m-Arbeitsbereichs ausführen. Es geht nur um das Einleiten des Schildes. Bei diesen vier Positionswechseln werdet ihr weit an dem Schild vorbeiarbeiten.
Ihr beginnt bei Schild 107, wie gesagt, im Arbeitsbereich des Schildes damit, dass ihr stehen bleibt. Der Hund setzt sich neben euch hin. Nun geht ihr einen Schritt vorwärts und lasst den Hund neben euch stehen, dann geht ihr zwei Schritte weiter, fordert euren Hund auf, mitzugehen, und lasst ihn sitzen, wenn ihr stehen bleibt. Weiter geht es mit drei Schritten vorwärts, stehen bleiben und der Hund macht neben euch Platz. Dieses Schild ist auch ein Schild des Typs A, das heißt, nach dem Abarbeiten des Schildes darfst du deinen Hund füttern oder zur Belohnung streicheln.
Bei Schild 108 mit dem Vorsitz macht ihr quasi genau das Gleiche, nur dass der Hund zu Beginn ins Vorsitz kommt und sich vor euch hinsetzt. Dann geht ihr einen Schritt rückwärts, gebt dem Hund die Aufforderung, euch zu folgen, und lasst den Hund dann vor euch

Sitz, Steh, Sitz, Platz hier schön auf einem Bild.

stehen. Jetzt geht ihr zwei Schritte rückwärts, der Hund folgt euch und setzt sich dann ins Vorsitz. Zu guter Letzt geht ihr drei Schritte rückwärts, der Hund folgt euch und legt sich vor euch ins Platz. Das Schild wird mit einem Abschlussschild a–d abgeschlossen. Das Schild mit dem Vorsitz ist entweder ein Typ A- oder B-Schild, abhängig davon, welcher Abschluss danebensteht. Die Abschlüsse habe ich bei den Beginnern erklärt (siehe Seite 24).
Hier ein Tipp, wie ihr euch die Reihenfolge merken könnt: Solche Übungen beginnen immer mit dem Sitz bzw Vorsitz. Danach kommt der eine Schritt, nun muss der Hund die Position einnehmen, bei der er am weitesten weg vom Boden ist = Steh (Vorsteh), jetzt kommen die zwei Schritte und der Hund nimmt die Position ein, wo er halbweit vom Boden entfernt ist = Sitz (Vorsitz), nun kommen die drei Schritte und der Hund nimmt die Position ein, wo er am nächsten zum Boden ist = Platz (Vorplatz).

WICHTIG!
Der Hund muss zwischen den einzelnen Positionen immer seinen Po hochheben und mit dir mitgehen. Sollte er mal sitzen bleiben und du bist schon weitergegangen und rufst ihn von dem einen Element zum anderen ab, dann kostet das 5 Punkte.

RECHTS GEFÜHRTER HUND

Das Schild 1-108 *Vorsitz 1 Schritt* etc. kann in der Klasse 2 bei einem rechts geführten Hund als Wechselschild eingesetzt werden. Durch die Abschlüsse kommt der Hund wieder auf die linke Seite des Hundeführers. Bei den Abschlüssen Za und Zb dürft ihr den Hund mit Futter belohnen.

Und hier Vorsitz, Vorsteh, Vorsitz, Vorplatz

Eine gute Grundstellung und der Hund liegt im Platz. Hier sieht man schön, wie die Leine durchhängt und kein Zug drauf ist.

Beide Schilder können in der Klasse 3 mit einem rechts geführten Hund gestellt werden. Das heißt übt mit eurem Hund, dass er auf der rechten Seite von euch Sitz, Steh und Platz kann. Sollte der Hund sich mehr als 30° neben euch setzen, stellen oder legen, könnt ihr das Schild an einer Mauer rechts neben euch trainieren, oder ihr bittet euren Trainer, den Hund seitlich zu begrenzen. Vielleicht befindet sich auch eine Spielstraße bei euch in der Nähe, dann könnt ihr den Gehsteig als Begrenzung benutzen. Denn der Hund wird es sicherlich als unangenehm empfinden, sich mit seinem Popo halb auf die Straße und halb auf die Bürgersteigkante zu setzen bzw. zu legen.

SCHILD ANHALTEN PLATZ

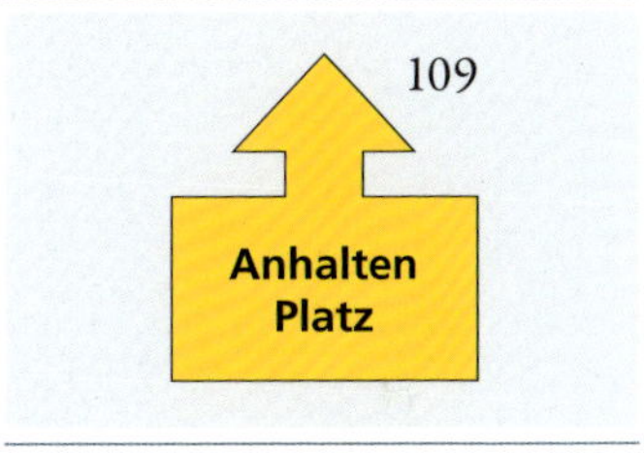

Typ A

Dieses Schild ist sehr interessant. Wir überlegen erstmal, wo wir das Schild einleiten. Da es nach dem Schild in die gleiche Richtung weitergeht, wird die Übung neben dem Schild ausgeführt. Es ist ein Schild vom Typ A, also darfst du den Hund am Ende füttern.
Ein ganz wichtiger Satz in der Beschreibung des Schildes ist: „Das Team hält im Arbeitsbereich an und der Hund legt sich neben seinem Hundeführer“. In der Beschreibung der Punkte steht als Hauptbestandteil „Anhalten“. Was heißt das für uns?
Wir kommen an dem Schild an und bleiben im Arbeitskreis neben dem Schild stehen. Der Hund soll, während ihr anhaltet, ins Platz gehen. Dabei ist es von Bedeutung, dass der Hund sich nicht hinsetzt und erst dann ins Platz geht. Das würde 10 Punkte kosten. Geht der Hund zuerst mit seinem Hinterteil runter und man kann aber erkennen, dass es eine fließende Bewegung ins Platz ist, so ist dies in Ordnung. Der Wertungsrichter darf nur nicht denken: „Oh das war ein Sitz“. Wenn ihr in Grundstellung steht, könnt ihr dem Hund ins Platz helfen, indem du dich bückst und dem Hund das Platzzeichen zeigst oder auf den Boden zeigst. Denk daran, dass ihr euch nach der Hilfe wieder in die Grundstellung zurückstellt. Nun habt ihr das Schild abgearbeitet und könnt zum nächsten Schild weitergehen. Achte darauf, dass der Hund sich nicht erst hinsetzt und dann weitergeht, sondern dass er aus dem Platz heraus losgeht. Merke: Sollte der Hund sich bei *Anhalten Platz* erst setzen, auf jeden Fall eine Wiederholung machen, weil ihr sonst 10 Punkte verliert.

01

01 – 03 Bei diesem Schild muss das Team nach dem Sitz sofort laufen, ohne einen normalen Schritt dazwischen.

PLATZ OHNE SITZ

Viele Hunde lernen in der Welpenschule oder Junghundeschule das Platz aus dem Sitz heraus. Das ist kontraproduktiv für das Schild *Anhalten Platz*. Denn bei diesem Schild sollte der Hund mit seinen Vorderläufen zuerst runtergehen und der Körper sollte fließend ins Platz folgen.

Probier beim Training mal aus, was dein Hund macht, wenn du stehen bleibst und gleichzeitig „Platz" sagst. Wenn dein Hund dann sofort ins Platz geht, ist das super. Klappt es nicht, dann nimm ein Leckerchen in die Hand und halte es mit dem Daumen fest, die anderen Finger sind gestreckt, deine Hand ist parallel zum Boden, der Handrücken zeigt nach oben. Die Hand schwebt kurz über dem Boden und dein Hund muss sich quasi hinlegen, um unter deiner Hand an das Leckerchen zu kommen. Sobald der Hund vorne auf dem Boden liegt, sagt du „Platz". Jetzt muss er sich nur noch ganz legen, und sofort gibst du das Leckerchen frei.

02

03

SCHILD SCHNELL VORWÄRTS AUS SITZ

Dieses Schild bringt Schwung in Rally Obedience. Da es nach diesem Schild in gleicher Richtung weitergeht, musst du neben dem Schild beginnen. Du stellst dich im Arbeitsbereich in Grundstellung hin und lässt den Hund neben dir sitzen. Dann läufst du gleichzeitig mit dem Hund los. Schauen wir uns mal die Regeln an: Grundstellung haben wir, Hund sitzt – auch okay. „Sofortiges Tempo schnell" heißt, dass ihr nicht erst einen Schritt im normalen Tempo machen dürft, sondern ihr müsst sofort laufen. Achtet darauf, dass der Hund auch sofort mit euch mitläuft und nicht sitzen bleibt. Ihr müsst so schnell laufen, dass man auch an deinem Teampartner das Tempo sehen kann. Ihr lauft so lange, bis du mit deinem Hund an ein Schild kommst, bei dem ihr als Team zum Stillstand kommt, das Schild mit *Tempo normal* kommt oder der Parcours zu Ende ist.

Typ B

☞ BEKANNTE SCHILDER MIT ERHÖHTEM LEVEL

FIGUREN-SCHILDER

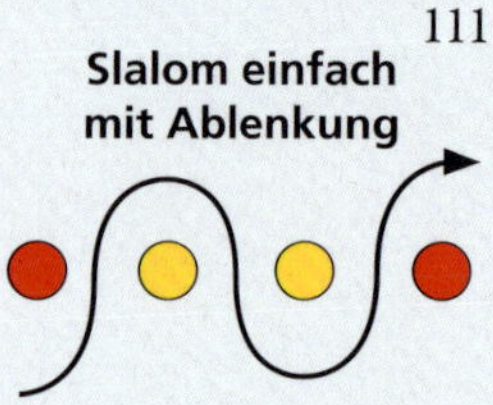

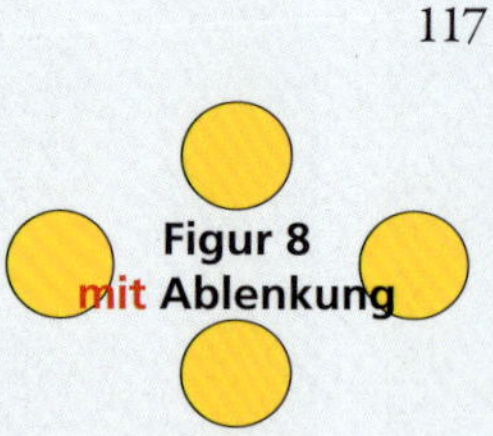

DREHUNGEN-SCHILDER

Alle Schilder sind Typ B.

FIGUREN-SCHILDER

Diese vier Schilder kennt ihr schon aus der Beginner-Klasse. Der Unterschied bei den Figuren-Schildern ist, dass sich unter den Abdeckungen Spielzeug oder Hundefutter in Schalen befindet. In der Klasse 1 gibt es einfaches Trockenfutter als Ablenkung, in der Klasse 2 ist es ein besser riechendes Futter, in der Klasse 3 kann es schon mal Pansen, Bratwurst oder Katzenfutter sein. Merke: Figuren werden immer mit dem links geführten Hund gearbeitet.

DREHUNGEN-SCHILDER

In der Klasse 1 steht auf diesen Schildern der Zusatz 180°. Hier geht ihr nicht in der gleichen Richtung weiter, aus der ihr gekommen seid, deshalb wird es vor dem Schilderhalter durchgeführt. In der Klasse 1 sollte diese Drehung auf ein DIN-A4-Blatt passen. Mit vier Schritten soll die Drehung abgeschlossen sein. Allerdings müssen sich die Füße bei der Drehung nicht zwangsläufig berühren. Bei der Linksdrehung muss der Hund in Fußposition bleiben, dies wird bei Fehlen mit 5 Punkten bestraft.

Das Schild *180° links* kann unser Hund gut, wenn wir fleißig mit dem Topf oder Target den Elefantentrick trainieren. (Schlage das Kapitel Elefantentrick S. 154 auf.) Alternativ kannst du auch wieder mit der Stange arbeiten. Stecke sie mit etwas Abstand vor dem Schild in den Boden. Nun gehst du nah rechts an der Stange vorbei und lässt dem Hund minimal Platz. Ist der Hund mit der Seite fast an der Stange vorbei, biegt ihr links ab. Dadurch, dass der Hund die Stange an seiner linken Flanke wahrnimmt, weicht er mit den Hinterläufen der Stange aus, indem er sie nach rechts wegdreht – genau das willst du bei *180° links* erreichen.

01

02

03

01 Flick hat nur Augen für mich.

02 Ben und Renate im Slalom. Da Ben taub ist, bekommt er als Hilfe ein Handtarget angezeigt.

03 Für Bonnie ist die Verleitung interessanter, als Nicole zu folgen.

01 – 04 Eine 180°-Drehung, die schön eng ist und auf ein DIN-A4-Blatt passt.

01

02

03

04

Manchmal gerät das zweite Vorsitz etwas schief, der Punktabzug gilt aber erst ab 30°. Hier vielleicht 1 Punkt Abzug.

VORSITZ-SCHILDER

Den Vorsitz kennt ihr schon aus der Beginner-Klasse und aus der Klasse 1 mit dem Schild 108. Bei diesen beiden Schildern zeigt ihr zweimal den Vorsitz. Vergisst du eines, werden 10 Punkte abgezogen. Bei den Schildern 114 und 115 handelt es sich um Richtungsänderungen. Die Richtung wird um einen Schritt nach rechts oder links versetzt, deshalb müssen diese beiden Übungen vor den Schildern ausgeführt werden. Bei Schild 114 geht ihr rechts am Schild vorbei und bei Schild 115 geht ihr links am Schild vorbei. Wenn du an diesen Schildern ankommst, bleibst du in Grundstellung stehen und ziehst deinen Hund vor dich ins „Vor – Sitz". Du darfst hier auch bis zu 4 Schritte rückwärtsgehen, um deinem Hund zu helfen. Allerdings, denk dran, dass du keinen Einleitungsschritt nach vorne machst, der kostet dich 5 Punkte, wenn er größer als eine Fußlänge ist. Der Hund setzt sich vor dich hin, und dann gehst du – je nach Schild – einen Schritt nach links oder einen Schritt nach rechts. Der Hund geht sofort mit dir mit und setzt sich dann wieder vor dich hin. Zu diesen Schildern gehört ein Abschlussschild Z a,b,c oder d.

GERADEN VORSITZ TRAINIEREN

Damit der Hund das zweite Mal auch gerade vor dir sitzt, kannst du ihn am Anfang um die Ausleger einer Hürde schicken. Ihr beginnt links neben dem Ausleger und leitet den Vorsitz ein. Nun sitzt der Hund gerade neben dem Ausleger und du stehst vor dem Hund.

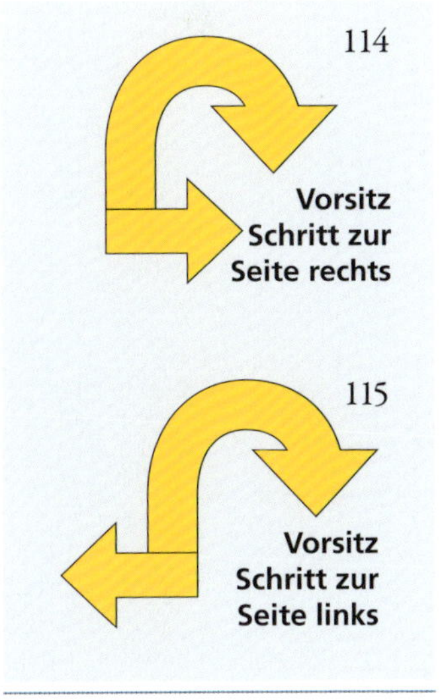

Typ A oder B

Ich drehe mich links zu Edin, und Edin dreht nach rechts zu mir.

Nun machst du einen großen Schritt nach rechts und stehst nun rechts neben dem Ausleger. Während du diesen Schritt machst, schickst du den Hund mit einer Handbewegung nach hinten und er muss um den Ausleger laufen und kommt dann wieder auf dich zu. Durch diese Schritte nach hinten hat der Hund jetzt die Möglichkeit, gerade in den Vorsitz zu kommen. Die Hürde, die links neben ihm steht, lässt ihn auch gerade reinkommen. Wenn du magst, kannst du auch mit zwei Auslegern arbeiten und du ziehst den Hund zwischen den Auslegern rein. Nun ist der Hund rechts und links begrenzt und er wird sich gerade ins Vorsitz setzen. Wenn ihr das oft genug übt, mal nach rechts, mal nach links, dann braucht der Hund irgendwann diese Hilfe nicht mehr und er kennt den Bewegungsablauf automatisch, wenn du den Schritt zur Seite machst. Ich liebe ja Übungen unterwegs: Bei uns gibt es in einer Spielstraße zwei Warnbaken und diese benutze ich, um mit Jay *Vorsitz ein Schritt zur Seite Vorsitz* zu üben.

Hier nochmal: Smilla dreht nach rechts und Frieda dreht sich nach links vor Smilla ein.

SCHILD DOPPEL-KEHRT

Das einfache Schild mit der Kehrt-Übung können wir ja schon. Nun drehen wir uns auch wieder linksrum um 180°, der Hund läuft außen gegensätzlich um uns herum und kommt wieder an unsere linke Seite, dann drehen wir uns weiter linksrum und der Hund läuft wieder gegensätzlich um uns herum. Wenn wir zwei Kehrt-Übungen gemacht haben, ohne dazwischen einen Schritt zu zeigen, gehen wir in die gleiche Richtung weiter, aus der wir gekommen sind. Das heißt, dieses Schild wird neben dem Schild begonnen. Verbindet ihr diese beiden Kehrt-Übungen mit einem Schritt dazwischen, werden 5 Punkte abgezogen. Wenn ihr zwei Schritte dazwischen macht, kostet es sogar 10 Punkte und ihr solltet eine Wiederholung machen. Theoretisch dreht man sich nur links im Kreis und der Hund umkreist uns zugleich im Uhrzeigersinn. Wichtig ist, dass Hund und Hundeführer die Übung zeitgleich ausführen.

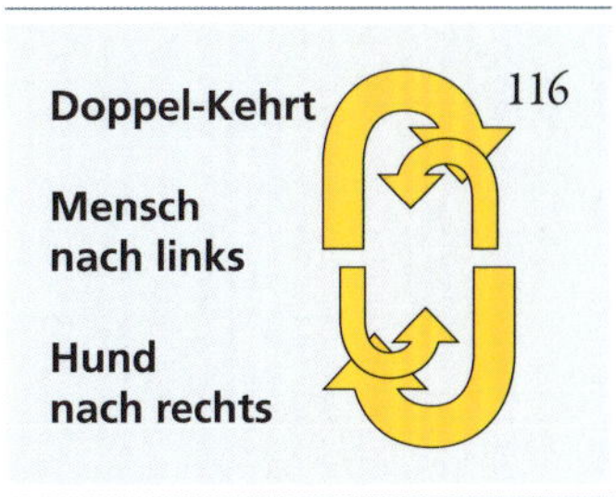

Typ B

Klein Edin übt schon jetzt das Stehenbleiben, wenn Frauchen steht, da kann einer Rally Obedience-Karriere nichts entgegenstehen.

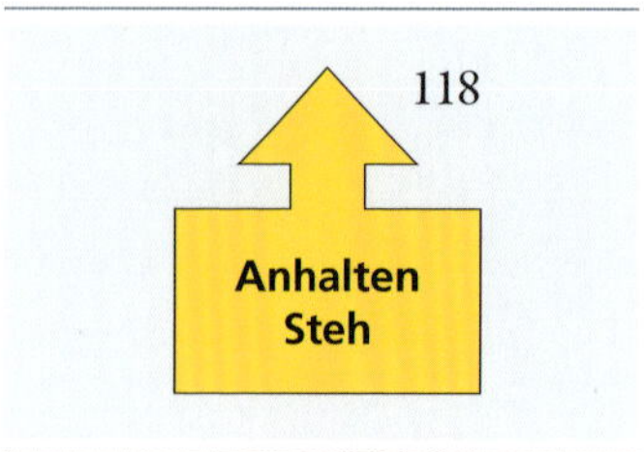

Typ A

SCHILD ANHALTEN STEH

Anhalten Platz ist euch bekannt. Dieses Schild funktioniert ähnlich: Bei dem Schild *Anhalten Steh* bleibst du im Arbeitsbereich stehen und dein Hund bleibt auch stehen. Er darf sich nicht hinsetzen oder -legen. Setzt oder legt sich der Hund erst hin, bevor er das Steh zeigt – Schild neu machen, sonst sind 10 Punkte weg! Wenn ihr zwei Schritte dazwischen macht, kostet es sogar 10 Punkte und ihr solltet eine Wiederholung machen.

DREHUNGEN MIT STEH

Worauf es bei diesen beiden Schildern ankommt, haben wir eben besprochen. Wichtig ist, dass du den Winkel nicht vergisst! Bei dem Schild *Anhalten Steh* ist kein Dreieck um das *Steh* gemalt. Das heißt, der Hund muss sofort Steh machen (erst Grundstellung und vielleicht dann mit Hilfe). Bei dem Dreieck *Steh* kannst du deinem Hund sofort helfen und danach die Grundstellung einnehmen: Wenn man vor dem Schild ankommt, kann man „Steh“ sagen. Oder vielleicht mit dem rechten Fuß nach vorne gehen, den Körper zum Hund hin eindrehen und ihm mit der rechten Hand das Steh signalisieren. Denk nur daran, dass du nach der Hilfe deinen rechten Fuß wieder zurück neben den linken Fuß stellst und erst dann weiterarbeitest.

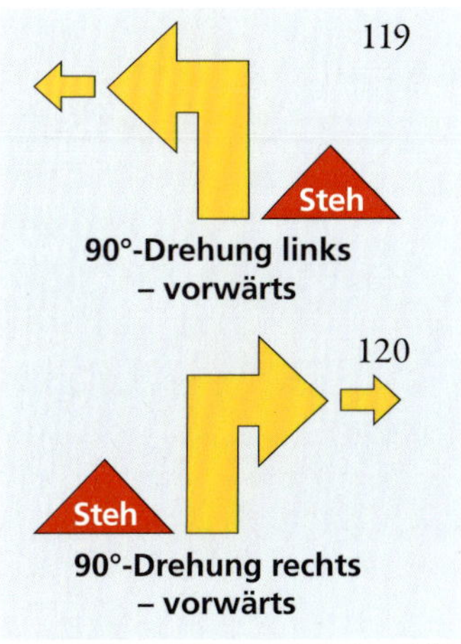

Beide Schilder sind Typ B.

FEHLER BEI STEH

Steh ohne Dreieck: Der Hund setzt oder legt sich erst und stellt sich dann hin = 10 Punkte Abzug. Dreieck Steh: Der Hund setzt oder legt sich erst und stellt sich dann hin = 5 Punkte Abzug.

180°-DREHUNG RECHTS, 180°-DREHUNG LINKS UND UMGEKEHRT

Diese beiden Übungen werden neben den Schildern eingeleitet, da es anschließend in die gleiche Richtung weitergeht. Es sind zwei schöne Schilder, die einen Flow wie im Dogdance in den Parcours bringen. Hier müsst ihr darauf achten, dass ihr die Drehungen mit nur vier Fußbewegungen vollführt und jede einzelne Drehung auch auf ein DIN-A 4-Blatt passt. Die Füße müssen sich nicht berühren. Nun verbindet ihr die zwei Drehungen mit zwei Zwischenschritten. Der Hund befindet sich bei den Drehungen immer in der Fußposition. Vertauscht ihr die Richtung, dann empfehle ich euch, das Schild zu wiederholen, da dies mit 10 Punkten bestraft wird. Macht ihr einen Schritt zu viel oder einen Schritt zu wenig zwischen den Drehungen, so kostet dies 5 Punkte. Diese Schilder könnten auch in der Klasse 3 für den rechts geführten Hund gestellt werden.
Ich fand es bei diesen Schildern besonders schwierig, bei den Drehungen in die richtige Richtung zu drehen. Also wann nach rechts und wann nach links? Aber eigentlich ist es ganz einfach. Wenn du dich beim Schild 121 zuerst nach rechts drehst, und das ist zum Beispiel zu den Zuschauern hin, dann gehst du nach der Drehung die zwei Schritte, und jetzt musst du nicht darüber nachdenken, wo links ist, sondern drehst dich wieder in die gleiche Richtung – also wieder zu den Zuschauern –, dann ist das korrekt.

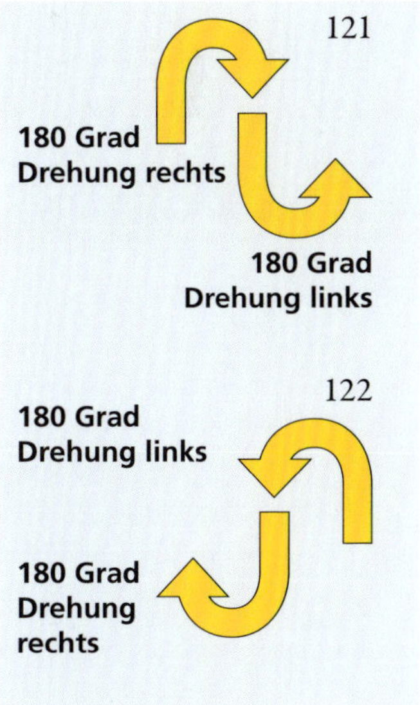

Beide Schilder sind Typ B.

01

02

04

05

03

01 180°-Drehung rechts – Iris und Ali im Arbeitsbereich.

02 Iris und Ali drehen nach rechts.

03 Zwei Schritte in die Richtung, aus der sie herkommen.

04 180°-Drehung nach links – Ali muss noch in die Fußposition …

05 … und weiter geht es zur nächsten Aufgabe.

WECHSELSCHILDER

Wie gesagt gibt es in der Klasse 1 auch Übungen, wo der Hund auf deiner rechten Seite laufen muss. Es kann sein, dass der Richter das Startschild mit einem dicken R kennzeichnet. Das bedeutet, dass du den Parcours mit dem Hund auf der rechten Seite beginnst. Solltet ihr das noch nicht so gut können, habe ich einen Tipp für dich: Stell dich vor deinen Hund hin und füttere ihn mit deiner rechten Hand an (Bild 01). Nun gehst du rückwärts und ziehst deinen Hund mit der rechten Hand mit (Bild 02–03). Da er ja hier von dir Leckerchen angeboten bekommt, orientiert sich dein Hund auch an deiner rechten Seite. Jetzt drehst du dich gegen den Uhrzeigersinn so (Bild 04), dass du vorwärtsgehen kannst, und fütterst den Hund weiter mit deiner rechten Hand. Dein Hund bleibt an deiner rechten Hand, um weiter an seine Leckerchen zu kommen. So kannst du schon einige Schritte mit dem rechts geführten Hund gehen (Bild 05). Bist du auf einem Turnier, kannst du diesen Trick auch anwenden, nur dass du ab dem Startschild keine Leckerchen mehr in der Hand haben darfst. Konzentriere dich weiter auf deinen Hund und lasse ihn erst am ersten Schild auf deine linke Seite wechseln. Der Wechsel geschieht durch eins der folgenden Schilder:

SEITENWECHSEL HINTEN

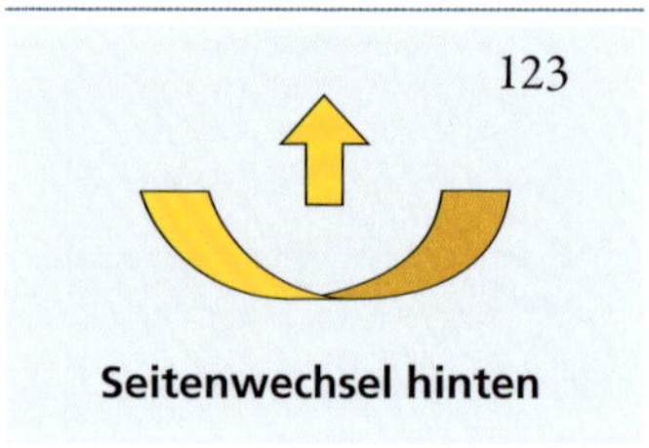

Typ B

Bei diesem Schild ändert ihr nicht die Laufrichtung, deshalb wird es neben dem Schilderhalter eingeleitet. Ihr zeigt dem Hund, dass er hinter euch die Fußseite wechseln soll. Dieses Schild kann zum Beispiel in dieser Klasse direkt nach dem Start-Schild stehen. Der Hund würde am Start rechts geführt starten. Dieses Schild stünde dann direkt als erstes Schild. Nun wechselt der Hund von rechts auf links geführt. Dies ist recht einfach, da die Hunde den Drang haben, auf eure linke Seite zu kommen. Achtet nur darauf, dass der Hund nicht direkt hinter dem Start-Schild wechselt, sondern erst in dem Arbeitsbereich von 1,2 m neben dem Schild. Alternativ kann das Schild auch als letztes Schild vor dem Ziel-Schild stehen, dann müsst ihr den Hund von eurer linken Seite hinter euch auf die rechte Seite wechseln lassen. In der Klasse 2 und 3 kann dieses Schild auch mitten im Parcours benutzt werden.

Trainingstipps:
Soll der Hund von der rechten Seite auf die linke Seite wechseln, dann nimm ein gut riechendes Leckerchen in die rechte Hand und zeige dieses deinem Hund. Nun reichst du das Leckerchen hinter deinem Rücken aus der rechten Hand in die linke Hand. Bei dem Wechsel bleibst du jedoch nicht stehen, sondern gehst weiter. Da der Hund dem gut riechenden Duft folgt, wechselt er automatisch die Fußseite. Dies kann man auch andersherum trainieren, indem man

01

02

03

01 Ich stehe vor Flicek und füttere ihn an.

02 Jetzt gehe ich rückwärts …

03 … und locke den Hund mitzukommen.

04 Ich drehe mich gegen den Uhrzeigersinn.

05 Der Hund geht auf meiner rechten Seite.

04

05

Flicek ist konzentriert bei der Sache.

Wechsel hinten!

Flicek wechselt hinter mir die Seite.

das Futterbröckchen von der linken Hand in die rechte Hand gibt und der Hund so von links nach rechts wechselt.

WECHSEL HINTEN

Dieses Schild kann genauso genutzt werden wie das Schild 1-123. Es wird auch neben dem Schilderhalter eingeleitet, da ihr nicht die Richtung ändert, und ist ein stationäres Schild. Ihr haltet im Arbeitsbereich an und lasst den Hund sitzen. Nun wechselt der Hund hinter eurem Rücken die Fußseite und setzt sich wieder hin. Während der Hund die Fußseite wechselt, bleibt ihr ruhig stehen. Kein Füßezappeln!

Sollte der Hund auf eurer linken Seite sein, achtet darauf, dass ihr nicht den Oberkörper nach vorne rechts beugt, um dem Hund zu zeigen, dass er an eure rechte Seite kommen soll, denn sonst steht euer Hund auf und versteht diese Schulterbewegung als Aufforderung, vor euch zu kommen. Er soll aber hinter euch wechseln, deswegen dreht den Oberkörper zuerst zum Hund hin und übergebt das Leckerchen hinter eurem Rücken in die rechte Hand. Auf den Bildern hier links kann man es schön sehen. Der Oberkörper bleibt gerade. Dies erinnert ein wenig an Gymnastik für eure Schulterpartie. Dann zieht ihr den Hund mit der rechten Hand auf eure rechte Seite. Hier muss der Hund das zweite Sitz zeigen. Dies könnt ihr wieder mithilfe einer Mauer gerade hinbekommen. Natürlich müsst ihr diesen Wechsel auch von rechts nach links trainieren. Rechts geführt kann es dieses Schild in der Klasse 1 als erstes Schild geben oder als letztes Schild, um von links auf rechts zu wechseln. In der Klasse 2 und 3 kann es dieses Schild auch mittig geben.

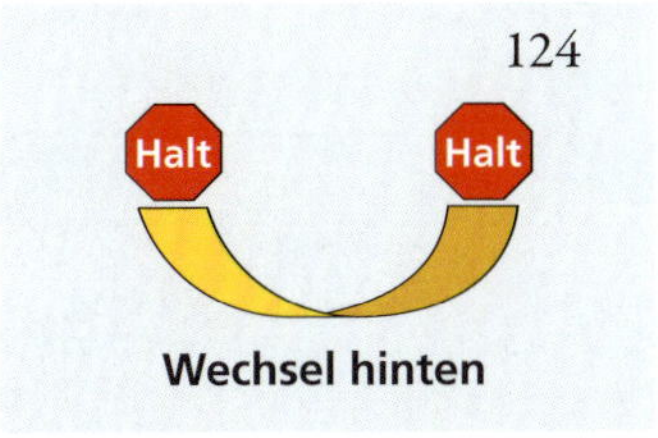

Typ A

WECHSEL VORN

Dieses Schild ist kein Richtungswechsel und wird deshalb neben dem Schilderhalter eingeleitet. Es kann den Wechsel von rechts auf links geführt und andersrum vollführen. Ihr kommt neben dem Schilderhalter zum Stehen, der Hund setzt sich neben euch. Nun zieht ihr den Hund mit einem Leckerchen vor euch auf die andere Seite. Hierbei dreht der Hund sich um seine eigene Achse, um dann neben eurem Knie zum Stillstand zu kommen. Hier setzt der Hund sich wieder hin. Das Eindrehen wird im Prinzip so gearbeitet wie die Zusatzschilder a und b . Nur dass das Zusatzschild a nicht links endet, sondern rechts vom rechten Bein. Und bei linksrum kommt er auf eure linke Seite

Rechts geführt kann es dieses Schild in der Klasse 1 als erstes Schild geben oder als letztes Schild, um von links auf rechts zu wechseln. In der Klasse 2 und 3 kann es dieses Schild auch mittig geben. Beginnt der Parcoursplan nicht mit dem rechts geführten Hund, so muss der Richter den Wechsel am Ende des Parcoursplans berücksichtigen und eines der Wechselschilder als letztes Schild vor dem

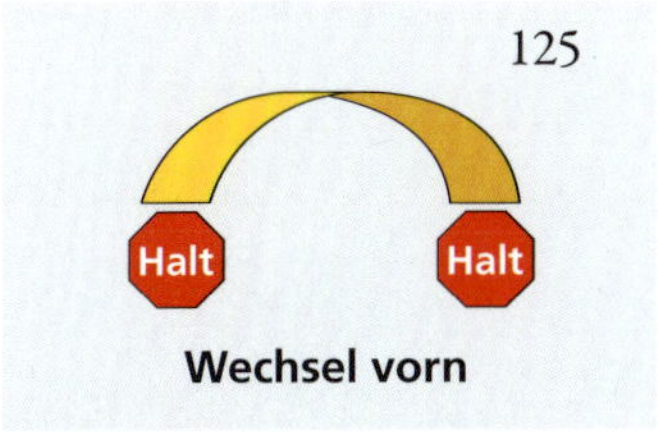

Typ A

01

01 Mia und Ilva trainieren schon fleißig die Wechsel für die Klasse 1.

02 Mia wechselt artig hinter Ilva die Seite …

03 … und sitzt jetzt brav auf ihrer linken Seite.

02

03

01

02

03

04

Ziel einbauen. Jetzt wechselt der Hund am Ende von links auf rechts und ihr müsst mit dem rechts geführten Hund ins Ziel gehen.

Nun kann es natürlich passieren, dass der Hund schon mal ungeplant innerhalb des Parcours die Seite wechselt, zum Beispiel: Der Hund soll auf eure linke Seite gehen und er wechselt hinter euch nach rechts, obwohl ihr dies gerade gar nicht beabsichtigt habt. Kommt er mit seinem Kopf auch auf der rechten Seite an, so kostet dies 5 Punkte.
Am besten holt ihr ihn euch dann einfach wieder zurück auf die linke Seite. Das Zurückholen kostet nichts, denn irgendwie muss der Hund ja nun mal auf die richtige Seite kommen.
Beginnt ihr ein Schild verkehrt, also ihr solltet ein Schild mit dem rechts geführten Hund beginnen, habt den Hund aber auf der linken Seite, dann wird dies mit 10 Punkten bestraft und ihr könntet das Schild nur durch eine Wiederholung retten.

01 *Borko sitzt rechts.*

02 *Wechsel vorne*

03 *Borko wechselt vor Andrea ...*

04 *... und kommt wie beim Abschluss Zb zum Halt auf ihrer linken Seite.*

MEHR-SCHILD-ÜBUNGEN

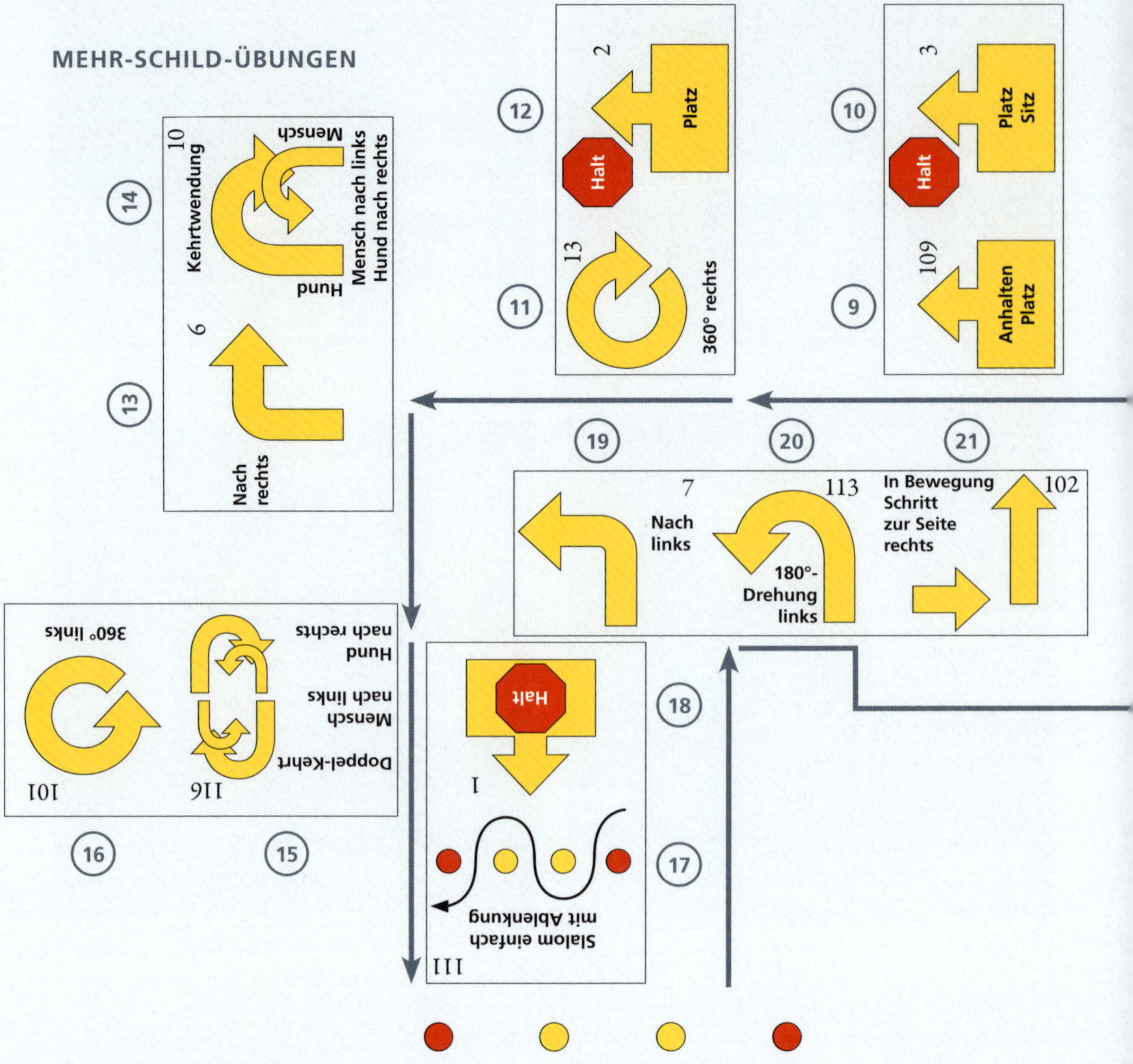

1	23	Halt – Hund umrundet HF – Halt	**11**	13	360° rechtsrum
2	24	Halt – 1 Schritt vorwärts Halt	**12**	2	Halt – Platz
3	25a	Vorsitz – 1 Schritt rückwärts – Hund rechtsrum – Halt	**13**	6	Nach rechts
			14	10	Kehrtwendung
4	107	Sitz 1 Schitt vorwärts Steh – 2 Schritte vorwärts Sitz – 3 Schritte vorwärts Platz	**15**	116	Doppelte Kehrtwendung
			16	101	360° linksrum
			17	111	Slalom einfach mit Ablenkung
5	106	Halt – 90° links – Halt	**18**	1	Halt
6	9	Halt – Platz – Um Hund herum	**19**	7	Nach links
7	118	Anhalten – Steh	**20**	113	180°-Drehung links
8	4	Halt – Um Hund herum	**21**	102	Diagonalschritt nach rechts
9	109	Anhalten – Platz	**22**	119	Steh – 90°-Drehung rechts – vorwärts
10	3	Halt – Platz – Sitz	**23**	114b	Vor – seitw. rechts – Hund linksrum – Halt
			24	110	Halt – Schnell vorwärts aus Sitz

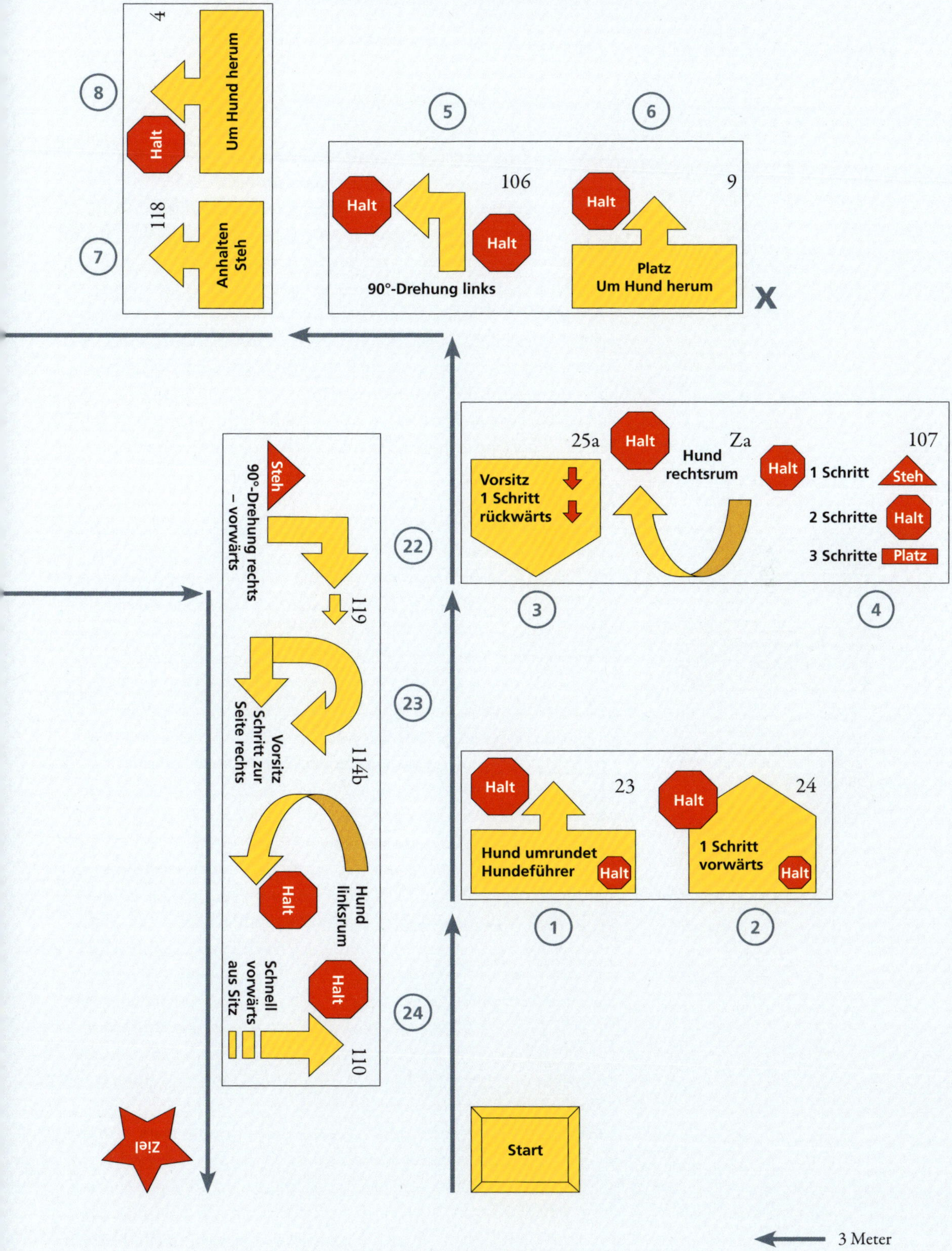

Start
1
Halt
23
Hund umrundet Hundeführer
Halt
2
Halt
24
1 Schritt vorwärts
Halt
3
25a
Vorsitz
1 Schritt rückwärts
4
Halt
Za
Hund rechtsrum
107
Halt
1 Schritt
Steh
2 Schritte
Halt
3 Schritte
Platz
5
106
Halt
Halt
90°-Drehung links
6
9
Halt
Platz
Um Hund herum
X
7
118
Anhalten
Steh
8
4
Halt
Um Hund herum
22
Steh
90°-Drehung rechts – vorwärts
119
23
114b
Vorsitz
Schritt zur Seite rechts
Hund linksrum
Halt
24
110
Halt
Schnell vorwärts aus Sitz
Ziel
3 Meter

001 Parcoursplan MSÜ mit Lösungen

MEHR-SCHILD-ÜBUNGEN (MSÜ)

Mit der Klasse 1 kommen nicht nur neue Schilder und das Steh dazu, es kommen auch noch Mehr-Schild-Übungen dazu, kurz MSÜ. Ab der Klasse 1 kann man im Parcours an einer Stelle nicht nur ein Schild aufstellen, sondern bis zu 3 Hauptschilder. Alle Schilder, die eine Nummer oben rechts stehen haben, sind Hauptschilder. Wenn man im Parcours MSÜ aufbaut, benötigt man weniger Fläche, da der Parcours komprimierter ist, und man braucht weniger Zeit. MSÜ sind eine schöne Sache, sie geben unserem Rally Obedience einen gewissen Charme. Man liest sie wie ein Buch: von links nach rechts oder von oben nach unten. So wie man sie liest, in dieser Reihenfolge arbeitet man sie auch ab. Anhand des Parcoursplans kann man die MSÜ sehr schön erklären. Schaut euch nun den Parcousplan auf der vorherigen Seite an oder lasst ihn euch auf der Kosmos Plus App anzeigen und legt ihn euch neben dieses Buch.

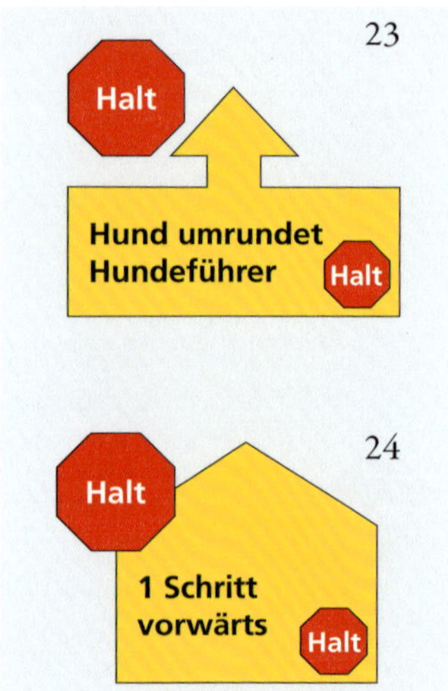

Beide Schilder sind Typ A.

SCHILD 1 UND 2

Schauen wir uns das erste Schilderpaar einmal an: *Halt Hund umrundet Hundeführer Halt* und *Halt 1 Schritt vorwärts Halt*. Diese MSÜ kann folgendermaßen abgearbeitet werden: Der Hundeführer macht die Schilder einzeln. Zuerst macht der Hund Sitz und anschließend umrundet der Hund den Hundeführer, als Abschluss des Schildes macht er ein Sitz, und dann geht der Hundeführer einen Schritt nach vorne und der Hund setzt sich wieder hin. Das Team geht einen Schritt vorwärts und der Hund zeigt wieder ein Sitz. Der Hund macht insgesamt vier Mal Sitz. Da kann man eine Menge Fehler machen und damit auch Punkte abgezogen bekommen. Man kann bei einer MSÜ auch Elemente von dem einen Schild zum anderen Schild übernehmen. In diesem Fall endet das erste Schild mit einem *Halt*. Der Hund sitzt neben dem Hundeführer. Da der Hundeführer das erste Schild abgearbeitet hat und das Team zum Stillstand kommt, dürfte der Hundeführer hier auch füttern. Es ist ein Schild Typ A = ein stationäres Schild. Das nächste Schild beginnt auch mit einem *Halt*. Nun können wir, wenn das letzte Sitz vom ersten Schild schön geworden ist, einfach übernehmen. Das heißt, wir machen nach dem Sitz einfach einen Schritt nach vorne, wie es auf dem zweiten Schild steht, und lassen den Hund dann wieder sitzen. Mit nur drei Sitz haben wir beide Schilder abgearbeitet. Warum habe ich extra geschrieben „... wenn das letzte Sitz schön war"? Ihr wisst, für ein nicht korrektes Sitz, das weiter als 30 cm weg ist oder mehr als 30° schief ist, bekommt ihr Punkte abgezogen. Ihr bekommt die Punkte beim ersten Schild abgezogen, und wenn ihr das Sitz vom ersten Schild für das erste Sitz vom zweiten Schild benutzt, bekommt ihr die gleiche Punktzahl noch einmal bei dem zweiten Schild abgezogen. Daher: Ist das Element, das ich übernehmen möchte, mit Punktabzug

Viele Hundeführer riskieren zwischen den Schildern einer MSÜ nochmal einen Blick auf die Schilderhalter.

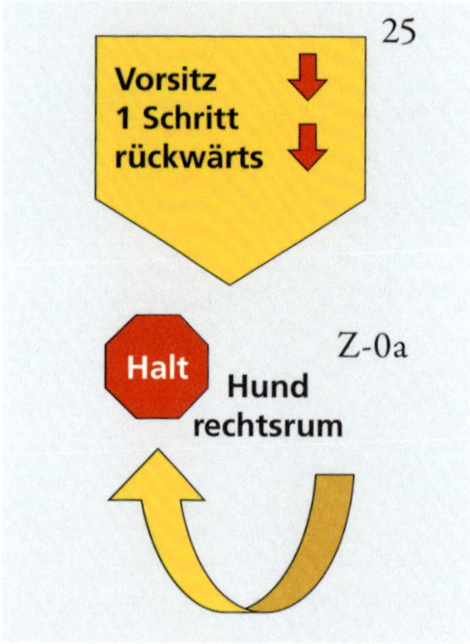

Beide Schilder sind Typ A.

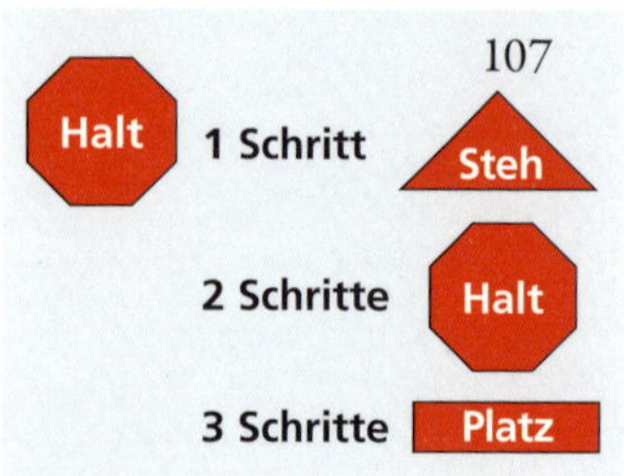

Typ A

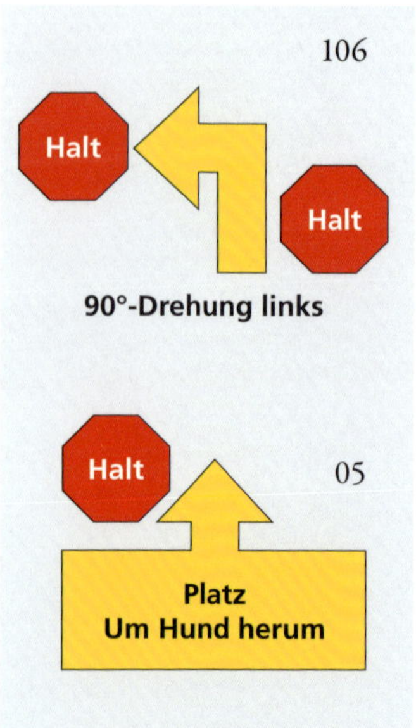

Beide Schilder sind Typ A.

behaftet, dann lieber einen Schritt machen und das Element nochmal korrekt zeigen. Und: Auch wenn ich das letzte Element vom ersten Schild für das zweite Schild übernehme, darf ich dazwischen füttern. (Nach dem Abarbeiten des ersten Schildes.)

MSÜ in der Prüfungsordnung: Bei sogenannten Mehr-Schild-Übungen können bis zu drei Übungen direkt neben- oder untereinander in einer MSÜ an einer Station platziert werden. Die Übungen auf den Schildern müssen dann von links nach rechts oder von oben nach unten durchgeführt werden. Sie dürfen vom Hundeführer nach freier Wahl unmittelbar nacheinander oder mit einem Zwischenschritt ausgeführt werden. Zu beachten ist hierbei, dass bei allen B-Übungen zwingend ein Vorwärtsschritt am Ende der Übung zur Ausführung gehört. Danach kann auch hier der HF entscheiden, ob er noch einen Zwischenschritt macht. Wenn mehr Schritte als erlaubt gezeigt werden, wird das als Überlaufen der nächsten Übung gewertet. Diese werden unabhängig voneinander separat gewertet. Wenn eine MSÜ beim Übergang ein gleiches Übungsteil (Sitz, Platz, Steh) hat, darf der Hundeführer beim Übergang entweder einen Zwischenschritt machen oder einen der beiden gleichen Übungsteile weglassen. Das einmal ausgeführte Übungsteil wird dann aber doppelt bewertet. Die Bestimmungen für Wiederholungen gelten auch für MSÜs.

SCHILDER 3 UND 4

Hier handelt es sich bei dem ersten Schild wieder um ein stationäres Schild – Typ A. (Ob ein Schild Typ A oder B ist, findest du in der Prüfungsordnung oder auf unseren Karten.) Wir haben gelernt, dass wir das letzte Element vom Schild mit der Nummer 3 übernehmen können, wenn das letzte Element das gleiche ist wie das erste Element vom nächsten Schild. Somit hätten wir schon das große Halt vom Schild 107 gezeigt. Jetzt brauchen wir nur einen Schritt vorwärtsgehen und der Hund muss ein Steh zeigen, dann geht das Team zwei Schritte vorwärts und der Hund setzt sich wieder, und dann drei Schritte vorwärts und der Hund geht ins Platz. Wenn man das Halt übernommen hat, muss der Hund sich einmal weniger setzen. Ist der Abschluss vom Schild *Vorsitz ein Schritt rückwärts Vorsitz* aber nicht so gut geglückt und das Sitz kostet Punktabzug, machen wir lieber einen Schritt nach vorne und zeigen dann erst das Schild Nummer 4 mit einem schönen Sitz.

SCHILDER 5 UND 6

Bei diesen Schildern gilt die gleiche Regel. Das heißt, ihr könnt das Sitz von der 106 wieder übernehmen oder einen Zwischenschritt machen und ein neues Sitz für die B05 zeigen. Da man aber am Ende der MSÜ nicht in die gleiche Richtung weitergeht, in die man unterwegs war, wird diese MSÜ vor den beiden Schildern gemacht.
Ob ihr die Übung vor dem Schild 5 oder 6 macht, ist völlig egal,

am besten schaust du dir den Parcoursverlauf an und überlegst, wie es am sinnvollsten ist.
Muss man bei den MSÜ eine Wiederholung machen, überlegt man sich genau, was man wiederholen möchte. Hat das erste Schild gut funktioniert, aber das zweite Schild nicht, so darf man nur das zweite Schild wiederholen. Überlege, wo ihr das zweite Schild angefangen habt, und macht dort auch die Wiederholung von diesem Schild.
Bei meinem Beispiel hat das Schild mit der Abbiegung gut funktioniert, aber das 6. Schild *Halt Platz Um den Hund herum* hat nicht geklappt und der Hund ist beim Umrunden aufgestanden. Ihr wisst, dass das ein böser Fehler ist und euch 10 Punkte kostet, deshalb wiederholst du es lieber. Aber wie? Du gehst quasi auf meinem Parcoursplan in Richtung des kleinen Kreuzes, drehst dich mit deinem Hund um, gehst links an den Schilderhaltern vorbei und machst direkt links neben den Schildern *Halt Platz Um den Hund herum*.

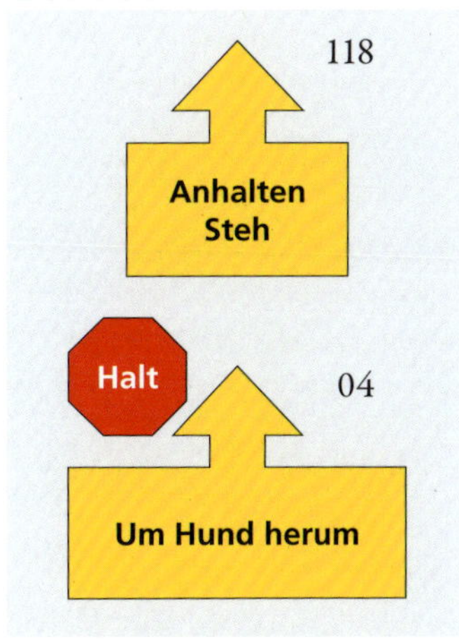

SCHILDER 7 UND 8

Hier heißt das erste Schild *Anhalten Steh* und das zweite Schild *Halt Um den Hund herum*. Nun endet das erste Schild nicht mit dem Element, mit dem das nächste Schild beginnt. Unser Hund steht und auf dem nächsten Schild soll er sitzen. Da es sich bei dem ersten Schild wieder um ein stationäres Schild und um ein Typ-A-Schild handelt, können wir die beiden Schilder mit einem Schritt verbinden, müssen es aber nicht. Das heißt, der Hund kann sich aus dem Steh sofort hinsetzen, dann gehst du um ihn herum. Oder der Hund steht schief (mehr als 30°), dann gehst du lieber einen Schritt nach vorne und lässt ihn dann sitzen. Wenn ihr zwei Schritte nach vorne gehen würdet, hättet ihr das zweite Schild überlaufen und würdet 10 Punkte Abzug bekommen.

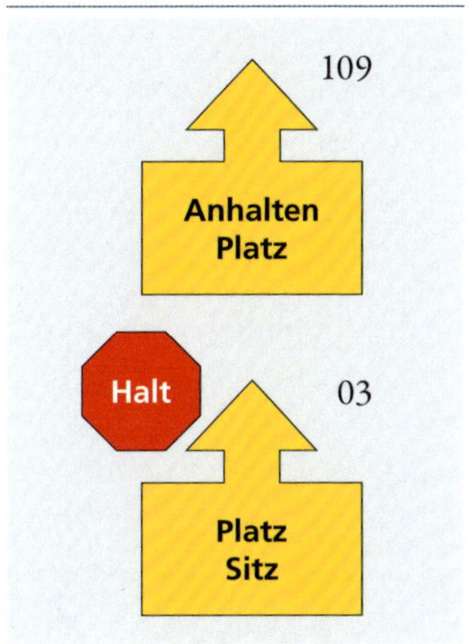

SCHILDER 9 UND 10

Hier gilt das Gleiche wie bei der MSÜ davor. Zuerst zeigt ihr das *Anhalten Platz* – dies ist ein stationäres Schild, also kann der Hund aus dem Platz ins Sitz kommen für das Schild B03. Alternativ werden die beiden Schilder mit einem Zwischenschritt verbunden.

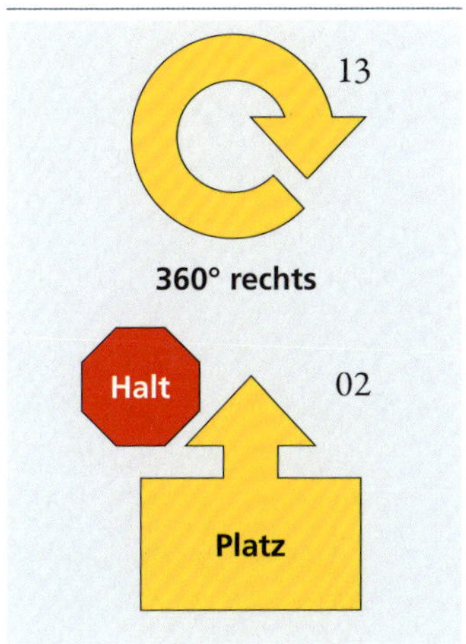

SCHILDER 11 UND 12

Das erste Schild lautet *360° rechts* und das zweite Schild *Halt Platz*. Da das erste ein Bewegungsschild ist (Typ B), müssen wir einen Schritt zum Abschluss des Schildes machen und dürfen einen Schritt zusätzlich machen. Wir zeigen die *360° rechtsrum*, gehen einen oder zwei Schritte Richtung Schild Nummer 13 weiter und zeigen dann *Sitz Platz*. Geht ihr drei Schritte voraus, habt ihr wieder das zweite Schild überlaufen und bekommt 10 Punkte abgezogen.
Von der Regel, grundsätzlich einen Schritt zwischen den MSÜ-Schildern zu machen, halte ich überhaupt nichts. Bei manchen

01

01 Das Schild 119 Steh 90°-Drehung rechts könnte in einer Prüfung vorkommen.

02 Fleur mit Hundeführerin Maike beim Abarbeiten der MSÜ vom Tannenbaum.

02

Schildern ist es vorteilhafter, einen Schritt zu machen, und bei anderen Schildern ist es günstiger, zwei Schritte zu machen. Manchmal hat man bei einem Schritt wenig Platz, da einem die Schilderhalter im Weg sind, und manchmal beginnt man gewisse Übungen eher mit dem rechten oder dem linken Fuß, sodass aus dieser Folge heraus entschieden werden muss, ob man einen oder zwei Schritte macht. Aus diesem Grund ist eine Parcoursbegehung so wichtig! Geh den Parcours ohne Hund ab und entscheide für dich, wie viele Schritte du wo machst. Der Slalom ist ein Bewegungsschild und du musst den Slalom mit mindestens einem Schritt verlassen, bevor ihr das nächste Schild beginnt. Wenn ihr drei MSÜ an einer Stelle habt, gehe bei der Entscheidung, wie viele Schritte du machen darfst, genau so vor, wie ich es hier erklärt habe. Ausschlaggebend ist immer das erste Schild der Verbindung. Bei den Schildern 19, 20 und 21 wirst du merken, dass es manchmal wichtig ist, mit einem bestimmten Fuß vorne zu sein. Probiere es aus – es ist ganz schön knifflig.

TRAINING IN KLASSE 1

Für ein Turnier müsst ihr alle Schilder mit den Linksdrehungen können, also 009, 012, 029, 101 und 113. Eins dieser Schilder kommt auf jeden Fall vor. Es wird ein Schild mit dem 90°-Winkel im Parcours vorkommen und der Wertungsrichter muss drei weitere Schilder aus der Klasse 1 nehmen. Außerdem muss der Richter eine Übung aus den Schildern 123, 124 oder 125 berücksichtigen. Das heißt ihr fangt entweder mit dem rechts geführten Hund an und es kommt als erstes Schild eins dieser drei Schilder, oder der Richter stellt eins dieser Schilder als letztes Schild und ihr geht mit dem rechts geführten Hund ins Ziel. Bei den MSÜ habt ihr in der Klasse 1 noch sogenannten Welpenschutz: Der Richter darf auf einem normalen Turnier nur drei 2er-MSÜs stellen. Eine Ausnahme sind hier Verbandsmeisterschaften und höherrangige Veranstaltungen, hier sind bis zu fünf 2er-MSÜs in der Klasse 1 möglich.
Was können wir trainieren?

- Schilder mitnehmen und im Feld Winkel üben
- Falls ihr beim Spazierengehen eine Warnbake habt, Vorsitz üben
- Mit einer Stange oder mithilfe des Elefantentricks das Links üben
- Den rechts geführten Hund üben

TRAININGSSPIELE FÜR KLASSE 1

- Tannenbaum
- Sommerspiel
- Hilfe, ich werde irre!

SENIORKLASSE

Mit der Seniorklasse sind nicht Menschen über 64 Jahre gemeint, sondern alle Hunde, die 8 Jahre und älter sind. Ist dein Hund erst 6 Jahre alt und hat eine Widerristhöhe von 55 cm und mehr, darf er auch mit 6 Jahren schon in die Seniorklasse wechseln. In der Seniorklasse laufen Teams mit unterschiedlichen sportlichen Hintergründen.

Es gibt Hundeführer, die mit ihrem Hund schon Rally Obedience in einer anderen Klasse gelaufen sind – sei es in der Beginner-Klasse oder vielleicht sogar in der Klasse 3. Die Hundeführer merken, dass sich ihre Hunde schwertun mit dem ständigen Positionswechsel oder dass sie Probleme mit den Linksdrehungen haben. Für die alten Hunde sind die 24 Schilder in der Klasse 3 auch schon mal zu viel. Viele alte Hunde sind es nicht gewöhnt, auf der rechten Seite des Hundeführers zu laufen. Um ihnen den Spaß an Rally Obedience nicht zu verderben, gehen die Hundeführer mit ihnen in die Seniorklasse. Mein Jay ist mittlerweile 11 Jahre alt und war bis vor Kurzem noch in der Klasse 3. Ich finde, er hat das Rechts geführte gut angenommen. So langsam werden die Klasse-3-Parcourspläne schwieriger, da habe ich mich entschlossen, ihn zu entlasten, und habe ihn in die Klasse Senioren laufen lassen. Ganz ehrlich, ich habe ihm einen großen Gefallen getan. Jay hat immer noch viel Spaß im RO, aber 12 Schilder reichen ihm vollkommen. Im täglichen Miteinander fällt einem manchmal nicht auf, dass unsere Hunde alt werden, deshalb sollten wir immer wieder kritisch unsere Hunde beobachten, was ihnen guttut und was nicht.
Es gibt aber auch Hundeführer, die ihre Rally-Obedience-Karriere in der Seniorklasse starten. Das ist eine besondere Herausforderung für Neulinge, da in der Seniorklasse Schilder aus allen Klassen Verwendung finden.
Schauen wir uns zuerst die Regeln an. Ein Seniorhund darf auf einem Turnier nur ein Mal starten, aus Rücksicht auf sein Alter. In der Seniorklasse darf ich mit Leine laufen oder ohne. Da unsere alten Hunde schon etwas schwerhörig sein können (oder vielleicht auch nur ein bisschen altersstarrsinnig), ist es nicht so schlimm, wenn du mal ein Doppelkommando benötigst. Das erste Doppelkommando ist ohne Punktabzug. Der Seniorhund wird auch nicht gehetzt, er hat alle Zeit der Welt. Wundere dich aber nicht, wenn in der Seniorklasse beim Turnier trotzdem die Zeit genommen wird. Bei Punktegleichstand wird sie herangezogen, um den Sieger festzustellen.

Maybee – mittlerweile schon 16 – zeigt noch ein hohes Maß an „will to please". Sie darf ab und an noch ein, zwei Schilder machen.

FUTTERBELOHNUNGEN

In der Seniorklasse darf man die ganze Zeit füttern. Wenn dein Hund etwas prima gemacht hat oder du meinst, er brauche noch ein wenig Unterstützung von dir, dann greif in die Tasche und gib ihm ein Futterstück ins Maul. Dabei ist es egal, ob der Hund gerade Vorsitz macht oder schön steht oder neben dir hergeht. Du brauchst nicht die üblichen Regeln des Belohnens zu berücksichtigen. Allerdings darfst du den Hund nicht mit einem Leckerchen in eine Position ziehen!

Ein Senior-Hund …

… darf für ein schönes Vorsitz belohnt werden.

002 Schilder der Seniorklasse

SCHILDER IN DER SENIORKLASSE

Für die Senioren gibt es keine speziellen Schilder, sondern es gibt einen Schilderpool, der aus allen Klassen zusammengestellt wurde. Der Seniorhund wird immer auf deiner linken Seite geführt.

In einem Seniorparcours kommt auf jeden Fall eine Futterverweigerung vor. Entweder ein Slalom mit Ablenkung und/oder die Figur 8 mit Ablenkung, die ich in der Klasse 1 erklärt habe. Es könnte aber auch Slalom hin und zurück mit Ablenkung vorkommen. Da habt ihr am Anfang und am Ende jeweils eine Pylone und dazwischen zwei Abdeckungen, unter denen sich einmal ein Spieli und einmal Futter befindet. Da die Seniorklasse auch eine Königsdisziplin und bei Klasse 3 angegliedert ist, entspricht die Futterablenkung der Klasse 3. Das heißt, hier sind schon besonders gut riechende Futterhäppchen drin, um deinen Hund zu verleiten.

Auf jeden Fall findest du eins von den Schildern, bei denen man um den Hund herumgeht. Entweder sitzt der Hund oder liegt oder steht und du musst um den Hund herumgehen. Denke an meinen Rat: Sollte der Hund seine Position verändern, während du um ihn herumgehst, müsst ihr das Schild auf jeden Fall neu machen. Der Fehler kostet 10 Punkte, und es wäre schade, wenn ihr auf eine Wiederholung verzichtet.

Beide Schilder sind Typ B.

Diese beiden Schilder dürfen auch bei den Senioren gestellt werden, jedoch nur als letztes Schild. Es wird also darauf geachtet, dass der Seniorhund das schnelle Tempo nicht über mehrere Schilder zeigen muss.

Bonnie liebäugelt mit dem Spieli unter der Ablenkung.

In der Seniorklasse sind auch MSÜ-Übungen erlaubt. Am besten liest du diese im Kapitel MSÜ nach (siehe Seite 80).

SENIOR-SCHILDER MIT STEH

In der Seniorklasse gibt es besonders viele Steh-Schilder. Denn viele alte Hunde tun sich schwer damit, sich hinzusetzen, wieder aufzustehen, sich wieder hinzusetzen.
Auf einem Turnier kommt also mindestens ein Schild vor, bei dem der Hund steht. Das kann *Anhalten Steh* sein.
Dieses Schild funktioniert ähnlich wie *Anhalten Platz*. Bei dem Schild *Anhalten Steh* bleibst du im Arbeitsbereich stehen und dein Hund bleibt auch stehen. Er darf sich nicht hinsetzen oder -legen. Setzt oder legt sich der Hund erst hin, bevor er das Steh zeigt – Schild neu machen, sonst sind 10 Punkte weg!
Andere Schilder mit Steh sind *90°-Drehung rechts – vorwärts* oder *90°-Drehung links – vorwärts*. Diese Schilder arbeitet ihr vor dem Schild. Du signalisiert deinem Hund, dass er neben dir stehen soll, zeigst einen schönen Rechts- oder Links-Winkel, bei dem deine Füße sich berühren, und biegst ab.
Sollte der Hund sich zuerst hinsetzen und danach das Steh zeigen, so ist das nicht so schlimm, denn es werden nur 5 Punkte abgezogen. Eine Wiederholung würde euch auf einem Turnier denselben Punktabzug kosten. Wichtig: Auch wenn der Hund zuerst sitzt, muss er noch das Steh zeigen, sonst werden 10 Punkte abgezogen.
Aus der Klasse 2 kann das Schild *Vor-Steh* verwendet werden. Bei

Schild 118: Typ A
Schilder 119 und 120: Typ B

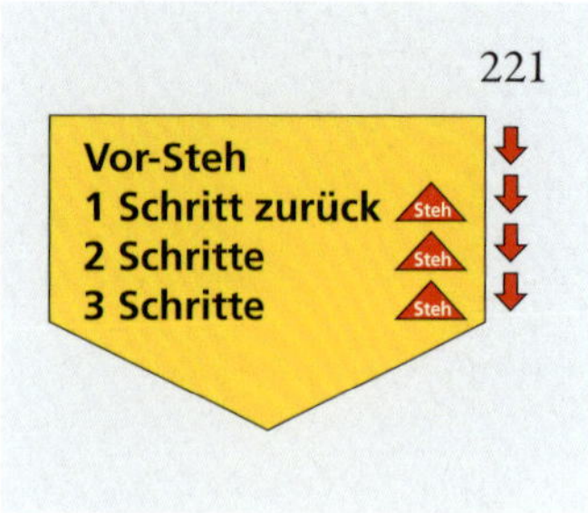

Typ A oder B

diesem Schild muss der Hund vor euch stehen, du gehst einen Schritt zurück, der Hund folgt dir und bleibt stehen, du gehst zwei Schritte rückwärts, der Hund folgt dir und bleibt stehen, und du gehst drei Schritte rückwärts, der Hund geht mit und er bleibt wieder vor dir stehen. Es folgt ein Abschluss. (In der Seniorklasse dürfen nur die Abschlüsse a und c (siehe Seite 24) verwendet werden, also kein Abschluss, wo der Hund das Links zeigen muss.)

Vor-Steh trainieren: Ich schlage dir vor, das Kommando „Vor" nicht zu verwenden, wenn du es für das Einleiten vom Vorsitz benutzt, denn dann sitzt dein Hund schneller vor dir, als du gucken kannst.

Wenn ich dieses Schild meinen Hundeführern beibringe, zerstückele ich es. Zuerst setzt der Hund sich hin und der Hundeführer stellt sich vor den Hund hin. Nun gibt der Hundeführer dem Hund das Handzeichen zum Steh und das verbale Kommando „Steh". Der Hund stellt sich hin und steht nun gerade vor dem Hundeführer. Bei mir zeigen nun eine oder zwei Hände mit der Außenfläche zum Hund, die Finger nach unten. Die Hände befinden sich mittig zwischen meinen Beinen. Jetzt gehe ich einen Schritt zurück und fordere meinen Hund auf, einen Schritt mitzugehen – dabei kann ich auch ein Futterstückchen in der Hand halten –, und sage, nachdem der Hund vorwärtsgegangen ist, auch schon wieder „Steh". Hat der Hund diese Aufgabe gelöst, drehe ich mich zum Hund ein, werfe ein Spielzeug nach vorne weg und löse die Übung auf. Wenn der Hund diese Übung zu 80 % korrekt ausführt, erweitere ich die Aufgabe, indem ich, nachdem ich mit ihm einen Schritt rückwärtsgegangen bin und der Hund das Steh gezeigt hat, die zwei Schritte rückwärts mit dem Steh anhänge. Klappt dies, drehe ich mich wieder zum Hund ein und belohne ihn mit einem Spielzeug. Sobald auch dies beständig funktioniert, kann ich die Aufgabe um die drei Schritte rückwärts und das vierte Steh erweitern. Auch hier drehe ich mich wieder ein und belohne den Hund mit einem Wurf seines Lieblingsspielzeugs. Wenn ich nun die Übung als Ganzes machen möchte, bleibe ich neben dem Schild stehen, schließe meine Füße und führe den Hund mit meiner linken Hand vor mich und fordere ihn mit meinem Handzeichen für das Vor-Steh auf, sich vor mich zu stellen. Das müsste jetzt gut klappen, da ihr es geduldig aufgebaut habt und oft genug mit dem Hund geübt habt. Nun fügt ihr das Rückwärtsgehen, welchem der Hund durch Vorwärtsgehen folgt, dazu und lasst den Hund jedes Mal stehen (1 Schritt Vor-Steh, 2 Schritte Vor-Steh und 3 Schritte Vor-Steh).

Nun macht ihr noch den geforderten Abschluss Z-0a oder Z-0c, fertig! Hier kannst du wieder das Trainingsbuch benutzen, um eure Fortschritte zu notieren.

Für die Senioren gibt es noch das Schild *90°-Drehung rechts Steh.* Hier kommst du wieder vor dem Schild zu stehen, der Hund steht

Sam steht perfekt.

Hier sieht man schön, dass die Füße sich im Winkel berühren.

01

02

03

01 Die offenen Hände von Nadine zeigen nach unten.

02 Jay bleibt sofort nach dem Winkel stehen, wie auf dem Schild gefordert.

03 Zora wird mit Streicheleinheiten für das Steh belohnt.

links neben dir. Du zeigst den Winkel und forderst den Hund auf, direkt mit dir um die Ecke zu gehen. Denk daran, dass deine Füße sich berühren, dann werden die Füße direkt geschlossen und der Hund zeigt wieder ein Steh. Dieses Schild ist nur nach rechts erlaubt. Hier wird Rücksicht auf die Bewegungseinschränkung der Senioren genommen.

Dann gibt es zum Steh das Schild *180°-Drehung rechts*. Es wird ebenfalls vor dem Schild durchgeführt. Du bleibst vor dem Schild stehen und der Hund bleibt neben dir stehen. Dann drehst du dich mit deinem Hund zusammen rechtsrum. Der Bogen soll so klein sein, dass er auf ein DIN-A4-Blatt passt, und du darfst nicht mehr als vier Fußbewegungen dafür benötigen.

Bei dem Schild 2-227 muss dein Hund vier Mal das Steh zeigen. Es ist ein stationäres Schild, das heißt, du darfst am Ende füttern. In der Seniorklasse darfst du ja ohnehin füttern, wenn du es möchtest. Sollte dein Hund also zwei Mal das Steh schön gezeigt haben, könntest du ihm ein Leckerli geben. Die Übung wird neben dem Schild ausgeführt, da ihr in der gleichen Richtung weitergeht. Sollte der Hund sich mal hinsetzen, statt sich hinzustellen, kannst du ihn ruhig in ein Steh ziehen. Zeigt er es dann, bekommt ihr nur fünf Punkte abgezogen. Setzt er sich jedoch zwei Mal hin, müsst ihr das Schild neu angehen, denn sonst sind 10 Punkte futsch.

Bei den nächsten beiden Schildern befinden wir uns schon in der Klasse 3. *Anhalten Steh Um den Hund herum* habe ich schon erwähnt in dem Zusammenhang, wenn der Hundeführer seinen Hund in verschiedenen Positionen umrundet (siehe Seiten 16 und 19).

Und beim nächsten Schild umrundet der Hund zur Abwechslung mal den Hundeführer. Du bleibst im Arbeitsbereich neben dem Schild stehen und dein Hund steht neben dir. Du signalisierst deinem Hund, dass er um dich herumgehen soll, während du wie angewurzelt stehen bleibst. Zum Abschluss steht der Hund wieder links neben dir. Sollte der Hund sich zu Beginn des Schildes neben dich setzen, müsst ihr das Schild auf jeden Fall neu machen. Bei *Anhalten Steh* darf der Hund vorher keine andere Position zeigen, sonst bekommt ihr 10 Punkte abgezogen. Wenn er um dich herumgegangen ist, könnte er sich rein theoretisch erst setzen und sich dann hinstellen. Das gäbe einen Abzug von 5 Punkten.

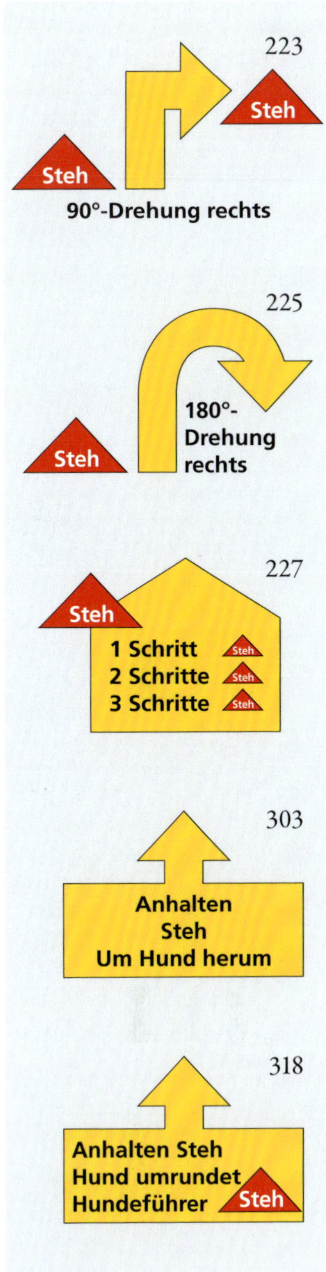

Schilder 223, 227, 303 und 318: Typ A
Schild 225: Typ B

Auch bei den Schildern 107 und 108 geht es in die gleiche Richtung weiter, aus der ihr gekommen seid, deshalb arbeitet ihr es neben dem Schild. Ihr braucht allerdings nicht die Sitz-, Steh-, Sitz- und Platz-Übungen innerhalb des 1,2-m-Arbeitsbereichs ausführen. Es geht nur um das Einleiten des Schildes. Bei diesen vier Positionswechseln werdet ihr weit an dem Schild vorbeiarbeiten. Ihr beginnt, wie gesagt, im Arbeitsbereich des Schildes damit, dass ihr stehen bleibt. Der Hund setzt sich neben euch hin. Nun geht ihr einen Schritt vorwärts

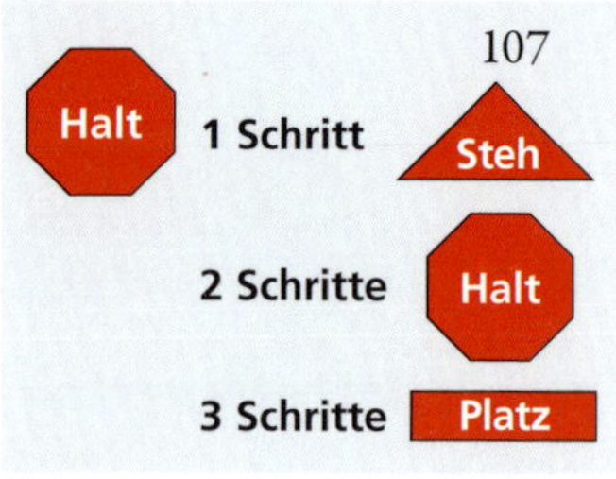

Typ A

Typ A oder B

und lasst den Hund neben euch stehen, dann geht ihr zwei Schritte weiter, fordert euren Hund auf, mitzugehen, und lasst ihn sitzen, wenn ihr stehen bleibt. Weiter geht es mit drei Schritten vorwärts, stehen bleiben und der Hund macht neben euch Platz. Dieses Schild ist auch ein Schild des Typs A, das heißt nach dem Abarbeiten des Schildes darfst du deinen Hund füttern oder zur Belohnung streicheln.

Bei dem Schild mit dem Vorsitz macht ihr quasi genau das Gleiche, nur mit dem Unterschied, dass der Hund zu Beginn ins Vorsitz kommt und sich vor euch hinsetzt. Dann geht ihr einen Schritt rückwärts, gebt dem Hund die Aufforderung, euch zu folgen, und lasst den Hund dann vor euch stehen. Jetzt geht ihr zwei Schritte rückwärts, der Hund folgt euch und setzt sich dann ins Vorsitz. Zu guter Letzt geht ihr drei Schritte rückwärts, der Hund folgt euch und legt sich vor euch ins Platz. Das Schild wird mit einem Abschlussschild a–d abgeschlossen.

Das Schild mit dem Vorsitz ist entweder ein Typ A- oder B-Schild, abhängig davon, welcher Abschluss danebensteht. Die Abschlüsse habe ich bei den Beginnern erklärt (siehe Seite 24).

TIPP

Hier ein Tipp, wie ihr euch die Reihenfolge merken könnt. Solche Übungen beginnen immer mit dem Sitz bzw. Vorsitz. Danach kommt der eine Schritt, nun muss der Hund die Position einnehmen, bei der er am weitesten weg vom Boden ist = Steh (Vorsteh), jetzt kommen die zwei Schritte und der Hund nimmt die Position ein, in der er halb weit vom Boden entfernt ist = Sitz (Vorsitz), nun kommen die drei Schritte und der Hund nimmt die Position ein, in der er am nächsten zum Boden ist = Platz (Vorplatz).

DOGDANCE

Typ B

Ein weiteres spannendes Schild hat Einzug in die Seniorenklasse gehalten. Dieses Schild leitet ihr neben dem Schilderhalter ein, da es keine Richtungsänderung ist. Ihr fordert euren Hund auf, während ihr weitergeht, euch zu umrunden. Hierbei dürft ihr zwar das Tempo vermindern, aber ihr müsst weitergehen und dürft weder auf der Stelle trippeln noch stehen bleiben. Damit würdet ihr 5 Punkte verlieren.

Trainingsmöglichkeit

Gute Erfahrungen habe ich mit der folgenden Übungsvariante gemacht. Stellt euch zuerst vor das Schild: „Halt – Hund umrundet Hundeführer – Halt" (B-023), auf. Macht dieses Schild gemeinsam mit eurem Hund, achtet genau auf eure Hand- und Sichtzeichen sowie auf euer Kommando bei der Aufforderung: „Hund umrundet Hundeführer.“ Dann geht ihr drei Meter weiter und macht nun dieses Schild, nur ohne die zwei Sitz. Benutzt genau die gleichen Hand- und Sichtzeichen und das gleiche Kommando wie bei dem anderen Schild. Da der Hund dies gerade erst gemacht hat, wird er auch diese Übung ohne Probleme ausführen.

RICHTUNGSÄNDERUNG

Auch diese zwei Schilder sind neu im Regelwerk und eine großartige Bereicherung und Aufwertung der Seniorgruppe.
Ihr leitet sie vor dem Schilderhalter ein, da es sich um eine Richtungsänderung handelt. Ihr bleibt stehen und fordert den Hund auf, sich neben euch zu setzen. Stellt euch jetzt mal die Schilder mit dem Winkel vor, wo die Füße aneinanderkommen müssen. Bei diesen Schildern setzt ihr die Füße im 90°-Winkel aneinander. Das geht, weil der Hund zu Übungszwecken aufsteht. Bei dieser Übung jedoch bleibt der Hund sitzen, und deshalb stellt ihr zwar auch euren Fuß im 90°-Winkel in die Richtung, in die es weitergeht, aber mit Versatz. Das heißt die Füße müssen sich nicht berühren. Solltet ihr nicht so gelenkig sein und der Fuß steht nicht genau im 90°-Winkel, so ist das nicht so schlimm, Hauptsache die Fußspitze zeigt in die richtige Richtung. Nun geht ihr einen weiteren Schritt in die Richtung, in die es weitergeht. Dann schließt ihr die Füße und haltet an. Der Hund ist die ganze Zeit sitzen geblieben. Jetzt ruft ihr euren Hund neben euch und lasst ihn dort wieder sitzen. Wichtig ist bei diesem Schild, dass der Hund so lange sitzen bleibt, bis ihr wieder die Grundstellung eingenommen habt. Sollte er vorher aufstehen, müsst ihr das Schild wiederholen, da dies 10 Punkte kostet. Fällt euch auf, dass ihr nicht die richtige Schrittzahl eingehalten habt, macht das Schild auch besser neu, denn das kostet auch 10 Punkte. Am Ende der Übung dürft ihr den Hund füttern.

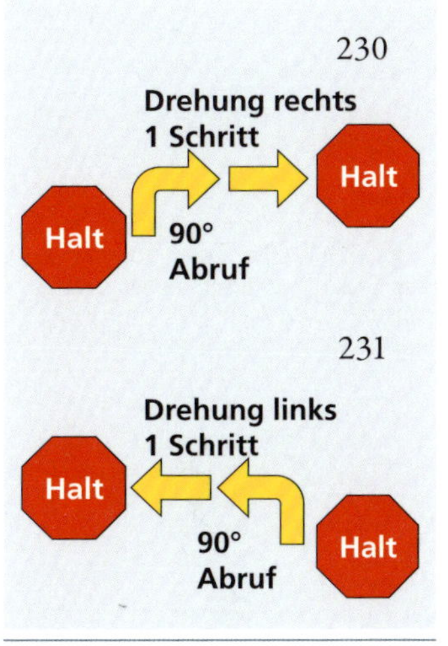

Typ A

Trainingsvorschlag
Ruft den Hund nicht immer ab, sondern statt den Hund abzurufen, geht ihr wieder zurück zum Hund und belohnt ihn hier für das Sitzenbleiben.

Richtig chic finde ich, dass in der Seniorenklasse auch der Abruf Einzug gehalten hat. Ihr findet hier auch die Schilder aus der Klasse 3 *Anhalten Steh weggehen* und zum Abruf das Schild aus der Klasse 2 Ohne Umdrehen bei Fuß. Ihr überlegt gerade, wie ihr den Hund stehen lassen und weitergehen könnt, wenn euer Senior-Hund angeleint ist? Ganz einfach: Ableinen. Ihr könnt ihn beim Abruf oder beim nächsten Schild wieder anleinen. Oder ihr geht unangeleint mit dem Hund bis zum Ziel.

KLASSE 2

Auch wenn für viele Starter die Beginner-Klasse und Klasse 1 scheinbar nahtlos ineinander übergehen, sind sich alle RO-Sportler einig, dass die Klasse 2 sich deutlich unterscheidet. U. a. darf man hier erstmalig nicht mehr mit Leine laufen.

Der Hund muss den Parcours unangeleint absolvieren. Es kommen die ersten Sprünge dazu und auch die ersten Bleib- und Abrufübungen. Spätestens jetzt muss der Hund es aushalten können, dass sich der Hundeführer von ihm 3 m oder mehr entfernt und er dort bleiben soll, wo der Hundeführer ihn hingesetzt oder hingelegt hat. Erst auf Abruf darf der Hund zu seinem Hundeführer laufen und dort die nächste Übung absolvieren oder sogar vorher noch über eine Hürde springen. Kommt in der Klasse 1 nur ein Wechsel auf rechts vor, so wird in der Klasse 2 der Hund zweimal rechts geführt.

Borko wartet geduldig …

… auf den Abruf.

☞ SCHILDER KLASSE 2 MIT WINKEL UND DREHUNG

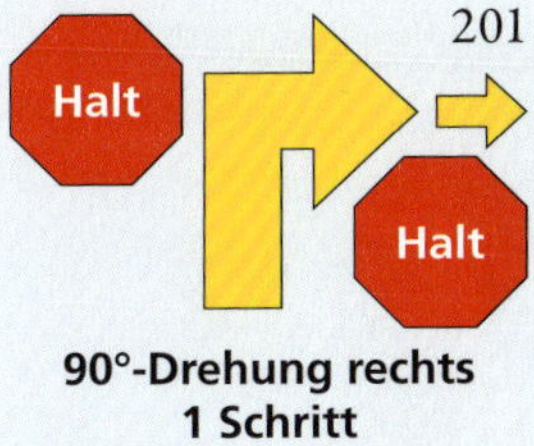

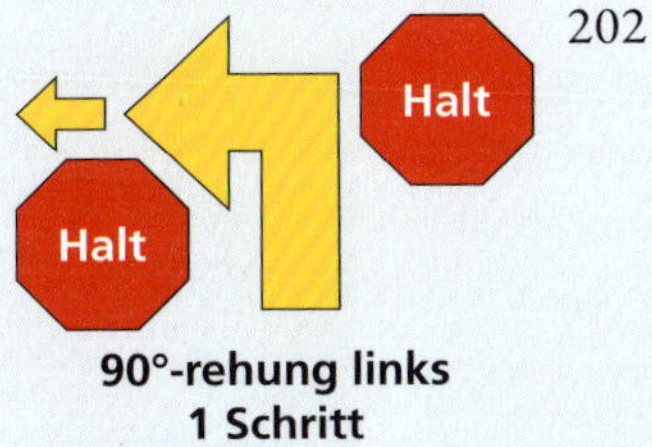

WINKEL 90°

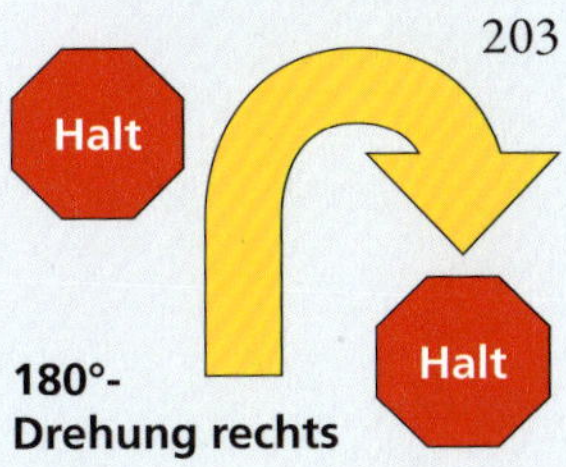

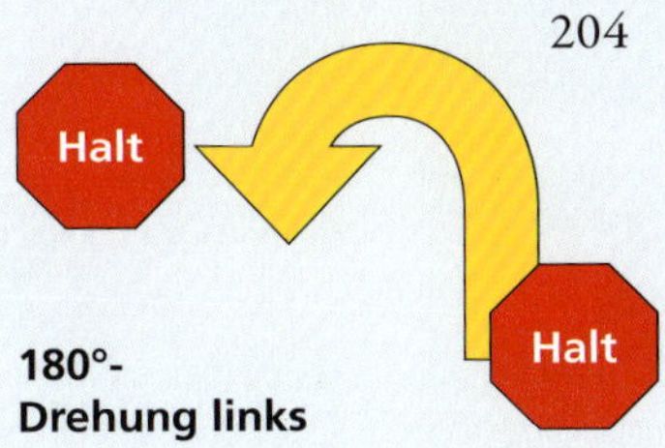

DREHUNGEN 180°

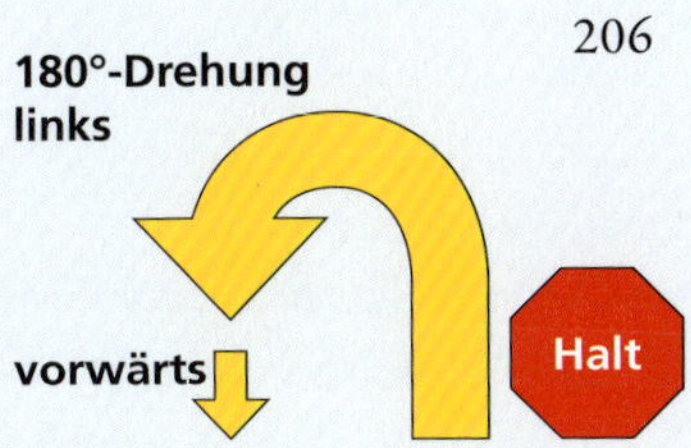

DREHUNGEN 180° MIT VORWÄRTS

Schilder 201, 202, 203 und 204: Typ A
Schilder 205 und 206: Typ B

DIE SCHILDER DER KLASSE 2

WINKEL 90°, WIE 201 UND 202

Ähnliche Schilder kennen wir schon aus der Klasse 1. Allerdings sind sie dort ohne den einen Schritt. Da es eine Richtungsänderung ist, wird diese Übung vor dem Schild ausgeführt. Der Hundeführer bleibt stehen, der Hund setzt sich hin. Nun gibst du das Kommando für das Weitergehen, setzt Fuß an Fuß, zeigst einen 90°-Winkel, der Hund steht auf und folgt dir in Fußposition und du machst, ohne die Füße zu schließen, einen Schritt. Erst dann dürfen die Füße geschlossen werden. Der Hund setzt sich wieder neben dich. Wenn du den Schritt nach dem Abbiegen komplett vergisst, ist dies sehr ungünstig, denn das kostet 10 Punkte. Diese Schilder sind stationäre Übungen, das heißt, du darfst den Hund nach dem Abarbeiten füttern.

Hat man ein solches Schild als MSÜ, muss man schon mal über die Schulter gucken, was da steht.

Es ist schön, dem Team zuzuschauen – das Steh hat geklappt!! Der Spaß an der Arbeit steht im Vordergrund.

DREHUNGEN 180°

Diese Schilder kennt ihr ebenfalls aus der Klasse 1, nur dass die 180°-Drehung jetzt um zwei Sitz erweitert wird. Da es eine Richtungsänderung ist, wird die Übung vor dem Schild ausgeführt. Der Hundeführer bleibt stehen und der Hund setzt sich hin. Du drehst dich mit höchstens vier Fußbewegungen zusammen mit deinem Hund um 180° und bleibst dann stehen. Der Hund setzt sich wieder neben dich. Da man am Ende der Aufgabe mit seinem Hund zum Stillstand kommt, darf man auch hier wieder füttern. Alle Punkte verliert man hier, wenn man rechts und links verwechselt.

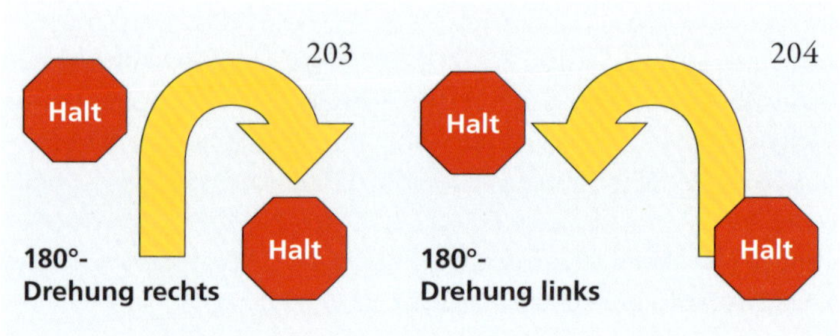

Beide Schilder sind Typ A.

DREHUNG 180° MIT VORWÄRTS

Diese beiden Schilder funktionieren wie die beiden davor. Der einzige Unterschied besteht darin, dass ihr nach der Drehung nicht stehen bleibt, sondern weitergeht. Dadurch darf man nach dieser Übung auch nicht füttern.

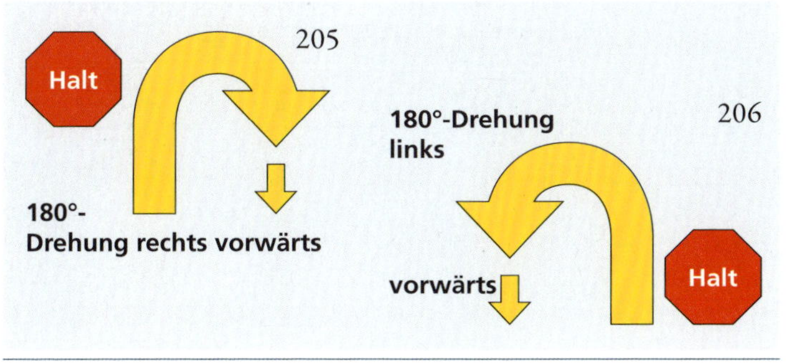

Beide Schilder sind Typ B.

SCHRITTE ZUR SEITE

Bei diesem Schild handelt es sich auch um eine Richtungsänderung. Zwar geht man in die gleiche Richtung weiter wie vorher, jedoch ist der Laufweg um einen Schritt nach rechts versetzt. Ihr müsst die Übung vor dem Schild machen und geht dann rechts am Schild vorbei. Du hältst vor dem Schild an und der Hund setzt sich neben dich. Nun gehst du mit dem rechten Fuß seitwärts nach rechts und forderst den Hund auf – während du mit dem linken Fuß schließt –, diesem zu folgen. Ganz wichtig: In der Prüfungsordnung steht, dass der Hund *gleichzeitig* mit dir nach rechts gehen muss. Sollte er sitzen bleiben und du gehst nach rechts und rufst deinen Hund dann in die Grundstellung ins Sitz, kostet dies 10 Punkte.

Typ A

SCHILDER MIT STEH

Diese beiden Schilder werden im Arbeitsraum neben dem Schilderhalter gearbeitet. Du bleibst stehen, der Hund setzt sich. Dann gibst du das Kommando für das Steh. Entweder sagst du nur „Steh“ oder du hilfst deinem Hund mit dem Handtarget ins Steh. Dafür darfst du auch deine Grundstellung verlassen, z. B. gehe ich mit meinem rechten Fuß nach vorne und „ziehe“ meinen Hund mit meiner rechten Hand ins Steh. Mein Hund wechselt durch dieses Sichtzeichen vom Sitz ins Steh. Nun muss ich jedoch darauf achten, dass ich meinen rechten Fuß wieder zurück in die Grundstellung bringe. Würde ich dies unterlassen, kostet es 5 Punkte.
Bei dem Schild *Halt Steh Sitz* muss ich den Hund nochmals sitzen lassen und dann darf ich weitergehen. Beide Schilder sind Übungen,

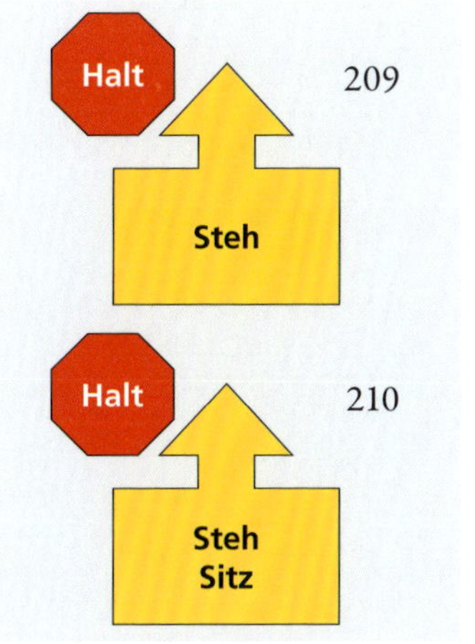

Beide Schilder sind Typ A.

01 Lola läuft auf der linken Seite.

02 Während Iris geradeaus weitergeht, fordert sie Lola auf, sie zu umrunden.

03 Hier bekommt Lola nochmal ein Leckerchen zur Belohnung.

04 Lola umrundet Iris mit Schwung …

05 … und erscheint wieder in Fußposition auf der linken Seite von Iris.

01

bei denen ich am Ende mit meinem Hund zum Stillstand komme. Das bedeutet für uns, dass wir den Hund füttern dürfen.

Typ B

KREISBEWEGUNG

Die nächsten zwei Schilder kommen aus der Dogdance-Szene. Ich mag sie sehr gerne, es lockert RO auf.
Dieses Schild leitet ihr neben dem Schilderhalter ein, da es keine Richtungsänderung ist. Ihr fordert euren Hund auf, während ihr weitergeht, euch zu umrunden. Hierbei dürft ihr zwar das Tempo vermindern, aber ihr müsst weitergehen und dürft weder auf der Stelle trippeln noch stehen bleiben. Damit würdet ihr 5 Punkte verlieren.

Trainingsmöglichkeit
Gute Erfahrungen habe ich mit der folgenden Übungsvariante gemacht. Stellt euch zuerst vor das Schild „Halt – Hund umrundet Hundeführer – Halt“ (B-023). Macht dieses Schild gemeinsam mit eurem Hund, achtet genau auf eure Hand- und Sichtzeichen sowie euer Kommando bei der Aufforderung: „Hund umrundet Hundeführer.“ Dann geht ihr drei Meter weiter und macht nun dieses Schild, nur ohne die zwei Sitz. Benutzt genau die gleichen Hand- und Sichtzeichen und das gleiche Kommando wie bei dem anderen Schild.

02

03

04

05

01

02

Typ B

Bei diesem Schild gehst du mit deinem Hund in die gleiche Richtung weiter wie vorher, deshalb wird es neben dem Schild gezeigt. Sobald ihr im Arbeitsraum 1,20 m neben dem Schild seid, gibst du das Kommando, dass der Hund sich von dir wegdrehen soll. Bei mir ist es „Weg!", manche sagen „Twist!". Du musst bei diesem Schild in einer gleich bleibenden Geschwindigkeit gehen. Also nicht stehen bleiben, auch nicht kurz, und schauen, ob der Hund sich dreht. Ihr geht in einem Tempo weiter. Solltest du stehen bleiben, kostet euch das 10 Punkte. Wirst du langsamer, kostet es 5 Punkte. Der Hund verlässt dein Bein und macht eine Drehung um seine eigene Achse in

03

Laufrichtung und schließt dann wieder an deinem Bein auf und ihr geht gemeinsam weiter. Sollte sich der Hund nicht drehen, so kannst du, wie bei jedem anderen Schild auch, ein weiteres Kommando benutzen. Sollte der Hund sich dann immer noch nicht drehen, kannst du weitere Doppelkommandos benutzen. Ab dem 6. Doppelkommando lohnt sich die Wiederholung dieser Übung. Du hast also viele Chancen, dem Hund zu vermitteln, dass er sich drehen soll. Gib nicht einfach nach dem ersten Kommando auf. Solltest du das nächste Schild überlaufen, weil dein Hund sich nicht auf Anhieb gedreht hat, kannst du nach dem Twist dahin zurückkehren.

01 – 03 Für den Twist dreht sich Damilo von Nadine weg, die weitergeht, und schließt wieder auf.

Typ B

SLALOM MIT ABLENKUNG

Die Klasse 2 bietet ein eigenes Figuren-Schild an. (Als Richter darf man aber natürlich auch die Schilder mit der Futterablenkung aus der Klasse 1 und die Figurenschilder aus der Beginner-Klasse verwenden.)
Dieses Schild ist in der Erklärung simpel: Ihr geht mit der linken Schulter an der ersten Pylone vorbei und biegt in den Slalom ein. Ihr nehmt den Slalom hin und zurück. Ob dieses Schild beim Laufen auch so simpel ist, ist eine andere Sache. Es kommt nämlich darauf an, was der Richter für leckere Überraschungen für deinen Hund parat hat und ob dein Hund eine Affinität zu den Futterbelohnungen hat oder auch vielleicht zu den aufregenden Spielsachen, die unter den Abdeckungen liegen.

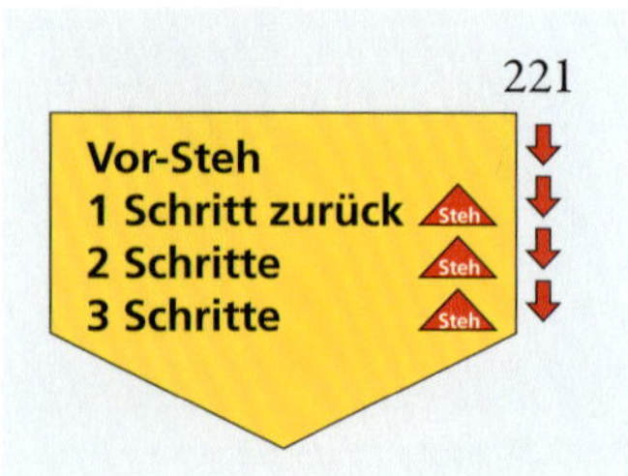

Typ A oder B

VOR-STEH

Für dieses Schild bleibst du links neben dem Schild stehen und forderst deinen Hund auf, sich vor dich hinzustellen. Du darfst, um deinem Hund dabei zu helfen, bis zu vier Schritte rückwärtsgehen. Das Kommando „Vor" würde ich hier nicht verwenden, damit dein Hund nicht schneller sitzt, anstatt stehen zu bleiben. Nun gehst du erst einen, dann zwei, dann drei Schritte rückwärts, lässt deinen Hund folgen und nach jeder Schrittfolge vor dir stehen. Zu diesem Schild gehören die Abschlussschilder a–d. Sollte sich der Hund einmal setzen, statt zu stehen, musst du versuchen, ihn ins Steh zu ziehen (siehe Seite 90).

VORSITZ

Bei diesem Schild geht man nach dem Abarbeiten in die gleiche Richtung weiter, aus der man gekommen ist, deshalb wird nicht vor dem Schild gearbeitet. Der Hund muss insgesamt drei Mal Vorsitz zeigen. Ihr beginnt wie beim normalen Vorsitz-Schild. Du bleibst im Arbeitsbereich neben dem Schild und forderst deinen Hund auf, sich vor dich hinzusetzen. Du darfst dabei bis zu vier Schritte rückwärtsgehen. Jetzt gehst du einen Schritt nach links und der Hund folgt deinem Linksschritt, indem er nach rechts geht und sich dann wieder vor dich setzt. Bei diesem Linksschritt darfst du nicht rückwärtsgehen; der Schritt bleibt auf der gleichen Höhe. Nachdem der Hund vor dir gesessen hat, gehst du einen Schritt nach rechts und forderst den Hund auf, dir zu folgen. Das heißt, dein Hund geht nach links und setzt sich wieder in den Vorsitz. Auch dieser Schritt muss auf der gleichen Höhe durchgeführt werden, also ohne Rückwärtsgehen. Dieses Schild benötigt ein Abschlussschild. Nun bleibst du stehen und der Hund zeigt den korrekten Abschluss. Bei dieser Übung kannst du die Trainingsvorschläge von den Schildern 114 und 115 berücksichtigen. Falls dein Hund nur den falschen Abschluss zeigt, mach einfach weiter. Denn falscher Abschluss = 5 Punkte, Wiederholung = 5 Punkte.

Typ A oder B

Der Hund muss von einem Steh zum anderen sofort mitgehen.

WINKEL UND DREHUNGEN MIT STEH

Die Schilder mit dem 90°-Winkel haben wir bereits in der Klasse 1 besprochen (siehe Seite 69). Und ähnliche Schilder wie diese mit Drehungen um 180° haben wir zu Anfang dieses Kapitels besprochen (siehe Seite 97); mit Sitz statt Steh, aber die Regeln sind die gleichen. Erwähnenswert ist hier: Da es sich um das Dreieck Steh handelt, darfst du dem Hund ins Steh helfen. Sollte der Hund sich zuerst setzen, dann kannst du ihn immer noch aus dem Sitz ins Steh „ziehen", denn für dieses Sitz als zusätzliches Element werden 5 Punkte abgezogen. Macht ihr jedoch weitere Fehler, dann lohnt sich eine Wiederholung.

Bei dem Schild 227 muss der Hund vier Mal die Position Steh zeigen. Es handelt sich hier auch um das Dreieck-Steh, das bedeutet, dass wir dem Hund ins Steh helfen dürfen. Außerdem könnte der Hund auch einmal zuerst das Sitz zeigen, was fünf Punkte Abzug kostet, und dann das Steh. Aber denkt dran: Setzt der Hund sich hin, müsst ihr trotzdem an dieser Stelle auch das verlangte Steh zeigen. Wenn der Hund nur das Sitz anstelle des Stehs zeigt, würde das 10 Punkte kosten.

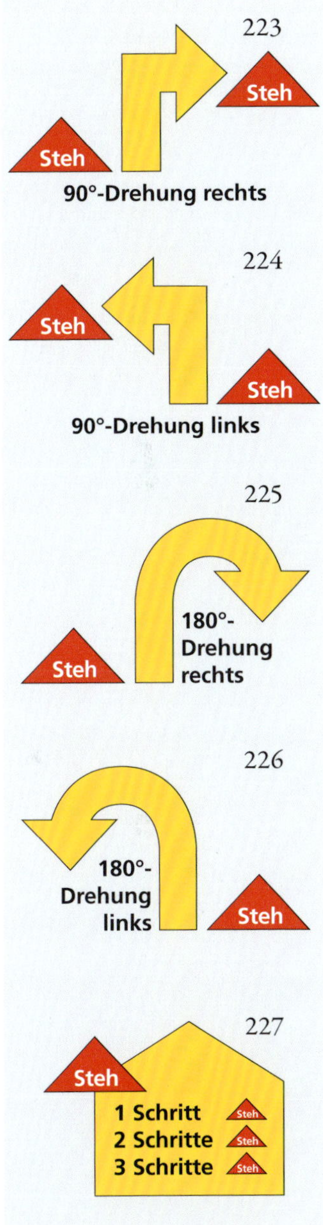

Schilder 223, 224 und 227: Typ A
Schilder 225 und 226: Typ B

☞ BLEIB- UND ABRUF-SCHILDER

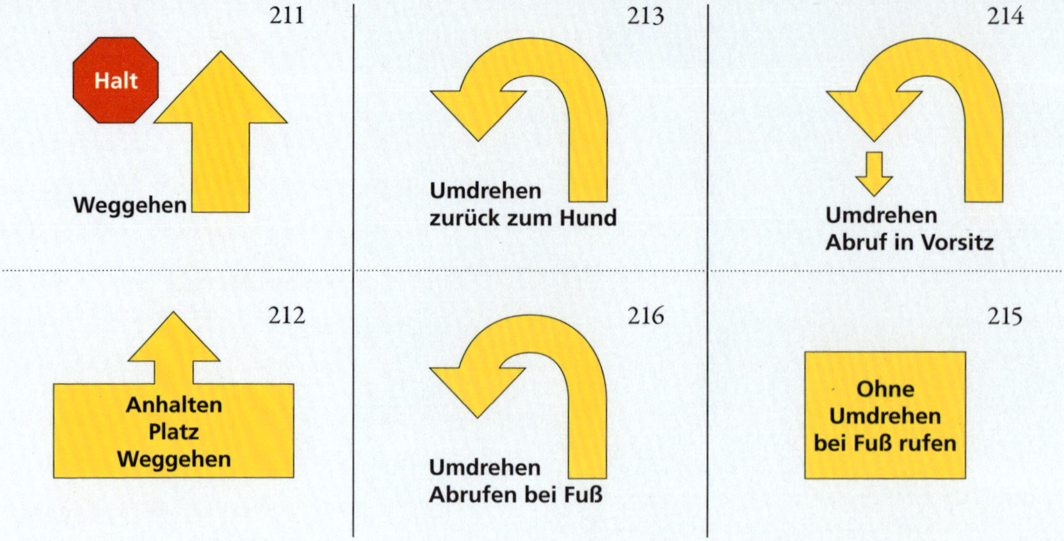

ABRUF-SCHILDER

In der Klasse 2 gibt es zwei Schilder, in denen der Hundeführer seinen Hund zurücklässt. Einmal gibt es das Schild *Halt Weggehen*. Hier arbeiten wir neben dem Schild. Wir halten an und bleiben stehen. Der Hund setzt sich neben uns. Jetzt lassen wir unseren Hund sitzen und gehen bis zum nächsten Schild. Um den Hund zurückzulassen, kannst du ihm ein Bleib-Kommando geben, oder dein Hund bleibt automatisch sitzen, weil er es so gelernt hat.

Als Abruf-Schilder kommen die Schilder 2-213, 2-214, 2-215 und 2-216 der Klasse 2 infrage. (Wird das Schild *Halt Weggehen* in der Klasse 3 gestellt, können noch weitere Abrufübungen gewählt werden.)

Bei dem Schild *Halt Weggehen* muss der Hundeführer stehen bleiben und der Hund sich hinsetzen. Wenn ihr nicht stehen bleibt, wäre dies eine andere Übung und kostet euch 10 Punkte. Der Hund muss so lange sitzen bleiben, bis du das nächste Schild erreicht hast und dort deine Position eingenommen hast. Verändert der Hund vorher seine Position – also legt er sich hin oder stellt sich hin –, so kostet das 10 Punkte und du gehst am besten sofort zurück. Nimm deinen Hund und geh fünf Schritte zurück und mach das Schild *Halt Weggehen* neu.

Denkst du jedoch, dass dein Hund auch bei einer Wiederholung nicht sitzen bleibt oder die Zeit knapp werden könnte, könnt ihr auf

die Wiederholung verzichten und nehmt die 10 Punkte in Kauf. Dadurch, dass der Hund an der Stelle geblieben ist, wo du ihn zurückgelassen hast, könnt ihr wenigstens den Abruf zeigen. Drehst du dich um und der Hund ist in Bewegung, dann könnt ihr auch nicht die Abrufübung zeigen und das kostet euch auch beim Abruf-Schild 10 Punkte. Somit wären beide Schilder „weg".
Es gibt noch ein Schild, bei dem der Hund zurückbleibt: *Anhalten Platz* ist schon für einige Hundeführer schwierig. Wir haben es in der Klasse 1 besprochen. Aber jetzt kommt noch eine Schwierigkeit dazu: Der Hund muss liegen bleiben, während du zum nächsten Schild gehst. Ansonsten gelten hier die gleichen Regeln wie bei dem Schild *Halt Weggehen*.

Hier kann man sehr schön sehen, dass Andrea mit Sicht- und Hörzeichen arbeitet.

Typ A

Typ A oder B

Nun nehmen wir die Abruf-Schilder unter die Lupe: Generell gilt bei dem Schild 213, dass es keine Richtungsänderung ist. Wenn wir den Hund abgeholt haben, gehen wir an diesem Schild geradeaus vorbei; aus diesem Grund zeigen wir das Umdrehen neben dem Schild. Bei dem Umdrehen ist nichts zu beachten, es ist völlig egal, wie rum du dich drehst. Ihr braucht auch nicht in dem Arbeitsbereich zu verharren. Einfach nur umdrehen und zurückgehen. Wenn du zurückkommst, liegt der Hund im Idealfall da, wo du ihn verlassen hast. Nun kannst du um den Hund herumgehen und dich wieder rechts neben deinen Hund stellen. In der Klasse 3 kommt es darauf an, ob du dich rechts oder links neben deinen Hund stellst, wo dein Hund bei der Bleibübung war: rechts oder links geführt. Rechts bleibt rechts geführt und links bleibt links geführt. Bei den Schildern: *Zurück zum Hund*, wechselt der Hund nicht automatisch auf links. Rein theoretisch kannst du den Hund jetzt für das Liegenbleiben belohnen. Pass aber auf, dass der Hund nicht ins Sitz hochkommt, denn das wäre ein zusätzliches Element und kostet 5 Punkte. Der Hund muss aus dem Platz sofort mit dir losgehen.

Eine andere Abrufübung wäre folgendes Schild: Zu diesem Schild gehört ein Abschluss a–d. Bei dem Schild 214 geht ihr nicht in die gleiche Richtung weiter, aus der ihr gekommen seid. Deshalb wird es vor dem Schild ausgeführt. Wenn du dich umgedreht hast,

Dreamer wartet geduldig im Platz auf das Kommando von Nicole.

Nachdem Nicole die Abrufposition erreicht hat, ruft sie ihren Hund – Dreamer ist mit Feuereifer dabei.

215

216

Beide Schilder sind Typ B.

stehen deine Füße wie festgewurzelt – denk dran, keine zappelnden Füße –, und dann kannst du den Hund abrufen. Der Hund setzt sich vor dich hin – du darfst nicht rückwärtsgehen! Nun kommt noch der richtige Abschluss dazu.

Dann haben wir noch dieses Schild als Abruf: Bei dem Schild 215 geht ihr in die gleiche Richtung weiter, wie ihr gekommen seid, deshalb wird es neben dem Schild eingeleitet. Ohne Umdrehen heißt lediglich, dass deine Füße in Laufrichtung stehen bleiben. Du darfst deinen Oberkörper ruhig nach hinten drehen, um zu schauen, ob der Hund noch so dasteht, wie du ihn zurückgelassen hast. Nun kannst du den Hund abrufen. Ab jetzt dürfen sich deine Füße nicht mehr bewegen. Sobald der Hund auf Kniehöhe ist, gehst du los. Gehst du zu früh los, kostet euch dies fünf Punkte.

In der Klasse 2 gibt es noch eine Abrufmöglichkeit: Bei dem Schild 216 geht ihr nicht in die gleiche Richtung weiter, wie ihr gekommen seid, deshalb wird es vor dem Schild ausgeführt. Du drehst dich vor dem Schild um und gibst dem Hund das Kommando zu kommen. Der Hund kann entweder um dich herumlaufen und in Fußposition kommen. Oder er geht sofort in Fußposition, ohne um

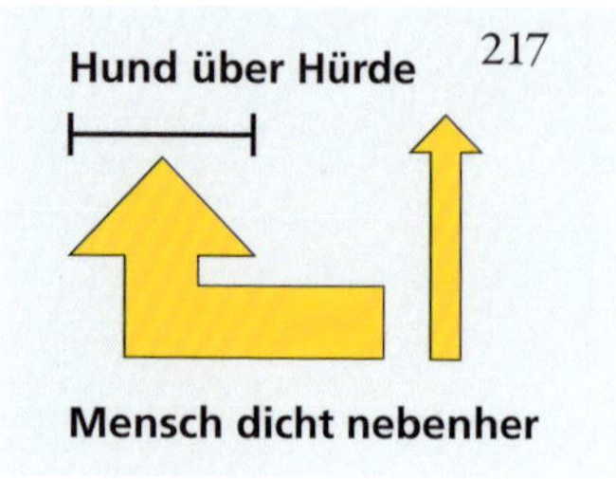

dich herumzulaufen. Das ist völlig egal. Du darfst erst losgehen, wenn der Hund an deinem Knie angekommen ist. Er darf sich nicht hinsetzen oder hinlegen. Solltest du zu früh losgehen, bekommt ihr fünf Punkte abgezogen.

Wichtig für alle Abrufschilder: Wenn du deine Abrufposition erreicht hast und der Hund startet zu dir, obwohl du ihn noch nicht gerufen hast, so lass ihn ruhig kommen. Wir Richter wissen nicht, was euer Abrufkommando ist, deshalb bekommt ihr keinen Punktabzug. Hast du die Abrufposition noch nicht erreicht, sieht die Sache anders aus.

Klasse 3: Die Abruf-Schilder 214, 215 und 216 sind automatisch Wechselschilder. Ist der Hund bei den „Bleib-Schildern" rechts geführt, so kommt der Hund durch diese Schilder auf deine linke Seite zurück. Der Abruf erfolgt auf deine linke Seite.

Jetzt fehlen noch die Hürden-Schilder: Dieses Schild steht fünf Meter vor der Hürde. Es können Agility-Hürden mit Auslegern oder THS-Hürden mit Pylonen verwendet werden. Wichtig ist lediglich, dass die Stange „fallen" kann. Egal, was für eine Hürde hier steht, die gleiche muss auch im Vorbereitungsring stehen, damit der Hundeführer die Gelegenheit hat, sie mit seinem Hund zu üben. Klar sollte man die Hürde zu Hause im Training schon geübt haben, aber nicht jeder Hundeführer hat verschiedene Hürden zu Trainingszwecken zu Hause oder im Verein. Die Breite der Hürde ist 1–1,5 m breit. Die Sprunghöhe hängt von der Schulterhöhe des Hundes ab.

Schulterhöhe	Sprunghöhe
bis zu 35 cm	10 cm
35–40 cm	20 cm
ab 40 cm	30 cm

Ist der Hund sehbehindert oder blind, muss die Stange entfernt werden. An der Hürde kann ein Helfer stehen, der ein akustisches Signal für den Hund gibt. Das Entfernen der Stange kostet das Team keinen Punktabzug.

Das Schild 217 kann sich rechts oder links am Laufweg befinden. Die Übung beginnt im Arbeitsbereich des Schildes mit dem Fußgehen. Das Hörzeichen für den Sprung kann der Hundeführer geben, wann er möchte, also auch außerhalb des Arbeitsbereichs. Der Hund verlässt den Hundeführer und springt über die Hürde. Der Hundeführer geht in dieser Zeit neben der Hürde weiter, und sobald

der Hund gesprungen ist, kommt dieser wieder in die Fußposition. Das Team setzt seinen Weg gemeinsam fort.
Was kann bei diesem Schild alles schieflaufen?

— Der Hund springt nicht = 10 Punkte
— Der Hundeführer bleibt nicht in Bewegung, bis der Hund am Fuß ist = 10 Punkte

Was ist damit gemeint, dass der Hundeführer nicht in Bewegung bleibt, bis der Hund am Fuß ist? Du gehst mit deinem Hund zur Hürde und bleibst stehen, um dem Hund die Hürde zu zeigen; das kostet 10 Punkte, weil du nicht in Bewegung geblieben bist.
Du gehst mit deinem Hund zur Hürde, der Hund springt über die Hürde und hat so viel Schwung oder Neugierde, dass er weit vorläuft; du rufst den Hund zurück und bleibst stehen, um nicht allein am nächsten Schild anzukommen. Das kostet 10 Punkte. Verminderst du die Geschwindigkeit, um dem Hund zu helfen, kostet euch das 5 Punkte wegen eines Tempowechsels, wo er nicht gewünscht ist.

— Der Hundeführer geht mit über die Hürde = 10 Punkte

Marion macht alles richtig: Sie bleibt in Bewegung, während ihr Hund Angus die Hürde nimmt.

Es gibt noch ein weiteres Hürden-Schild in der Klasse 2: Vor diesem Schild kann jedes stationäre Schild stehen, bei dem der Hund am Ende Sitz oder Platz machen soll. Ein stationäres Schild mit Steh am Ende darf erst in der Klasse 3 mit diesem Schild kombiniert werden. Ein stationäres Schild mit dem Schild 218 unterliegt nicht den MSÜ-Regeln. Es handelt sich hierbei nicht um eine Mehrschildübung, sondern es sind Kombinationsübungen.
Bei „Aus letzter Position" bedeutet, dass ihr die Bleib-Übung aus dem vorherigen Kombinationsschild übernehmen müsst. Beispiel:

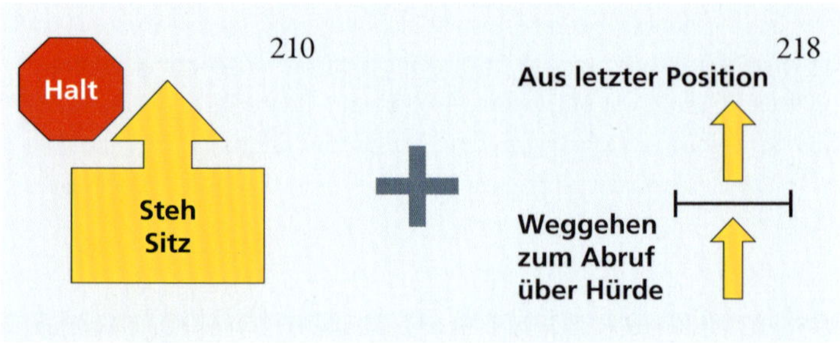

Diese Kombination kann rechts vom Laufweg stehen, fünf Meter vor der Hürde.
Ihr bleibt im Arbeitsbereich neben dem Schild stehen und der Hund zeigt den Positionswechsel Sitz, Steh, Sitz. Nun signalisierst du dem Hund, dass er sitzenbleiben soll, und du gehst an der Hürde rechts vorbei zum nächsten Schild. Hier steht ein Abruf-Schild: 214, 215 oder 216. Nun rufst du den Hund über die Hürde ab. Der Hund steht jetzt auf, kommt, springt über die Hürde und findet sich je nach Abruf-Übung bei dir ein. Nun dröseln wir mal die Aufgaben auseinander. Wenn der Hund bei Sitz, Steh, Sitz ein schräges Sitz zeigt, das Punktabzug nach sich ziehen würde, so wird dieser Punktabzug nur bei dem Schild 210 abgezogen. Nicht bei dem Schild 218, wie es bei einer MSÜ üblich wäre. Deshalb muss man dieses schiefe Sitz nicht korrigieren. Solltest du aber auf die Idee kommen, einen Schritt vorwärtszugehen und den Hund dann nochmal hinsetzen zu lassen, um ein gerades Sitz zu bekommen, so würdet ihr fünf Punkte abgezogen bekommen wegen eines zusätzlichen Elements. Also bitte nicht korrigieren. Füttern darfst du, nachdem ihr das Schild 210 abgearbeitet habt. Das heißt, wenn der Hund das zweite Mal das Sitz gezeigt hat, darfst du ihn belohnen. Sollte der Hund seine Position noch verändern, während du danebenstehst – also sagen wir mal, er rutscht ins Platz ab –, so korrigierst du ihn und ziehst ihn zurück ins Sitz. Das sind 5 Punkte für ein zusätzliches Element. Da der Hund für eine korrekte Ausführung von 218 sitzen muss, darfst du den

Marion hat ihre Abrufposition eingenommen und ruft Angus über die Hürde ab.

Hund ohne weiteren Abzug zurück ins Sitz holen. Dann signalisierst du dem Hund, dass er bleiben soll. Steht der Hund jetzt auf, so gehst du einfach zurück und setzt den Hund wieder hin. Das ist eine Wiederholung von dem Schild *Aus letzter Position Weggehen zum Abruf über die Hürde* und ihr bekommt dafür an diesem Hürdenschild 5 Punkte abgezogen. Würdet ihr diese Wiederholung nicht machen, so gäbe es 10 Punkte Abzug für das Schild 218, weil der Hund so lange im Sitz bleiben sollte, bis du die Abrufposition erreicht hast. Nehmen wir an, der Hund ist artig sitzen geblieben und du bist zum Abruf-Schild gegangen. Hier nimmst du deine Abrufposition ein und der Hund rutscht dann erst ins Platz. Dann kannst du ihn einfach abrufen, das kostet 5 Punkte wegen des zusätzlichen Elements.
Wofür kann es noch Punktabzug geben?

— Hundeführer geht beim Verlassen des Hundes über die Hürde = 10 Punkte Abzug
— Stange fällt = 5 Punkte Abzug
— Hund springt nicht über die Hürde = 10 Punkte

Die Hürdenschilder 217 und 218 können in der Klasse 3 auch so stehen, dass du sie mit dem rechts geführten Hund abarbeiten musst. Die Hürde 217 könnte somit auch rechts vom Laufweg stehen und du schickst den rechts geführten Hund mit der rechten Hand zur Hürde. Wenn du bei dem Schild 218 durch ein Wechselschild den Hund vorher auf die rechte Seite bekommst, setzt du den Hund rechts neben dir. Dann gehst du zum Abruf-Schild. Mit allen mögli-

chen Abruf-Schildern kommt der Hund nach der Hürde entweder direkt auf deine linke Seite oder nach dem Vorsitz wieder auf die linke Fußseite. Besonderheit Schild 319: Gehst du davon aus, dass du vor dem Hürdenschild 218 den Hund auf deiner rechten Seite hast absitzen lassen und hast das Schild 319 als Abruf-Schild, so ist es ganz wichtig, dass du deinen Hund über die Hürde springen lässt und dann den Hund über deine rechte Seite abrufst. Das heißt der Hund kommt über deine rechte Beinseite in die Fußposition und von dort aus ins Vorsitz. Käme dein Hund in diesem Fall über die linke Fußseite ins Vorsitz, verliert ihr 5 Punkte. Klar, in der Klasse 2 kann dir das noch nicht passieren. Aber wenn du mit deinem Hund das Springen über die Hürde trainierst, kannst du auch schon in der Klasse 2 die Übungen mit dem rechts geführten Hund trainieren.
In der Klasse 2 kannst du schon das Rückwärtslaufen mit deinem Hund üben. In der Klasse 3 gibt es ein Schild, das heißt *Anhalten Steh drei Schritte rückwärts* (306). Da bleibst du mit deinem Hund stehen und musst gemeinsam mit dem Hund drei Schritte rückwärtsgehen. Drei Schritte rückwärtslaufen ist schon eine Herausforderung.
Nun gibt es in der Klasse 2 ein ähnliches Schild, es heißt *Halt – 1 Schritt rückwärts – Halt*. Da musst du zum Glück mit deinem Hund nur ein Schritt rückwärtsgehen und kannst die Sache langsam angehen.

01 Edin auf meiner linken Seite bekommt das Kommando „Back“.

02 Edin springt auf …

03 … und folgt rückwärts meinem Rückwärtsschritt.

04 Die Übung endet mit einem Sitz.

01

02

Diese Übung wird im Arbeitsbereich neben dem Schilderhalter begonnen. Du hältst an und lässt deinen Hund neben dir sitzen. Während du einen Schritt rückwärtsmachst, muss dein Hund aufstehen, deinem Rückwärtsschritt rückwärts folgen, und wenn du anhältst, sich wieder neben dich setzen.

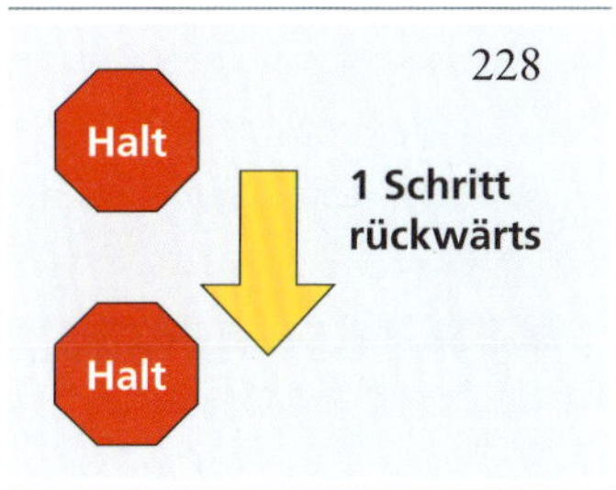

Typ A

Trainingstipps

Diese Übung übst du am besten an einer seitlichen Begrenzung, wie zum Beispiel einer Mauer oder einem Zaun. Dadurch kann dein Hund nicht schräg rückwärtsgehen. Damit dein Hund überhaupt aufsteht, kannst du ihn erstmalig auffordern, sich hinzustellen, und dann kannst du mit einem Leckerchen auf der Höhe der Brust deines Hundes ihn zurückdrängen. Möchte er das Leckerchen haben, muss er einen Schritt rückwärtsgehen. Sobald er sich rückwärtsorientiert, klickerst du sein Verhalten und gibst das Futter frei. Das könntest du auch zu Hause üben, indem du das Sofa oder einen Schrank als seitliche Begrenzung nimmst. Denk dir ein Kommando für das Rückwärtsgehen aus und notiere es in deinem Trainingstagebuch. Dieses Schild ist der kleine Bruder des Schildes „Anhalten – Steh – 3 Schritte rückwärts".

Ergänzung: Da dieses Schild in der Klasse 3 auch für den rechts geführten Hund gestellt werden kann, übe es direkt rechts- und linksseitig.

03

04

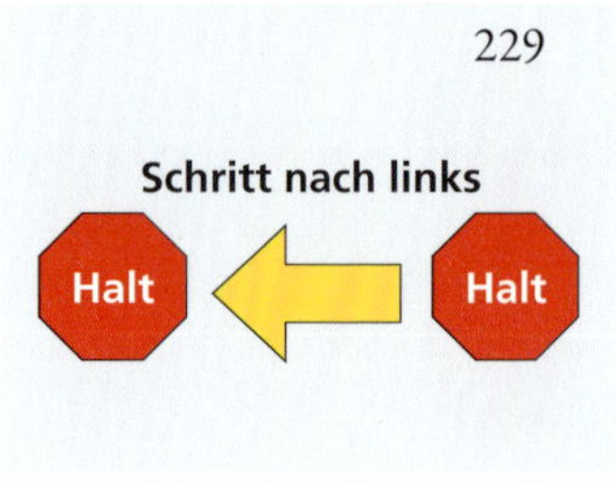

Typ A

Ein ähnliches Schild nur mit einem Schritt nach rechts gibt es schon. Ihr findet es im Buch auf Seite 99. Nur während es bei dem Schild 2-207 nach rechts geht, geht es hier nach links. In der Klasse 2 macht ihr dieses Schild definitiv mit einem links geführten Hund. Das ist schwierig, da, wenn ihr nach links den Schritt macht, euer Hund zeitgleich aufstehen muss und auch nach links gehen muss. Bleibt der Hund sitzen, würdet ihr ihn mit eurem Bein zur Seite kicken, und das ist auf jeden Fall ein Nb (Nicht bestanden).

Trainingstipps

Ihr könnt dem Hund durch einen Kreuzschritt beibringen, dass er sich seitwärtsbewegen soll. Oder ihr könnt mit einem Handtarget dem Hund zeigen, dass er seitlich rübergehen soll. Eine Alternative wäre ein Bodentarget, wohin der Hund gehen soll. Gut ist es, wenn ihr mit einem eindeutigen Handzeichen und einem Kommando ar-

01

beitet. Ich zeige meinem Hund die Handinnenfläche und verschiebe diese in die Richtung, in die der Hund gehen soll. Gleichzeitig verwende ich das Wort „Rüber". Dies sind Trainingseinheiten, die ihr gut in eurem Trainingstagebuch eintragen und den Fortschritt festhalten könnt.

Ergänzungen: Trainiert diese Schilder mit dem rechts geführten und links geführten Hund, denn in der Klasse 3 wäre alles möglich. In der Klasse 3 kann dieses Schild für den rechts geführten Hund gestellt werden. Zuerst denkt man: Das ist doch simpel. Allerdings zeigt sich in der Praxis, dass der Hund mit den Vorderpfoten mitgeht, aber die Hinterpfoten nicht mitkommen bzw. der Hund schräg nach vorne kommt, wahrscheinlich in der Annahme, dass ihr bestimmt in der linken Hand ein Leckerli habt. Deshalb übt dieses Schild auf jeden Fall auch mit dem rechts geführten Hund. Hier kann ein Handtarget hilfreich sein.

01 Ilva zeigt das Schild mal hier mit dem rechts geführten Borko.

02 Ilva geht nach links und zieht Borko mit.

03 Borko steht auf und geht mit.

04 Zum Abschluss setzt Borko sich neben Ilva.

02

03

04

01 Smilla bleibt sitzen, Frieda zeigt hier schön eine korrekte Fußstellung.

02 Frieda ist einen Schritt nach rechts gegangen, schließt die Füße und ruft Smilla ab.

03 Smilla setzt sich wieder neben Frieda.

01

02

03

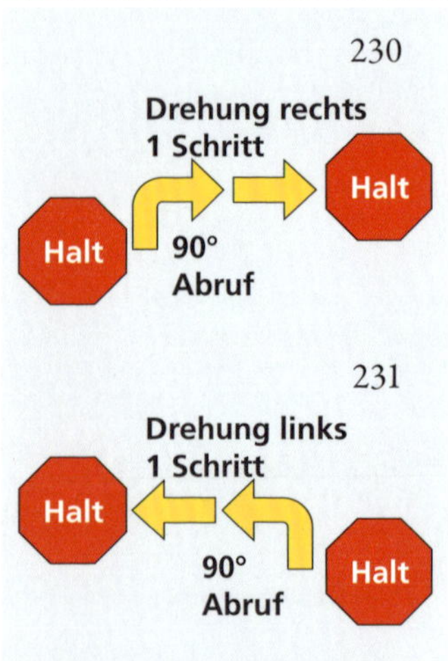

Beide Schilder Typ A

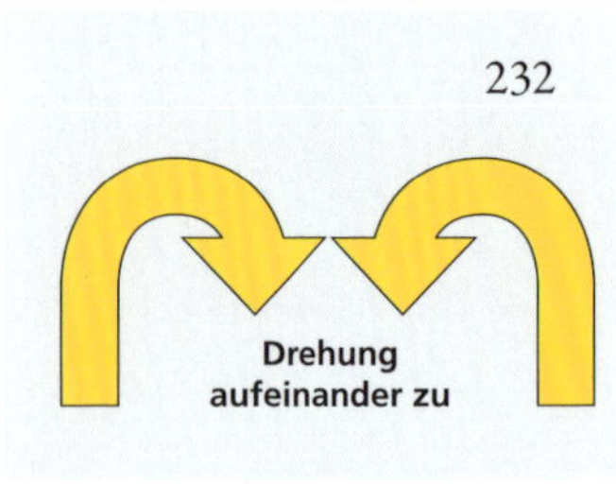

Typ B

RICHTUNGSÄNDERUNG

Da es diese beiden Schilder auch in der Seniorklasse gibt, habe ich sie dort ausführlich erklärt (siehe S. 95).
Ergänzung: Diese beiden Schilder können in der Klasse 3 auch für einen rechts geführten Hund gestellt werden. Bei diesen Schildern handelt es sich nicht um klassische Abruf-Schilder (die würden aus zwei Schildern bestehen: dem Bleib-Schild und dem Abruf-Schild). Deshalb wird der rechts geführte Hund auf rechts abgerufen. Das heißt, er ist auch nach diesem Schild noch auf eurer rechten Seite.

WECHSELSCHILD

Das Schild 232 ist ein klassisches Wechselschild für die Klasse 2. Da es sich um eine Richtungsänderung handelt, wird es vor dem Schild eingeleitet. Ihr macht mit dem Hund eine 180°-Wendung aufeinander zu. Achtet darauf, dass ihr nicht stehen bleibt bei der Drehung, denn das würde euch 5 Punkte kosten. Dadurch, dass ihr euch zueinandergedreht habt, wechselt der Hund auf die andere Fußseite.

Trainingstipps

Ganz ehrlich habe ich gedacht: Das lerne ich nie. Aber im Prinzip ist es ganz einfach. Überlegt euch zuerst ein Kommando, bei mir heißt es „In“. Nun geht ihr auf das Schild zu und dreht euch zu eurem Hund, zieht euren Hund dann mit einem Leckerchen zu euch und führt ihn mit euch in die neue Richtung. Gebt dabei euer neues Kommando. In der Klasse 3 kommen ähnliche Schilder und dann ist es von Vorteil, wenn ihr für das Eindrehen zu euch hin ein Kommando habt.

Jetzt haben wir alle Schilder aus der Klasse 2 besprochen. Manchmal hat man ja die Hoffnung, dass bestimmte Schilder auf einem Turnier nicht gestellt werden. Du kannst aber sicher sein, dass in der Klasse 2 mindestens eine Abruf-Übung vorkommt. Eine Sprungübung ist auch auf jeden Fall dabei. An einer Steh-Übung kommst du in der Klasse 2 auch nicht vorbei. Es kommt auf jeden Fall eine 180°-Drehung aus der Klasse 2 vor. Wie schon erwähnt kommt in der Klasse 2 der rechts geführte Hund vor. Es kann sein, dass ihr den Parcours mit dem Hund auf der rechten Seite beginnt. Das Start-Schild wäre dann mit einem R gekennzeichnet. Das erste Schild nach dem Start-Schild ist ein Wechselschild und der Hund kommt wieder auf links. Nun könnte es noch sein, dass in der Mitte des Parcours ein Wechsel von rechts auf links kommt oder am Ende. Dann wäre das vorletzte Schild der Wechsel auf rechts und ihr geht mit dem rechts geführten Hund ins Ziel. Beginnt der Parcours normal mit dem links geführten Hund, habt ihr auf jeden Fall in der Mitte einen Wechsel auf rechts und das nächste Schild zurück und am Ende wie oben geschrieben.
Ich wünsche euch jetzt viel Spaß beim Klasse-2-Training. Als Spiele empfehle ich euch *Obstsalat*. Dieses Spiel eignet sich besonders, um die Schilder einzeln zu trainieren. *Fischer, welche Fahne weht heute?* Da könnt ihr MSÜ mit Klasse-2-Schildern trainieren. Außerdem empfehle ich natürlich mein Lieblingsspiel *Baseball* Klasse 2. Bei *Hilfe, ich werde irre!* kommen auch viele Klasse-2-Schilder vor.

01

02

03

04

01 Nicole hat Dreamer auf der linken Seite.

02 Sie fordert Dreamer auf, nach innen zu drehen, während sie zeitgleich nach innen dreht.

03 Beide drehen in die Mitte …

04 … und gehen zurück in die Richtung, aus der sie gekommen sind.

KLASSE 3

Herzlich willkommen in der Klasse 3! Auch die Klasse 3 ist kein Hexenwerk. Bange machen gilt nicht – jetzt sind wir bereit für die 3!

DIE SCHILDER IN KLASSE 3

Spätestens in der Klasse 3 sollte der Hund alle Schilder auch rechts geführt können. Es gibt wenige Schilder, die nicht rechts geführt gelaufen werden. Das ist die Kehrtwendung (B-10), die Doppelkehrt (1-116), das Schild in der Bewegung – Schritt zur Seite – rechts (1-102), alle Figuren und das Hürdenschild 3-313. Die Figuren werden nicht in rechts geführt gefordert, da man nicht wollte, dass der Hund auf lange Strecken rechts geführt ist. Bei den anderen Schildern hat man schlichtweg versäumt, die Schilderbeschreibung auf den links und rechts geführten Hund umzuschreiben. Ich gehe davon aus, dass bei der nächsten Regelwerkänderung auch diese Schilder rechts geführt möglich sind. Deshalb ist es nicht schlimm, wenn euer Hund die Schilder auch schon rechts geführt kann. Laut Regelwerk kommt der rechts geführte Hund in zwei Teilen des Parcoursplans vor. Der Wertungsrichter kann den Parcours rechts geführt beginnen und spätestens an dem Schild mit der Nummer 2 muss der Hund den Wechsel auf links ausführen. Dann könnte der Richter irgendwo mittig im Parcoursplan wieder den Hund auf rechts wechseln lassen. Auch hier muss der Hund spätestens nach zwei Schildern wieder auf links zurückgeführt werden. Oder der Wertungsrichter plant nicht mittig den Wechsel ein, sondern macht am vorletzten oder letzten Schild den Wechsel auf rechts. So würdet ihr mit dem rechts geführten Hund durchs Ziel gehen. Es kann aber auch sein, dass der Richter euch normal mit dem links geführten Hund beginnen lässt und der Wechsel kommt mitten im Parcours und am Ende. Egal wann und wo, in der Klasse 3 kommt auf jeden Fall der rechts geführte Hund für mindestens 4, maximal 6 Schilder vor. Nehmt euch noch mal eure Trainingskarten und geht alle Schilder durch. Übt alle Schilder mit dem Hund auf der rechten Seite. Ihr werdet feststellen, dass alle Schilder, die ein Abbiegen nach rechts fordern, so schwierig sind, wie die „Linksdrehungen“ mit dem links geführten Hund. Es ist auch eine Herausforderung, den rechts geführten Hund rechts neben mir in gerade Positionen wechseln zu lassen. Zum Beispiel das Schild B-003 Halt-Platz-Sitz. Zuerst muss der Hund sich rechts neben dich setzen, dann legen und dann wieder setzen. Da kann es schnell passieren, dass der Hund schräg,

01

02

01 Uuuuui, hier sitzt Borko definitiv zu schief!

02 Hier hat Ilva ein tolles Sitz auf der rechten Seite hinbekommen.

schräger, am schrägsten wird. „Schräg" ist auch das Schild *Halt Steh* (2-209) oder vielleicht direkt *Anhalten Steh* (1-118). Richtig schwer finde ich das Schild *Steh 180° Drehung rechts Steh* (3-316).

Die Schilder mit *rechts abbiegen* und *rechts Drehungen* – egal wie viel Grad – sind mit dem links geführten Hund immer einfach, aber mit dem rechts geführten Hund eine echte Herausforderung. Hier kann euch der Elefantentrick bzw. das Target gute Dienste leisten. Übt wirklich fleißig und regelmäßig die Drehungen auf dem Target. Der Hund sollte mit den Vorderfüßen auf dem Target stehen und mit den Hinterläufen mit dem Uhrzeigersinn um die Targetscheibe drehen. Legt das Target rechts neben euch und lasst den Hund von der 12-Uhr-Stellung kommen und sich rechtsrum neben euch eindrehen. Übt die Positionswechsel rechts neben euch entweder an einer Mauer oder auf einem Dogstepper. Euren Ideen sind da keine Grenzen gesetzt.

Das Schild 301 kann mit folgenden Schildern zusammengestellt werden:

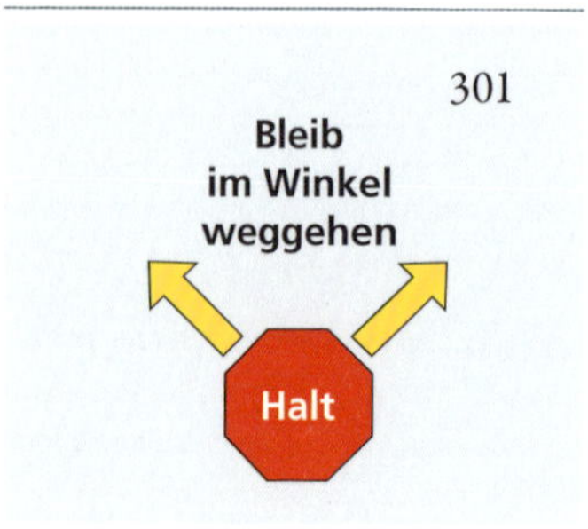

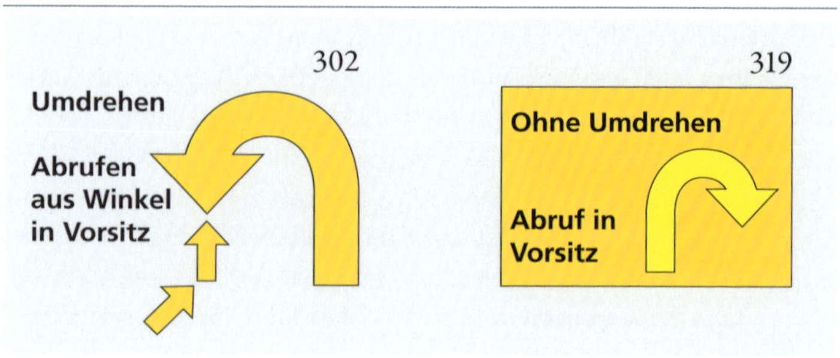

Typ A oder B

Abschluss a–d

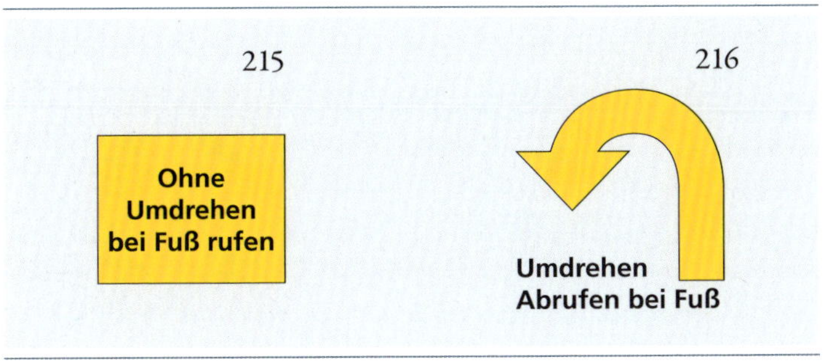

Typ B

Das Übungsschild 301 steht entweder rechts oder links von dir. Je nachdem, wo es nachher weitergeht. Steht der Abruf auf der rechten Seite, steht das Schild links von dir. Steht das Abruf-Schild links von dir, steht das Schild 301 rechts von dir. Es steht also immer so, dass es weder dich noch den Hund stört. Du bleibst neben dem Schild 301 stehen und forderst den Hund auf, sich hinzusetzen. Nun gehst du ohne Hund zum Abruf-Schild. Dieses steht in 3 Meter Entfernung und 1,8 m nach rechts oder links versetzt. Der Hund bleibt so lange sitzen, bis du die Abrufposition erreicht hast.
Gehen wir davon aus, dass der Abruf das Schild 302 (*Umdrehen Abrufen aus Winkel ins Vorsitz*) ist, so drehst du dich vor dem Schild um. Achte dabei darauf, dass du im rechten Winkel zum Schilderhalter stehst. Das heißt, deine Fußspitzen zeigen in Laufrichtung und nicht zu deinem Hund. Dieser kleine Fauxpas würde euch schon 10 Punkte kosten. Nun rufst du den Hund in den Vorsitz. Ab dem Moment, in dem du deinen Hund rufst, bis dieser im Vorsitz sitzt, dürfen sich deine Füße nicht bewegen. Du darfst also nicht, um deinem Hund zu helfen, drei Schritte rückwärtsgehen. Jetzt noch den richtigen Abschluss, und fertig sind diese beiden Schilder. Wäre der Hund beim Schild 301 rechts geführt, so wäre das Schild 302 ein Wechselschild und der Hund würde hier durch den Abschluss a–d auf deine linke Seite wechseln.
Wenn das Schild 301 in Kombination mit 319 (*Ohne Umdrehen Abruf ins Vorsitz*) steht, ist die Übung schon etwas schwieriger. Gehen wir erst davon aus, dass der Hund links geführt ist. Die Aufgabe des Abrufs beginnt ihr im Arbeitsbereich links von dem Schilderhalter. Es wird auf jeden Fall neben dem Schild gearbeitet. *Ohne Umdrehen* hatten wir schon in der Klasse 2, und du erinnerst dich, dass die Füße in Laufrichtung zeigen müssen, du dich aber mit dem Oberkörper zu deinem Hund umdrehen darfst. Ist dieses Schild 1,8 m nach rechts versetzt, ist es nicht so schwierig. Du drehst dich mit dem Oberkör-

per linksrum, vergewisserst dich, dass der Hund in der Abrufposition sitzen geblieben ist, und rufst ihn nun. Ist der Hund an deinem linken Knie angekommen, kannst du bis zu vier Schritte rückwärtsgehen, um den Hund in ein schönes Vorsitz zu ziehen, oder alternativ bleibst du stehen und ziehst den Hund ohne rückwärtszugehen in ein gerades Vorsitz. Geh bloß nicht zu früh los, denn sonst seid ihr ruck, zuck 10 Punkte los und solltet wiederholen. Da du den Hund ja schon gerufen hast, sähe die Wiederholung so aus, dass du zurück zu dem Schild 301 gehst, dort den Hund hinsetzt und ihn dann verlässt. Ihr wiederholt das Schild 319 und nicht das Bleib-Schild. Also werden euch die 5 Punkte für die Wiederholung auch an dem Schild 319 abgezogen.
Steht das Schild 319 jedoch 1,8 m links von dem Bleib-Schild, so ist es schon etwas schwieriger, oder zumindest musst du auf eine Sache Obacht geben: Du stehst nun am Abruf-Schild und drehst dich vielleicht rechts zu deinem Hund um, denn dieser sitzt ja nun rechts in deinem Rücken. Würdest du den Hund nun rufen und der Hund käme von rechts angelaufen, an deinem rechten Knie vorbei, und setzte sich dann ins Vorsitz, so hättest du ein Element nicht gezeigt, und dies wäre: Hund kommt über Fußseite aus Bleib-Übung. (5 Punkte). Der Hund war nicht in der linken Fußposition!

Hier kommt Borko über die rechte Seite in die Fußposition und dann ins Vorsitz.

Du kannst dich rechtsrum drehen und den Hund rufen, zeigst dem Hund aber mit deiner rechten Hand, dass er hinter deinem Rücken die Seite wechseln soll, nimmst ihn mit der linken Hand an und drehst dabei den Oberkörper wieder nach vorne und nach links, um den Hund an deinem linken Knie vorbei ins Vorsitz zu ziehen. Quasi wie beim Agility ein Wechsel, und zwar ein französischer Wechsel. Oder du drehst dich von Anfang an nicht rechts zu deinem Hund um, sondern von Anfang an linksrum. Dann musst du jedoch etwas gelenkiger sein. Also wer sagt, RO wäre kein Sport, soll diese Übung mal machen. Ist fast wie Skigymnastik!
Jetzt schauen wir uns die Schilder-Kombination 301 + 319 mit dem rechts geführten Hund an.
Wir kommen zum Schild 301 und lassen den Hund rechts neben uns sitzen. Stellen wir uns vor, dass das Schild 319 1,8 m nach rechts und 3 Meter nach vorne versetzt steht. Nun gehen wir zum Arbeitsbereich des Schildes 319 und rufen den Hund über unsere rechte Seite ins Vorsitz. Der Hund muss zwingend über unsere rechte Seite kommen; kommt er über die linke Seite ins Vorsitz, kostet dies 5 Punkte. Als Element steht in der PO: Hund kommt über Fußseite aus Bleib-Übung – also macht er dies nicht, kostet es 5 Punkte. Nach dem Vorsitz kommt der Hund mit dem Zusatzschild wieder auf unsere linke Seite. Am besten bekommt ihr den Hund auf eure rechte Fußseite, indem ihr über eure linke Seite nach hinten zum Hund schaut und eure linke Hand dem Hund den Weg hinter eurem Rücken nach rechts weist und die rechte Hand den Hund dann übernimmt und nach rechts führt.
Die anderen beiden Abrufe kommen aus der Klasse 2. Dort kannst du auch gerne die Beschreibung nachlesen.
Zu dem Schild 303 gibt es nicht so viel zu sagen. Ihr kennt es in anderer Form schon aus der Beginner-Klasse. *Anhalten Steh* bedeutet, dass du neben dem Schild zum Stillstand kommst und der Hund in Fußposition stehen bleibt. Er darf vorher kein Sitz oder Platz zeigen, ansonsten musst du dieses Schild sofort wiederholen, denn sonst bekommt ihr 10 Punkte abgezogen. Zeigt der Hund das Steh, gehst du einmal in Laufrichtung um deinen Hund herum. Denkt auch hier wieder dran, dass ihre diese Positionswechsel mit eurem Hund auf eurer rechten Seite übt. Da weiß der Hund schnell nicht mehr, wie ein Steh auf rechts geht. Bist du an der Ausgangsposition angekommen, bleibst du kurz in Grundstellung stehen und gehst dann mit deinem Hund gemeinsam weiter. Sollte der Hund beim Umrunden nicht stehen bleiben, macht ihr selbstverständlich eine Wiederholung, denn, wie du weißt, das Nichthalten der Position kostet 10 Punkte. Hast du jedoch den Hund schon umrundet und die Grundstellung erreicht und der Hund rutscht nun ins Sitz oder Platz, dann wären dies nur 5 Punkte wegen eines zusätzlichen Elements. Wenn das der einzige Fehler ist, lohnt sich keine Wiederholung.

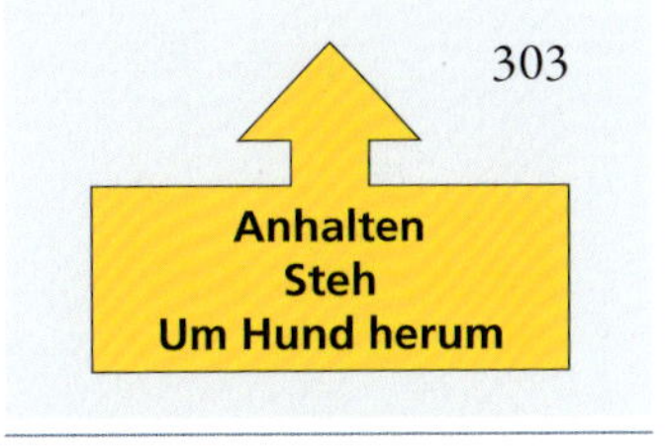

Typ A

POSITIONSWECHSELSCHILDER

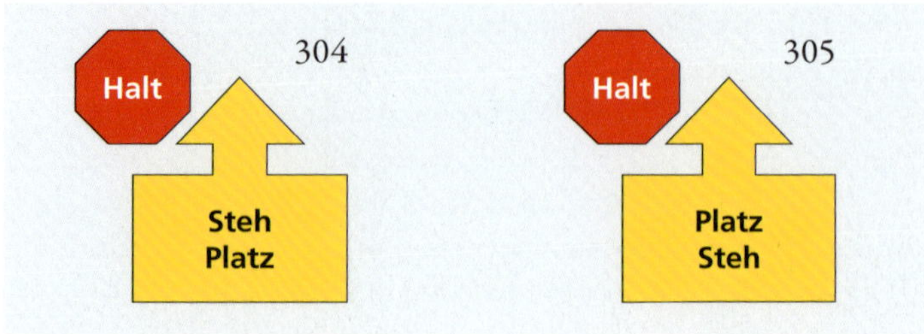

Beide Schilder sind Typ A.

Typ B

Die beiden Schilder 304 und 305 sind für jeden klar verständlich. Widmen wir uns nun dem Schild 306. Ich mag dieses Schild sehr gerne, da ich finde, dass es eine Herausforderung für das Team ist. Du bleibst im Arbeitsbereich des Schildes stehen und signalisierst deinem Hund, neben dir stehen zu bleiben. Also kein Sitz oder Platz vorher, denn das kostet bei *Anhalten Steh* 10 Punkte Abzug. Jetzt gehst du mit deinem Hund gleichzeitig drei Schritte rückwärts. Der dritte Schritt ist ein Wiegeschritt und du gehst sofort wieder vorwärts weiter zum nächsten Schild. Erstens ist es nicht so leicht, dem Hund das Rückwärtsgehen beizubringen, und zweitens wird bei jedem Schritt die 30°-Regelung beachtet. Das heißt, geht euer Hund bei jedem Schritt mehr als 30° schräg rückwärts, wird dies bei jedem Schritt extra bewertet. Da können schon mal schnell 9 Punkte oder 10 Punkte Abzug nur wegen des schrägen Rückwärtsgehens zusammenkommen.

Training des Rückwärtsgehens: Für das Rückwärtsgehen des Hundes fallen mir ein paar Trainingsmöglichkeiten ein. Ich übe gerne Sachen beim Gassigehen. Wenn ich bei uns spazieren gehe, komme ich an einer ganz langen Friedhofsmauer entlang. Das ist für mich die Gelegenheit, das Rückwärtsgehen zu üben. Sucht euch eine Mauer, am besten an einem Weg mit ebenem Untergrund. Stell dich neben die Mauer und lass den Hund zwischen der Mauer und dir stehen oder sitzen. Nun gehst du zwei bis drei Schritte vorwärts, damit der Hund die Wand nicht als unangenehm empfindet. Sollte der Hund die Wand nicht mögen, so geht häufiger dorthin und gehe einfach mit ihm zusammen vorwärts an der Mauer lang. Macht dies so lange, bis der Hund es als völlig normal empfindet, mit dir an dieser Wand entlangzugehen. Nun gehst du zwei bis drei Schritte vorwärts und leitest das Rückwärtsgehen mit deinem linken Fuß ein. In deiner linken Hand hast du ein Leckerchen auf Schnauzenhöhe deines Hundes und schiebst das Leckerchen Richtung Hund. Wenn

01

02

03

01 Hier Jay rechts geführt – er steht neben Heinz.

02 Heinz umrundet Jay, während dieser stehen bleibt.

03 Heinz ist einmal um Jay rum, bleibt kurz stehen und darf hier auch füttern.

01

02

01 Sam bleibt mit Danny im Arbeitsbereich stehen …

02 … und sie gehen gemeinsam drei Schritte rückwärts.

er es fressen will, muss er etwas zurückweichen, damit du es freigibst. Der Hund kann dabei weder nach links ausweichen, da ist ja die Mauer, und auch nicht nach rechts, denn da ist dein Bein. Nur eine kleine Rückwärtsbewegung und du gibst das Leckerchen frei. Falls du mit deinem Hund clickerst, kannst du das nutzen. Danach wechselst du sofort wieder in den Vorwärtsgang. Das kannst du ruhig vier bis fünf Mal wiederholen. Aber immer nur einen Schritt rückwärts und dann wieder nach vorne. Denk dir wieder ein Kommando für diese Rückwärtsbewegung aus und schreib es in dein Trainingsbuch oder hefte es an den Kühlschrank, damit du immer daran erinnert wirst. Viele Hundeführer fragen mich, wann sie das Kommando geben sollen. In den meisten Lehrbüchern steht, dass das Kommando erst gesagt wird, wenn der Hund eine Vorstellung davon hat, was du von ihm willst. Mit meinem Collietierchen mache ich es anders. Ich schiebe ungern meine Hand ohne Ansage dem Hund entgegen. Er soll immer wissen, was ich mache. Ich habe mir das Kommando zuerst ausgedacht, und bei der ersten zaghaften Aufforderung des Rückwärtsgehens durch das auf ihn zukommende Leckerchen habe ich schon mein Kommando gesagt. Ich habe das Gefühl, dass durch die Benennung der Aufgabe von Anfang an diese meinem Hund leichter fällt. Aber das musst du von deinem Hund abhängig machen, wann du das Kommando einführst. Das Rückwärtsgehen kannst du Schritt für Schritt erweitern. Lass deinem Hund Zeit, sodass er die Übung verinnerlichen kann und sie auch gerne macht.

Wenn ihr das Rückwärtsgehen auf der linken Seite übt, könnt ihr dies auch direkt mit dem rechts geführten Hund üben. Denn dieses Schild kann auch rechts geführt gefordert werden.

Eine andere Möglichkeit, das Rückwärtslaufen zu üben, bieten auch Engstellen. Wir haben zum Beispiel bei uns im Schlafzimmer, bedingt durch das große Bett, nur einen schmalen Gang. Der ist so schmal, dass der Hund rückwärtsgehen muss, wenn man ihm entgegenkommt. Es ist so eng, dass er sich noch nicht mal drehen kann. Unterwegs findet man solche Pfade schon mal als enge Gassen oder als kleine Brücken. Hier könnt ihr dem Hund entgegenkommen und ihn auffordern zurückzugehen. Da er keine andere Wahl hat, wird er langsam zurückweichen. Wenn er dies auf Kommando kann, könnt ihr gemeinsam rückwärtsgehen. Wird der Hund beim Nebeneinander-Rückwärtsgehen wieder zu schief, könnt ihr euch die Mauer zur Hilfe nehmen. Alternativ könnt ihr natürlich auch mit einem Hintertarget arbeiten. Der Hund muss sich mit seinen Hinterpfoten auf ein Target stellen. Ihr stellt euch neben euren Hund und geht nun mit eurem Hund einen Schritt vorwärts. Der Hund verlässt mit seinen Hinterpfoten das Target. Jetzt geht ihr wieder zurück und fordert euren Hund auf, mit den Hinterpfoten wieder auf das Target zurückzugehen.

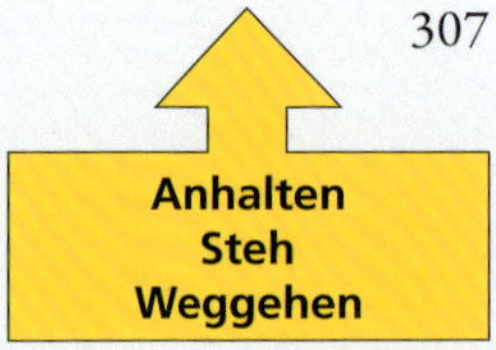

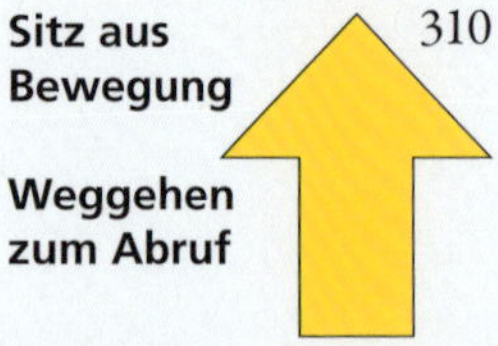

DER HUND BLEIBT BEIM SCHILD; WIR GEHEN ZUM ABRUF

Bei allen vier Schildern dürfen die gleichen Abruf-Schilder folgen. Das erste Schild unterscheidet sich jedoch kolossal von den anderen drei Schildern.

307 – *Anhalten Steh weggehen. Anhalten Steh* ist klar: Du bleibst im Arbeitsbereich neben dem Schild stehen und signalisierst deinem Hund, stehen zu bleiben. Du weißt: Kein Sitz oder Platz vorher, sonst 10 Punkte Abzug und auf jeden Fall bitte eine Wiederholung. Steht der Hund neben dir, forderst du ihn auf, stehen zu bleiben, und du verlässt ihn zum nächsten Abruf-Schild. Euer Hund muss so lange stehen bleiben, bis du die Abrufposition erreicht hast. Setzt oder legt er sich vorher hin, kostet dies 10 Punkte und sollte wiederholt werden. Hast du jedoch die Abrufposition schon erreicht und der Hund setzt oder legt sich nun hin, so ist dies nur ein zusätzliches Element und kostet nur 5 Punkte. Da lohnt sich bei keinen weiteren Fehlern keine Wiederholung. Kommt der Hund jedoch schon auf dich zu, während du gerade am Abruf angelangt bist, kannst du keinen Abruf zeigen, und das Schild 307 wird mit 10 Punkten bestraft und das Abruf-Schild wird mit 10 Punkten bestraft = 20 Punkte. Hast du den Abruf jedoch schon erreicht und der Hund läuft dann los, obwohl du noch nichts gesagt hast, lass ihn ruhig kommen, das gibt keinen Abzug.

Schild 307: Nachdem Nicole mit ihrem Hund an dem Schild angehalten hat, wartet Maybee im Steh, bis Nicole am Abruf ist.

Schild 311: Maybee hat das Platz aus der Bewegung prompt eingenommen. So sollte es sein!

Die Schilder *Sitz, Platz* oder *Steh aus der Bewegung* gehören schon in die Kategorie anspruchsvoll! Du gibst im Arbeitsbereich neben dem Schild das Kommando, das er ausführen soll, ohne dass du anhältst oder langsamer wirst. Den Oberkörper darfst du dabei zum Hund drehen. Der Hund sollte das Kommando idealerweise sofort ausführen, geht er aber noch mit dir mit, darf er bis zu einer Körperlänge vorwärtsgehen.

Spätestens dann muss jedoch die geforderte Position eingenommen sein. Nimmt er diese erst danach ein, so werden euch dafür 10 Punkte abgezogen. Wird der Hund bei deinem Kommando Sitz oder Platz langsamer, um dein Kommando erst mal zu verarbeiten, so kannst du Doppelkommandos verwenden, um deinem Signal Nachdruck zu verleihen. Dabei verlierst du ein paar Punkte wegen Doppelkommandos wegen zu zögerlich. Sollte der Hund jedoch ein anderes Element zeigen als gefordert, bleibt er z. B. stehen, so ist dies nicht korrekt und wird mit 10 Punkten Abzug bestraft. Wenn dein Hund das Kommando ordentlich ausgeführt hat und ihr habt den Abrufpunkt erreicht und er verändert dann seine Position, so ergibt dies natürlich nur 5 Punkte Abzug wegen des zusätzlichen Elements.

Tipp für das Training: Diese Übung kann man dem Hund beibringen, indem man sich zum Hund stark eindreht, eventuell sogar stehen bleibt und wartet, bis der Hund das Kommando umgesetzt hat. Diese Hilfe baut man dann immer mehr ab. Ich trainiere diese Schilder gerne mit einem Spielzeug oder einem Futterautomaten.

01

03

02

04

01 Jay bleibt stehen …

02 … während ich zum Abruf-Schild gehe.

03 Ich rufe Jay ab und bleibe stehen …

04 … und gehe erst los, wenn er auf Kniehöhe angekommen ist.

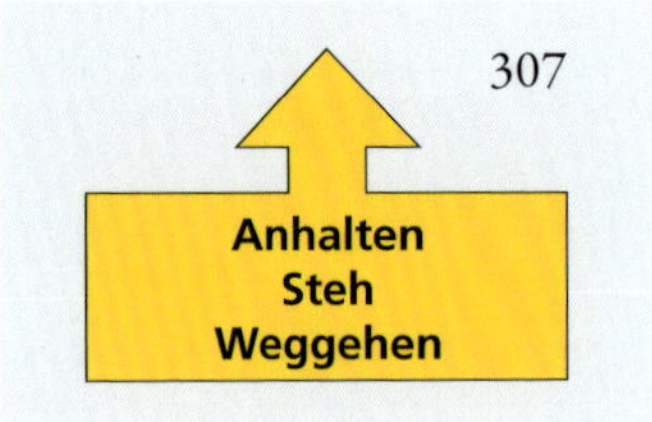

Typ A

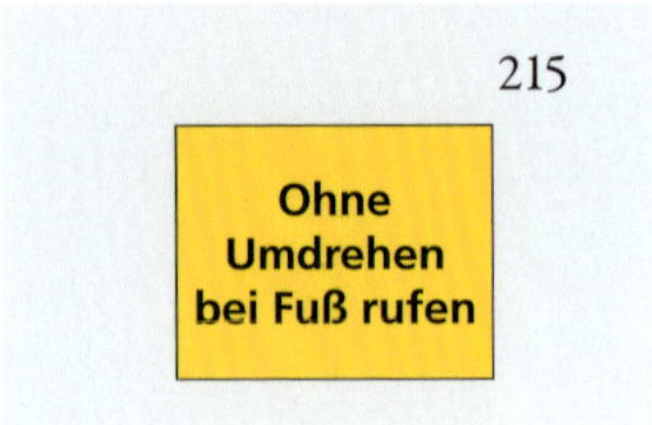

Typ B

MÖGLICHE ABRUFKOMBINATION

Wie das *Anhalten Steh* funktioniert, haben wir schon besprochen. Wichtig dabei ist, dass der Hund vor dem Steh kein Sitz und kein Platz zeigt, denn dann müsst ihr die Übung auf jeden Fall wiederholen, das würde 10 Punkte kosten. Wenn der Hund neben euch steht, fordert ihr ihn auf, dort stehen zu bleiben, während ihr weiter zum nächsten Schild geht. Hier steht das Abruf-Schild. Auch wenn dieses Schild Typ A ist, dürft ihr beim Weggehen nicht füttern. Sollte es jedoch in einer Kombination mit „Zurück zum Hund“ stehen, könnt ihr, wenn ihr wieder zurück zum Hund kommt, ihn dann füttern.

Sobald ihr neben Schild 215 steht, eure Füße stehen in Laufrichtung, könnt ihr euch mit dem Oberkörper umdrehen und euren Hund abrufen. Idealerweise steht euer Hund noch an dem vorherigen Schild und kommt nun zu euch gelaufen. Sobald der Hund auf Höhe eures Knies ist, dürft ihr gemeinsam mit eurem Hund weitergehen. Stellen wir uns vor, ihr erreicht den Abruf und dreht euch mit dem Oberkörper um und seht, wie euer Hund sich gerade in diesem Augenblick hinsetzt, dann kostet dies 5 Punkte. Sollte sonst alles korrekt gewesen sein, würde ich den Hund trotzdem abrufen. Die Wiederholung würde auch 5 Punkte kosten, aber dabei kann noch so einiges schiefgehen.

Anderseits kann es auch sein, dass ihr den Abruf erreicht und der Hund schon vorher eine andere Position eingenommen hat, zum Beispiel er hat sich hingelegt, dann müsst ihr das Schild definitiv wiederholen, denn der Hund hat die Position nicht gehalten, bis ihr den Abruf erreicht habt, und das kostet 10 Punkte. Für eine Wiederholung geht ihr zurück zum Schild „Anhalten – Steh – Weggehen“, nehmt euren Hund mit und geht dieses Schild mit drei Schritten neu an. Hier zeigt ihr jetzt wieder das Anhalten – Steh sowie das Weggehen.

Es gibt noch eine andere Variante, die bei diesen beiden Schildern passieren könnte: Ihr zeigt *Anhalten Steh*, lasst den Hund dort stehen und geht zum Abruf-Schild. Währenddessen folgt euch euer Hund. Ihr dreht euch beim Abruf-Schild um und seht, wie euer Hund auf dem Weg zu euch ist. Nun könnt ihr den Hund nicht abrufen, da er ja in Bewegung ist, und das würde 20 Punkte kosten. 10 Punkte an dem Schild „Anhalten – Steh – Weggehen“, der Hund hat die Position nicht gehalten, und 10 Punkte für die Übung: „Ohne Umdrehen bei Fuß rufen“, denn ihr konntet den Hund nicht abrufen, weil er in Bewegung ist.

Trainingsmöglichkeiten

Für manche Hunde ist es schwierig, stehen zu bleiben, während ihre Hundeführer sich von ihnen entfernen. Geht hier möglichst kleinschrittig vor. Beginnt mit einem Schritt vorgehen und euer Hund soll stehen bleiben. Bleibt er stehen, könnt ihr ihm ein Leckerchen oder ein Spieli zuwerfen. Versucht dann die Entfernung immer weiter zu erhöhen. Ruft euren Hund selten ab. Entweder werft ihr ihm die Belohnung zu oder/und ihr geht wieder zurück zu eurem Hund und belohnt ihn dort für das Stehenbleiben. Hier ist es klar von Vorteil, wenn der Hund geclickert wird, denn so kann man auf den Punkt genau dem Hund sagen: So machst du es super.

Jay hat brav gewartet, bis der Abruf kam.

Nehmen wir mal das Schild *Sitz aus der Bewegung* – ich gehe mit meinem Hund zwei bis drei Schritte Fuß und werfe ihm ein paarmal seinen Lieblingsball nach hinten. Nachdem der Hund gemerkt hat, dass die Belohnung heute nicht nach vorne geworfen wird, hat er nicht mehr den starken Drang vorzulaufen und bleibt eher etwas zurück. Nun gehe ich wieder mit ihm zwei bis drei Schritte vorwärts und fordere ihn auf, sich hinzusetzen. Dabei hebe ich meine linke Hand und sage „Sitz". Wenn der Hund sich setzt, clickere ich und werfe zur Belohnung sein Spieli hinter ihn. Dies wiederhole ich mehrfach. So kann ich die Übung aufbauen und über mehrere Tage wiederholen, bis der Hund weiß, was ich von ihm möchte. Jetzt kannst du im Normalschritt mit ihm vorwärtsgehen, Hand hoch, Sitz-Kommando und dein Hund setzt sich hin. Diese Übung habe ich ganz lange Zeit ohne Abruf geübt, und auch heute noch gibt es ganz häufig eine Belohnung für das schnelle Sitz, und zwar immer hinter dem Hund. Eigentlich wird mein Hund selten aus Sitz, Platz und Steh aus der Bewegung nach vorne abgerufen. Ich mache an dieser Stelle im Training immer gerne einen Cut. Für das Platz aus der Bewegung zeigt meine linke Hand parallel zum Boden und das Kommando Platz. Beim Steh schneide ich mit meiner linken Hand

01 – 02 Beim Aufbau von Platz aus der Bewegung kann man dem Hund beim Training erstmal mit Sichtzeichen helfen.

01

02

Sam ist bei Fuß gekommen und beide gehen gemeinsam weiter zur nächsten Übung.

im 90°-Winkel zu ihm durch die Luft. Natürlich kann man die Übungen aus der Bewegung auch schön mit einem ferngesteuerten Futterautomaten üben. Auch hier wird der Hund nach hinten belohnt. Und natürlich übt ihr diese Schilder auch mit eurem Hund auf der rechten Seite.

ABRUF-SCHILDER

Wahnsinn, wie viele Kombinationsmöglichkeiten Rally Obedience doch bietet – elf verschiedene Abruf-Übungen!
Die Abruf-Übungen aus der Reihe 1 haben wir in Klasse 2 besprochen. Die Abruf-Übungen aus der Reihe 2 haben wir hier in der Klasse 3 schon besprochen.
Jetzt kommen die Abruf-Schilder der Reihe 3. Bei diesen Abruf-Übungen brauchen wir einen Mindestabstand zum vorherigen Schild von 6 m. 308 und 321 werden vor dem Schild gemacht, weil du nicht in die gleiche Richtung weitergehst, wie du gekommen bist. Bei allen drei Schildern wird ⅓ der Strecke vor dem Abrufschild mit einem Strich markiert. Entweder aus Sand, gesprayt oder ein Band. Es kann dort aber auch eine Pylone stehen, damit der Richter sehen kann, ob der Hund diese Markierung überläuft. Ihr solltet alle Varianten im Training üben. Bei dem Schild 308 drehst du dich vor dem Schild um und rufst deinen Hund. Der Hund läuft los, und nachdem er eine deutliche Vorwärtsbewegung (mindestens eine Körperlänge) gezeigt hat, gibst du ihm das Kommando, sich hinzulegen. Der Hund muss vor der Markierung ins Platz kommen. Berührt seine Pfote die Markierung, sind 10 Punkte futsch. Zeigt der Hund erst ein Sitz, sind 10 Punkte weg. Wenn der Hund das Platz gezeigt hat, rufst du ihn zu dir und lässt ihn ins Vorsitz kommen. Dabei darfst du, ab dem Abruf, bis der Hund im Vorsitz sitzt, deine Füße nicht bewegen. Jetzt noch den korrekten Abschluss und die Übung ist geschafft.
Tipp für das Training: Auch bei dieser Übung wird der Hund immer nach hinten belohnt, das heißt, der Hund zeigt das Platz und als Belohnung wirfst du das Spieli hinter ihn. Bei diesen Schildern rufe ich meinen Hund selten zu mir. Hier mache ich einen Trainingscut. Mein Hund liebt diese Übung, denn hier gibt es immer eine Belohnung. Danach lege ich ihn einfach vor der Markierung ab, gehe zum Abruf-Schild und mache im Parcours weiter. Nur ab und an und auf den Turnieren arbeite ich dieses Schild komplett mit Abruf ab.
Alternativ zu dem Vorsitz ist das Schild 321 *Umdrehen – Abruf ins Platz – Abruf bei Fuß*. Hier ist der Anfang gleich. Nach dem Platz rufst du den Hund in die Fußposition. Der Hund darf hierbei entweder um dich herumlaufen oder sofort links an dein linkes Knie kommen, ohne sich hinzusetzen. Dann geht ihr gemeinsam weiter zur nächsten Übung. Die Schilder 308 und 321 sind Wechselschilder. Ist der Hund in den Bleib-Übungen rechts geführt, wechselt er durch diese Abruf-Schilder auf deine linke Seite.

☞ ABRUF-SCHILDER

Zu diesen Bleib-Übungen gehören folgende Abrufe:

01

213

Umdrehen
Zurück zum Hund

214

Umdrehen
Abruf in Vorsitz

215

Ohne Umdrehen bei Fuß rufen

216

Umdrehen
Abrufen bei Fuß

02

302

Umdrehen

Abrufen aus Winkel in Vorsitz

319

Ohne Umdrehen

Abruf in Vorsitz

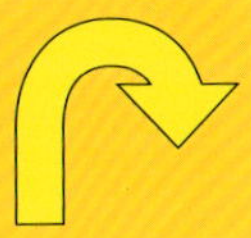

03

308

Umdrehen

Abruf in Platz

Abruf in Vorsitz

320

Umdrehen

Abruf in Platz

Zurück zum Hund

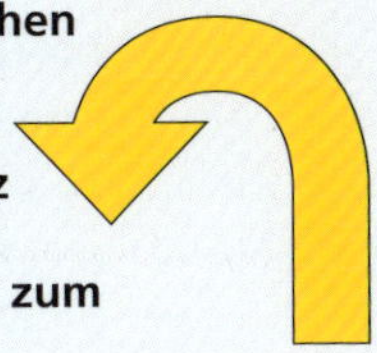

321

Umdrehen

Abruf in Platz

Abrufen bei Fuß

04

309

Umdrehen

Platz aus Entfernung
Sitz aus Entfernung

Abrufen in Vorsitz

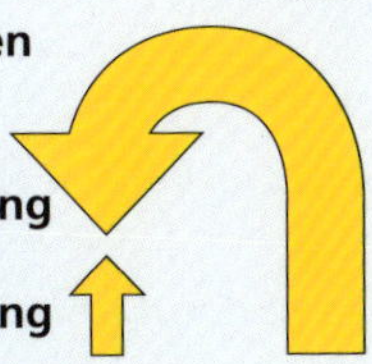

322

Umdrehen

Platz aus Entfernung
Sitz aus Entfernung

Zurück zum Hund

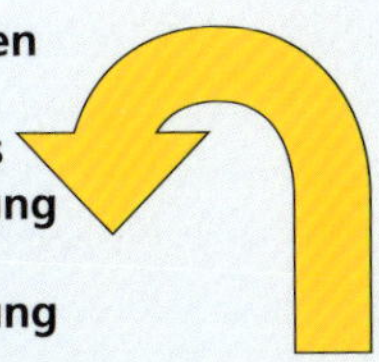

UMDREHEN – ABRUF IN PLATZ – ZURÜCK ZUM HUND

Das Schild 320 wird neben dem Schild gearbeitet, denn ihr geht nach Abarbeiten des Schildes in die gleiche Richtung weiter, wie ihr gekommen seid. Sobald der Hund im Platz liegt, gehst du zu deinem Hund zurück. Wichtig: Ihr habt den Hund auf der linken Seite in der Bleib-Übung zurückgelassen, geht ihr so zurück, dass der Hund weiterhin auf links geführt ist. Habt ihr den Hund rechts geführt gehabt, geht ihr zum Hund zurück und stellt euch auf dessen linke Seite. Der Hund bleibt also rechts geführt. Es ist kein Wechselschild!! Der Hund muss liegen bleiben, bis du neben ihm stehst, und dann könnt ihr gemeinsam weitergehen. Sollte der Hund sich hinsetzen, wenn du die Grundstellung neben ihm erreicht hast, dann wären dies nur 5 Punkte extra und eine Wiederholung würde sich auf keinen Fall lohnen, vorausgesetzt, ihr habt bei dieser Übung noch überhaupt keine Minuspunkte gesammelt.

Tipp für das Training: Falls du so einen sensiblen Hund hast wie meine Collies, kann es vorkommen, dass der Hund durch das ständige Platz-Gerufe in ein Meideverhalten geht. Übe diese Distanzabrufe bei sensiblen Hunden nicht so oft hintereinander. Mach dir einen Zettel an deine Kühlschranktür und übe es nur einen über den anderen Tag. Macht auch ruhig mal eine Woche Pause dazwischen, und du wirst sehen, der Hund hat die Aufgabe verinnerlicht und kann sie besser zeigen. Bisher haben wir den Hund bei dem Platz-Abruf immer nach hinten bestätigt. Merken wir jedoch, dass der Hund nach dem ersten Platz zwar toll ins Platz geht, aber beim Abruf zögerlich kommt, dann machen wir Folgendes:
Wir beginnen wie eben, zeigen eine Bleib-Übung, gehen zum Abruf, rufen unseren Hund ab, geben das Kommando für das Platz und gehen dann fast bis zum Hund zurück; zwei, drei Schritte vor dem Hund bleiben wir stehen und rufen nun den Hund, dass er kommen soll, gleichzeitig werfen wir ein Spielzeug nach vorne. So können wir variabel unseren Hund bestätigen. Je nachdem, wie der Hund sich verhält, fliegt die Bestätigung mal nach vorne und mal nach hinten.

Typ A oder B

DISTANZKONTROLLE

Bei den Schildern 309 *Umdrehen – Platz aus Entfernung – Sitz aus Entfernung – Abrufen ins Vorsitz* und 322 *Umdrehen – Platz aus Entfernung – Sitz aus Entfernung – Zurück zum Hund* geht es um die Distanzkontrolle.
Ihr habt vorher eine Bleib-Übung, bei der der Hund steht oder sitzt. Aus dem Platz kann ich den Positionswechsel logischerweise nicht überprüfen. Das Schild 309 wird vor dem Schild gemacht, du drehst dich um und gibst dem Hund das Kommando für Platz. Dabei sind Handzeichen erlaubt. Liegt der Hund, kommt das Kommando für Sitz und der Hund wechselt vom Platz ins Sitz. Anschließend rufst du deinen Hund ins Vorsitz mit dem entsprechenden Abschluss.

Typ A

Danny erleichtert Sam die Übung …

… indem sie mit Sichtzeichen arbeitet.

Sollte sich der Hund beim Positionswechsel mehr als eine Körperlänge nach vorne bewegen, so wird dies mit 1–5 Punkten bestraft. Der Hund muss das Platz und das Sitz in der korrekten Reihenfolge machen, da dies die Hauptbestandteile der Übungen sind.

Das Schild 322 funktioniert ähnlich, jedoch geht ihr in die gleiche Richtung weiter, wie ihr gekommen seid. Aus diesem Grund wird im Arbeitsbereich neben dem Schild gearbeitet.

Tipp für das Training: Die Entfernung von 3 m baut ihr schrittweise aus. Zuerst beginnt ihr mit zwei Schritten Entfernung und erweitert den Abstand dann immer weiter. Das Platz klappt in der Regel gut, jedoch tun sich manche Hunde danach schwer, wieder ins Sitz hochzukommen. Dies könnt ihr gut mit dem Clicker üben. Sobald der Hund seine Vorderpfoten hochstemmt, kannst du diesen Ansatz schon clickern und als Belohnung ein Spielzeug hinter den Hund werfen. Der Fokus der Belohnung liegt wieder hinter dem Hund, damit er nicht den Drang nach vorne hat. Für die Fortschritte kannst du dein Trainingstagebuch verwenden, damit du die Muße hast, in kleinen Schritten vorwärtszugehen.

Das Schild 309 ist ein Wechselschild und beim Schild 322 handelt es sich um kein Wechselschild. Durch das Zurück-zum-Hund-Gehen nehmt ihr den Hund so weiter mit, wie er vor dem Schild geführt war. Links bleibt links und rechts bleibt rechts.

01

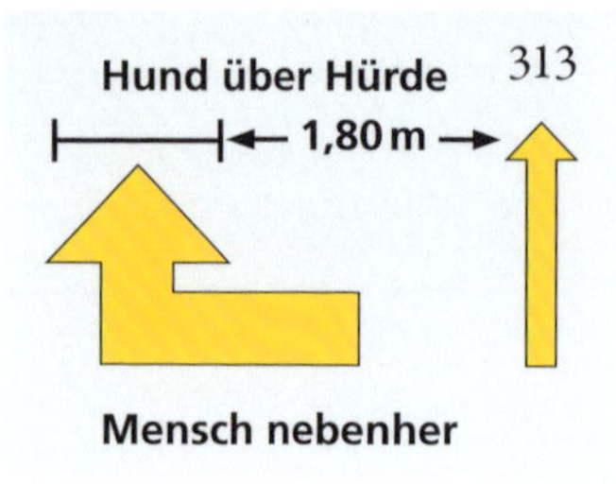

Typ B

SPRUNGÜBUNGEN

In der Klasse 3 wird die Schwierigkeit der Sprungübungen erhöht. Es gibt das Schild 313:
Bei diesem Schild ist die Hürde 1,8 m vom Laufweg nach links versetzt. Der Laufweg wird mit einem Band oder einem Strich versehen, den der Hundeführer nicht übertreten darf. Das Sicht- oder Hörzeichen darf auf dem Weg zur Hürde gegeben werden. Ab dem Schild 313 bis zum nächsten Schild musst du in einem gleich bleibenden Tempo an der Hürde vorbeigehen. Ein Stehenbleiben, um dem Hund die Hürde zu zeigen, wird mit 10 Punkten bestraft. Aber auch ein Stehenbleiben, um nach dem Sprung auf den Hund zu warten, bis dieser wieder die Fußposition eingenommen hat, kostet 10 Punkte. Der Hund muss auf jeden Fall über die Stange springen, denn dies ist ein Hauptbestandteil der Übung. Sollte die Stange fallen, so kostet dies 5 Punkte. Die Sprunghöhe und die Anpassungsmöglichkeiten an den Hürden habe ich bereits in der Klasse 2 beschrieben.

Tipp für das Training: Das versetzte Springen über die Hürde kann man üben, indem man die Entfernung Stückchen für Stückchen vergrößert. Ihr könnt auch mit einem Bodentarget oder einem Futterautomaten üben. Ihr stellt eine Futterschale hinter der Hürde auf. Der Hund wird neben dem Schild 314 z. B. hingesetzt. Jetzt geht ihr an der Hürde vorbei, der Hund bleibt sitzen und ihr legt ein Leckerchen in die Schale. Ihr stellt euch neben die Hürde und ruft den Hund über die Hürde. Der Hund springt jetzt über die Hürde und holt sich die Belohnung. Dies wiederholt ihr mehrfach und entfernt euch immer weiter von der Hürde weg Richtung Abruf-Schild.

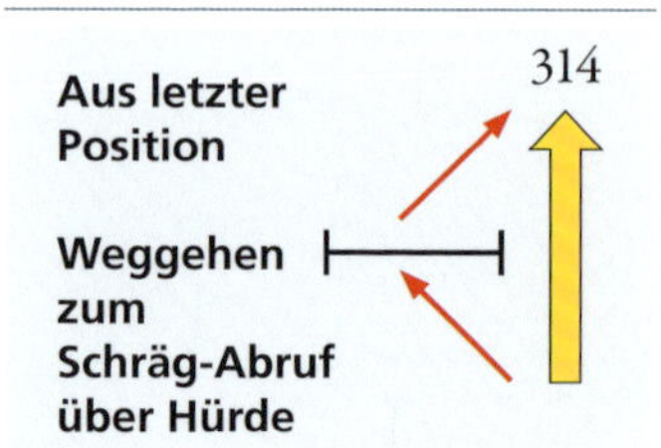

Typ B

02

03

04

01 Schild 314 mit dem rechts geführten Hund.

02 Kombi mit dem Abruf 319.

03 Borco kommt über rechts ins Vorsitz.

04 Bei Schild 319 kommt auch der rechts geführte Hund wieder auf links.

01

03

02

04

Hier die Schilder-Kombi 314 mit 319 mit dem links geführten Hund.

01 Ohne Umdrehen heißt: Die Füße stehen in Laufrichtung, der Oberkörper darf sich aber zum Hund umdrehen.

02 Hier verstärkt Danny das Kommando noch, indem sie gezielt auf die Hürde zeigt – alles erlaubt in RO.

03 Sam weiß, was er tun soll.

04 Nachdem Sam die Hürde genommen hat, kommt er zu seiner Hundeführerin und bremst ab.

Natürlich geht es auch mit einer Hilfsperson, die den Hund bei dem Kommando: „Hopp“ oder „Hürde“ anspricht. Entscheide es ganz individuell für deinen Hund, was er am besten annimmt. Mit dem jetzigen Regelwerk kann dieses Schild nur mit dem links geführten Hund gearbeitet werden.

Das Schild 314 benötigt eine stationäre Übung, die mit dieser Übung kombiniert wird. Es handelt sich nicht um eine MSÜ, sondern man nennt es Kombinationsübung. Daraus ergibt sich, dass das vorausgegangene stationäre Schild lediglich die Position vorgibt. *Aus letzter Position* kann ein Sitz, Platz oder Steh sein. War das Element schief, so wird der Punktabzug für die schiefe Position nur einmal am ersten Kombinationsschild abgezogen. Das letzte Element *muss* für das Schild 314 übernommen werden, egal, wie gerade oder schief es ist. Solltest du jedoch zur Korrektur einen Schritt vorgehen und das Element neu zeigen, so werden hierfür 5 Punkte abgezogen. Verändert der Hund seine Position noch, während du danebenstehst, bekommt ihr 5 Punkte für ein zusätzliches Element bei dem Kombinationsschild abgezogen. Da der Hund für das Hürden-Schild die korrekte Position einnehmen muss, darfst du nun den Hund wieder in die korrekte Position bringen, ohne dafür weiteren Punktabzug zu bekommen. Solltet ihr das komplette erste Schild dafür wiederholen, so ist dies nicht weiter schlimm, ihr würdet euch nur über die Zeit bestrafen. Verändert der Hund jedoch seine Position, während du zur Abrufposition gehst, so solltest du auf jeden Fall zurückgehen und ihn wieder in die ursprüngliche Position zurückbringen. Denn dies würde euch 10 Punkte für das Schild 314 kosten.

Verändert der Hund die Bleibposition erst, nachdem du den Abruf erreicht hast, so wäre dies nur ein zusätzliches Element und kostet 5 Punkte. Habt ihr bisher keinen Punktabzug, so lohnt eine Wiederholung in diesem Fall nicht. Drehst du dich jedoch um und der Hund ist schon auf dem Weg zu dir, so kannst du keinen Abruf zeigen, das kostet 10 Punkte für das Hürden-Schild (da der Hund seine Position nicht hält, bis der Hundeführer seine Abrufposition erreicht hat) und 10 Punkte für das Abruf-Schild, da kein Abruf möglich ist.

Das Schild steht 5 m von der Hürde entfernt und kann rechts oder links von eurem Laufweg stehen. Die Hürde ist vom Laufweg 1,8 m nach rechts oder nach links versetzt. Hier gibt es wieder neben den Kombinationsschildern eine Kennzeichnung durch ein Band oder einen Strich, die der Hundeführer nicht übertreten darf. Wenn du zu deiner Abrufposition gehst, darfst du dabei nicht über die Hürde steigen, denn das kostet 10 Punkte. Du darfst aber zu der Hürde gehen und diese deinem Hund zeigen. Sollte der Hund die Hürde nicht nehmen, so ist leider ein Hauptbestandteil dieser Übung nicht gezeigt. Reißt der Hund die Hürde, so wird dies mit 5 Punkten geahndet. Die Kombinationsschilder dürfen mit einer MSÜ verbunden werden.

ABRUF-SCHILDER

Als Abruf-Übungen kommen folgende Schilder infrage:

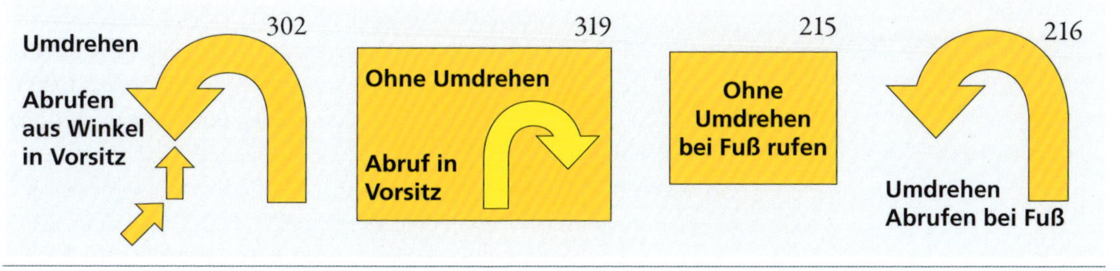

Schilder 302 und 319: Typ A oder B, Schilder 215 und 216: Typ B

Diese Abruf-Übungen haben wir schon besprochen. Jedoch stehen sie im Zusammenhang mit dem Schild 314 auch 5 m vom Sprung entfernt und ca. 1,8 m nach rechts oder links verschoben.
Beachtet bitte, dass alle vier Schilder als Hauptbestandteil folgendes Element haben:
HF steht mit Füßen in Laufrichtung. Zeigen eure Füße zur Hürde, so kostet dies 10 Punkte!!!! Erwähnen möchte ich auch, dass in der Klasse 3 das Schild 218 „Aus letzter Position – weggehen zum Abruf über Hürde“ in Kombination mit Bleibschildern stehen darf, die als letztes Element das Steh haben.
Steht das Schild 217 *Hund über Hürde – Mensch dicht neben her* in der Klasse 3, so könnte der Richter dies auch mit einem rechts geführten Hund fordern. Dann steht die Hürde auf der rechten Seite von euch und ihr geht links an ihr vorbei und schickt den rechts geführten Hund rechts über die Hürde. Nach dem Sprung kommt der Hund wieder an eure rechte Seite und geht rechts geführt weiter.

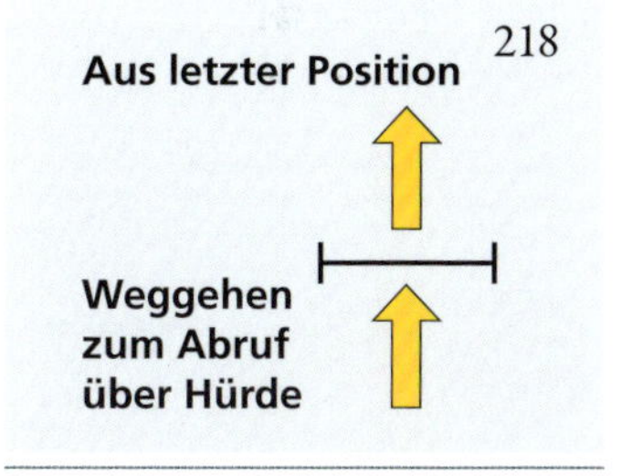

Ähnliche Schilder wie die zwei Schilder 316 und 317 kennen wir schon aus der Klasse 2. Nur ist hier das Sitz durch das Steh ersetzt. Bei diesen Schildern handelt es sich um eine Richtungsänderung, deshalb leitet ihr die Übung vor den Schildern ein. Ihr bleibt stehen und der Hund stellt sich neben euch. Beim Dreiecks-Steh darfst du deinem Hund wieder ins Steh helfen. Sollte er zuerst sitzen, kannst du ihn auch ins Steh ziehen. Allerdings darf dieser Fehler nur ein Mal pro Schild passieren. Setzt der Hund sich mehr als ein Mal hin, müsst ihr es wiederholen. Die Drehung soll auf der Stelle passieren mit nicht mehr als vier Fußbewegungen. Sobald du dich um 180° mit deinem Hund in Fußposition gedreht hast, bleibst du und dein Hund stehen. Sollte der Hund nicht die Fußposition halten, kostet es nur 5 Punkte. Trainiere diese Schilder auch mit dem rechts geführten Hund.

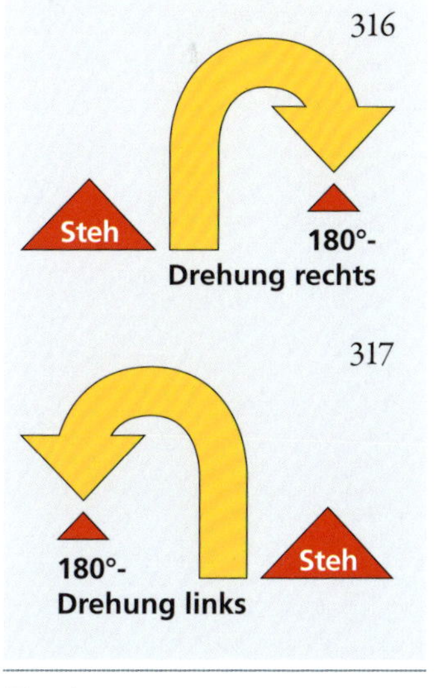

Typ A

Typ A

Bei Schild 318 müsst ihr im Arbeitsbereich neben dem Schild zuerst anhalten und die Grundstellung zeigen. Sprich: Deine Füße müssen nebeneinanderstehen und der Hund soll neben dir stehen bleiben. Hier darf der Hund auf gar keinen Fall zuerst ein Sitz oder Platz zeigen, das würde 10 Punkte kosten und sollte auf jeden Fall wiederholt werden. Nun umrundet dein Hund dich in Laufrichtung und bleibt danach wieder neben dir stehen. Wenn der Hund dich umrundet, müssen deine Füße auf dem Boden festgetackert sein und dürfen sich nicht bewegen. Für dieses zweite Steh kannst du deinem Hund helfen. Denk nur dran, dass du dich danach wieder in Grundstellung neben deinen Hund stellst. Sollte der Hund sich beim zweiten Steh erst hinsetzen, so kannst du ihn wieder ins Steh ziehen. Sollte das der einzige Fehler sein, so lohnt sich keine Wiederholung.

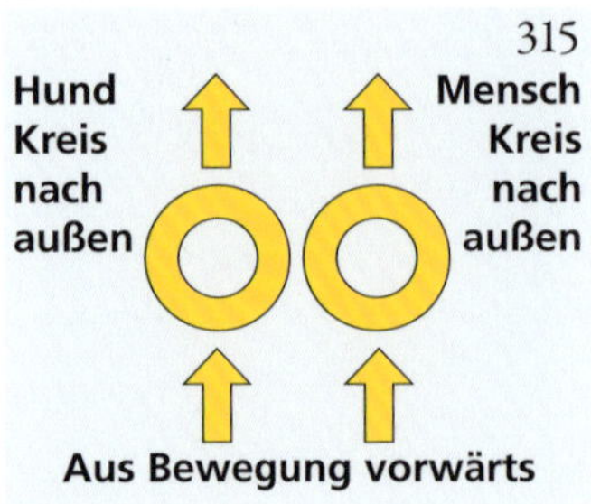

Typ B

Aus dem Dog-Dance-Bereich kommt das Schild 315. Hier müssen sich Hund und Hundeführer gleichzeitig um die eigene Achse drehen. Ganz wichtig ist, dass du deine Geschwindigkeit nicht veränderst. Werde nicht langsamer, um deinem Hund in die Drehung zu helfen, und bleib auf gar keinen Fall dafür stehen. Während das Langsamerwerden nur 5 Punkte kostet, kostet das Stehenbleiben sogar 10 Punkte. Übt dieses Schild auch in Tempo schnell.

Typ A oder B

Das Schild 323 ist eines der schwierigsten Schilder, das Rally Obedience überhaupt zu bieten hat. In der Prüfungsordnung werden allein schon 6 Punkte erwähnt, die man falsch machen kann. Schauen wir es uns mal an:

Elemente	**Hpt.Best.Teil**
HF bleibt stehen, Hund sitzt	
Sofortiges Tempo schnell	X
Hund bleibt sitzen	X
HF bleibt in Bewegung, bis der Hund am Fuß ist	X
Vorsitz	X
Abschluss a-d	

Es wird neben dem Schild gearbeitet, da man nach Abarbeiten der Übung in die gleiche Richtung weitergeht, aus der man gekommen ist. Du bleibst im Arbeitsbereich stehen und forderst den Hund auf, sich hinzusetzen. Der Hund setzt sich hin und nun läufst du ohne deinen Hund los. Nach drei Laufschritten rufst du deinen Hund, ohne dass du deine Geschwindigkeit veränderst. Der Hund kommt zügig angerannt und findet sich neben deinem Knie ein.
Sobald du deinen Hund dort siehst, kannst du die Geschwindigkeit auf normales Tempo reduzieren. Jetzt leitest du den Vorsitz ein, lässt

den Hund vor dir sitzen und zeigst anschließend den geforderten Abschluss. Von der Beschreibung her hört sich das Schild gar nicht so schwer an. Wenn man aber sieht, was man alles falsch machen kann und dass allein schon vier Fehler jeweils 10 Punkte kosten, sieht die Sache schon ganz anders aus. Wichtig ist, dass du erst mal stehen bleibst und der Hund ein Sitz zeigt. Wenn man losläuft, darf man auf gar keinen Fall erst im Normalschritt oder zögerlich starten, denn dies kostet schon 10 Punkte. Sollte der Hund nicht sitzen bleiben und sofort mit euch durchstarten, kostet dies auch 10 Punkte. Das nächste Schild kommt erst nach 8 m. Komm bloß nicht auf die Idee, stehen zu bleiben, weil du schon das nächste Schild kommen siehst, denn das wären auch 10 Punkte. Selbst wenn du das nächste Schild überläufst, läufst du weiter. Hat der Hund dein Knie erreicht, kannst du nun den Vorsitz zeigen und den Abschluss. Seid ihr am nächsten Schild vorbeigelaufen, kehrt ihr nach Abarbeiten des Schildes 323 zum überlaufenen Schild zurück und führt dieses nun aus. Dies kostet nur 5 Punkte für die Wiederholung des nächsten Schildes und nicht 10 Punkte wegen Stehenbleibens. Ein Höllenschild halt! Dagegen sind andere Schilder der Klasse 3 völlig harmlos.
Es kann durchaus sein, dass ihr dieses Schild mit dem rechts geführten Hund laufen müsst. Das würde bedeuten, dass der Hund auf eurer rechten Seite sitzt, wenn ihr das Schild einleitet. Nun müsst ihr loslaufen und der Hund bleibt sitzen. Nach drei Laufschritten ruft ihr euren Hund über die rechte Schulter. Der Hund läuft los, und sobald er an eurem rechten Knie aufgeschlossen hat, dürft ihr in Tempo normal wechseln. Jetzt kommt der Hund in den Vorsitz und durch den Abschluss wechselt der Hund vom rechts geführten Hund in den links geführten Hund. Bei diesem Schild handelt es sich also um ein Wechselschild.

PYLONEN-SCHILD

Dieses Schild fordert mal was ganz anderes von unseren Hunden als die anderen Schilder, da man den Hund um etwas herumschicken muss. Bisher gab es nur Schilder, bei denen man den Hund abruft oder über die Hürde schickt. Die Pylone befindet sich 5 Meter von deinem Arbeitsbereich entfernt. Da dieses Schild kein Richtungswechsel ist, führst du es neben dem Schild aus. Die Pylone kann rechts oder links vom Laufweg stehen. Außerdem ist dieses Schild mit einem links oder rechts geführten Hund zu arbeiten. Du richtest dich zur Pylone aus, stellst dich in Grundstellung und lässt den Hund neben dir sitzen. Dann schickst du, ohne deine Füße zu bewegen, den Hund Richtung Pylone. Idealerweise umrundet der Hund die Pylone und bleibt im Umkreis von 1 Meter stehen. Nun bewegst du dich zum nächsten Schild, welches ein Abruf-Schild ist, und rufst deinen Hund zu dir. Als Abruf-Schilder kommen die Schilder von Seite 147 infrage. Wichtig hierbei ist, dass der Hund so lange

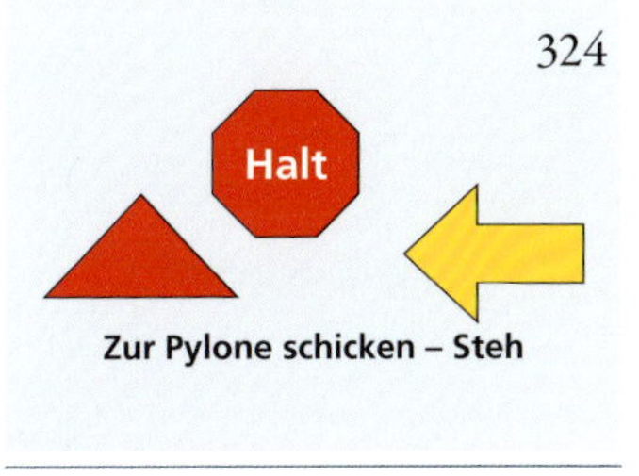

Typ B

Edin bleibt super neben der Pylone stehen.

stehen bleibt, bis du die Abruf-Position erreicht hast. Verlässt oder verändert er vorher die Position, kostet dies 10 Punkte und du solltest eine Wiederholung machen. Erreichst du die Abruf-Position und der Hund würde sich dann setzen, kostet dies nur 5 Punkte und ich würde dir dann keine Wiederholung empfehlen. Ist der Hund schon in deine Richtung gekommen und noch in Bewegung, wenn du die Abruf-Position erreicht hast, könntest du keinen Abruf zeigen, da er schon kommt, dann rate ich dir ganz dringend, eine Wiederholung zu machen. Denn dies kostet 10 Punkte an der 324 und 10 Punkte am Abruf-Schild. Der Hund muss nicht zwingend die Pylone umrunden, er muss nur im Umkreis von 1 Meter stehen bleiben, wobei hier auch nur eine Pfote ausreichend ist.
Schickst du den Hund zur Pylone, kannst du ihn auch mehrfach auffordern, zur Pylone zu laufen; schlimmstenfalls bekommst du Doppelkommandos abgezogen. Bleibt der Hund auf dem Weg dorthin stehen, gibt es 5 Punkte für das zusätzliche Steh und eventuell einen Punkt für das Doppelkommando. Da musst du selbst überlegen, ob du eventuell eine Wiederholung machen willst. Es gibt ein Webinar beim Kosmos Verlag, „Die neue Prüfungsordnung 2022“, (siehe Service, Seite 250). Da findet ihr einen tollen Aufbau zur Pylone und zum schrägen Hürdenabruf.

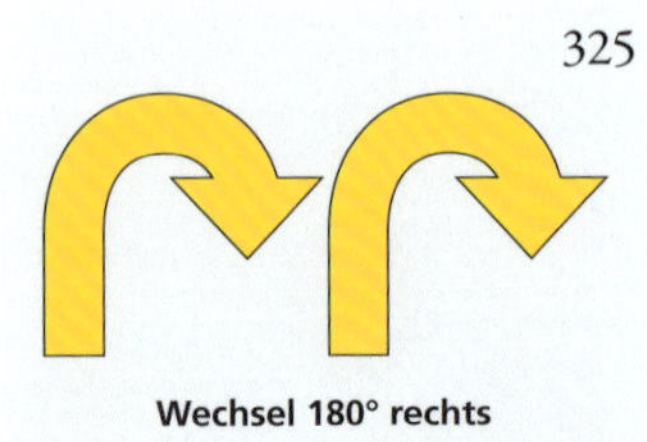

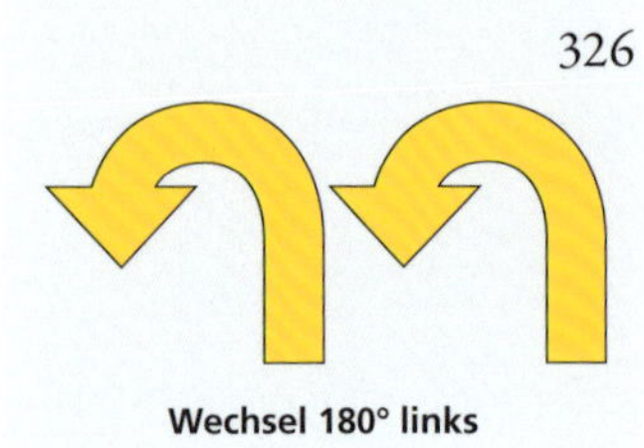

Beide Schilder Typ B

WECHSELSCHILDER

Diese beiden Schilder sind Wechselschilder. Es sind Schilder, bei denen du die Richtung änderst, deshalb werden sie vor den Schilderhaltern gearbeitet. Außerdem sind es Schilder, wo dein Hund die Fußseite wechselt. Je nachdem, auf welcher Seite dein Hund ist, wenn du diese Schilder erreichst, muss er sich nach innen oder von dir weg nach außen drehen. Erinnerst du dich an die Klasse 2? Da haben wir

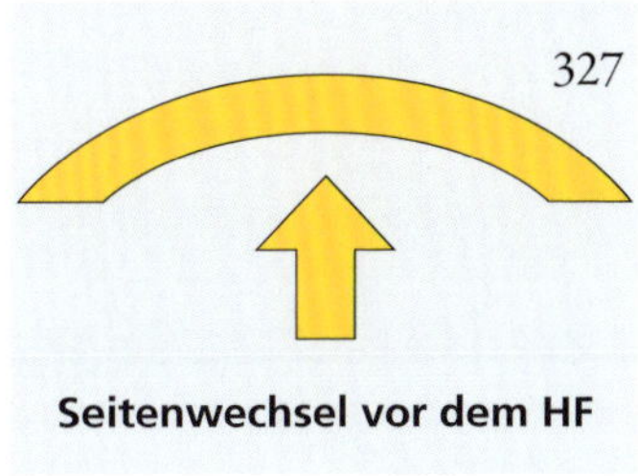

Typ B

schon das Kommando eingeführt, das dem Hund signalisiert, dass er sich zu dir nach innen drehen soll. Wenn dein Hund sich nach außen drehen soll, also von dir weg, benutze das Kommando, das du für den Twist benutzt. Damit dreht der Hund sich von dir weg, und da du dich zeitgleich drehst, kannst du ihn wieder in der entgegengesetzten Richtung annehmen.
Auch bei diesem Schild wechselt der Hund die Fußseite. Entweder wechselt der Hund vor dir von rechts nach links oder von links nach rechts. Dabei darf der Hund keinen Bogen laufen. Stell dir eine Autobahn vor, auf der es einen notorischen Mittelspurfahrer gibt. Den kannst du mit deinem Auto von links nach rechts überholen. Dabei dreht sich dein Auto nicht, sondern es fährt immer vorwärts. Genau so soll dein Hund wechseln. Du bist dann der Mittelspurfahrer und bleibst die ganze Zeit in Bewegung. Du kannst zwar dein Tempo mindern, aber nicht stehen bleiben. Stehenbleiben kostet 10 Punkte.

Trainingstipps
Dies kann man ganz gut auf Asphalt üben, indem du dem Hund mit deiner Hand zeigst, dass er vorlaufen soll, und dann wirfst du ein Leckerchen (wie eine Bowlingkugel in die Rinne) nach vorne auf die Seite, auf die der Hund hinwechseln soll. Der Hund gibt Gas und frisst das Leckerchen, während du weitergehst und ihn auf der anderen Seite mitnimmst. Alternativ kannst du dies auch mit einem Futterautomaten oder einem Target üben.
Für die Klasse 3 solltet ihr alle Abruf-Übungen wie 302, 308, 309, 319, 320, 321 und 322 können. Eins dieser Abruf-Schilder wird auf jeden Fall vorkommen.
Die Sprünge solltet ihr in jeglicher Form können, und denkt dran: Das Schild 314 kann auch rechts vom Laufweg stehen. Übt alle möglichen Hürdenarten. Übt die Agility-Hürden oder auch die THS-Hürden.
An den Schildern *Sitz, Steh oder Platz aus der Bewegung* kommt ihr nicht vorbei. Eins davon wird im Parcours sicherlich stehen.
In der Klasse 3 gibt es acht verschiedene Möglichkeiten, das Steh zu überprüfen. Ein Steh-Schild muss im Parcours vorkommen.
Der Richter hat die Qual der Wahl: Er darf oder muss noch drei weitere Schilder aus der Klasse 3 stellen und nicht zu vergessen der Wechsel der Fußposition.
Um die neuen Schilder aus der Klasse 3 zu üben, und insbesondere auch unter Ablenkung, schlage ich euch die Spiele „Obstsalat" und „Ich packe in mein Köfferchen" vor. MSÜ-Aufgaben mit Klasse 3-Schildern könnt ihr mit dem Spiel „Fischer, welche Fahne weht heute?" üben. Natürlich müsst ihr „Baseball" mit dem Klasse-3-Parcours trainieren. Bei dem Spiel: „Hilfe, ich werde irre!", Parcoursplan 3, habt ihr auch viele Klasse 3-Schilder zum Trainieren.

01

02

03

04

01 Edin ist rechts geführt …

02 … und dreht sich von mir weg …

03 … während ich mich zeitgleich zu ihm hindrehe.

04 Nach dem Wechsel ist Edin links geführt.

01 Nicole hat Dreamer links geführt.

02 Beide haben sich nach innen gedreht.

01 Ali ist auf Iris' linker Seite ...

02 ... und wechselt hier vor Iris ...

03 ... ohne sich zu drehen ...

04 ... auf die rechte Seite.

DER ELEFANTENTRICK: DREHST DU SCHON?

Im Rally Obedience ist es wichtig, dass der Hund eine Fußarbeit zeigt, bei der der Hund nicht weiter als 30 cm vom Hundeführer-Bein weg ist. Die Drehungen sind dabei eine besondere Herausforderung, da der Hund dabei schon mal schnell weiter als 30 cm vom Bein weg ist.

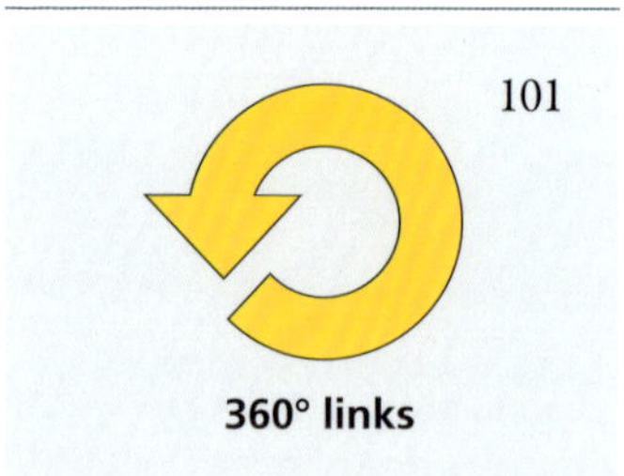

Typ B

Ist der Hund weiter als 30 cm vom Bein entfernt, gibt es Punktabzug. Läuft der Hund links geführt, ist es bei den Schildern 1-112 (180°-Drehung rechts) oder B-011 (270° rechts) relativ einfach, den Hund in einer Fußposition zu führen, die ohne Punktabzug bewertet wird. Ist der Hund links geführt und ich habe das Schild 1-113 (180° links) oder das Schild 1-101 (360° links) kann es schon mal passieren, dass der Hund aus der Fußposition rutscht und ich dem Hund schlimmstenfalls ins Gesicht schauen kann. Da würde das Team 5 Punkte verlieren. So sieht man auf dem Hundeplatz Teams, die wie Flieger mit weit ausgebreiteten Armen in die Kurve drehen, um dem Hund mit starker Körperpräsenz in die Drehung zu helfen. Oder man sieht Teams, die sich auf den Oberschenkel klopfen und den Hund auffordern, nah am Bein mitzudrehen. Diese Linksdrehungen erfordern vom Hund ein ganzheitliches Körperbewusstsein. Er muss gezielt seine Hinterläufe gegen den Uhrzeigersinn bewegen, während die Vorderpfoten bestenfalls auf der Stelle stehen bleiben. Dieses gezielte Ansteuern der Hinterläufe können die meisten Hunde nicht.

In der Rettungshundearbeit haben wir mit den Hunden trainiert, über eine Leiter zu laufen, und der Hund musste die Leiter Sprosse für Sprosse mit seinen Pfoten abarbeiten. Hier haben wir mit Einzelnen-Pfoten-Setzen oder sogar mit Tellington-Körperbändern gearbeitet, um die Körperselbstwahrnehmung zu unterstützen. Hunde, die eine gute Körperselbstwahrnehmung haben, besitzen ein besseres Gefühl für die Lage ihres Körpers in Räumen oder bei der Rettungshundearbeit auf Trümmern. Mittlerweile gibt es viele Ideen, um dem Hund diese Selbstwahrnehmung zu vermitteln.

Ihr könnt mit eurem Hund verschiedenes Bodentraining machen. Sei es Cavaletti-Training (niedrige Bodenhindernisse), das den Hund gymnastiziert, Targets (z. B. kleine Physio-Igel) oder verschiedene Untergründe, die, durch An- und Entspannung der Muskeln, dem Hund ein besseres Gefühl für seinen Körper geben.

01

02

03

01 Zwischen mir und Edin ist ein Bodentarget. Er lernt, zuerst immer auf 12 Uhr mit den Vorderpfoten zu stehen.

02 Mit einem Leckerchen bringe ich Edin dazu, seine Position zu verlassen …

03 … um ihn dann wieder auf 12 Uhr reinkommen zu lassen.

WAS IST DER ELEFANTENTRICK?

Schon seit vielen Jahren benutzen Hundesportler den Elefantentrick, um ihren Hund bei der ganzheitlichen Wahrnehmung zu unterstützen. Ich habe die Linksdrehungen meinem Hund lieber über eine Stange im Boden beigebracht. Hier bin ich ganz nah mit dem Hund um diese Stange gegangen, und durch die Berührung der Stange im Flankenbereich des Hundes hat dieser willentlich die Hinterfüße bewegt. Diese „Ansteuerung" habe ich mir zunutze gemacht und der Hund hat die Linksdrehungen gelernt.
Der Elefantentrick kommt in seinem Ursprung aus dem Circus. Hier gab es ein Podest und die Elefanten haben in der Manege mit den Vorderpfoten darauf gestanden. Während die Vorderbeine auf

dem Podest verblieben sind, haben die Elefanten sich mit den Hinterbeinen um die eigene Achse gedreht.
Nun benutzen viele Hundesportler diesen Elefantentrick, um mit ihrem Hund die perfekte Fußarbeit, die schönen Linksdrehungen und ihre ganzheitliche Wahrnehmung zu trainieren.
Der Elefantentrick hilft dem Hund, die Links- und Rechtsdrehungen auf kleinem Raum ordentlich zu bewerkstelligen. Er hilft uns beim links geführten Hund und beim rechts geführten Hund bei allen Kehrtwendungen, 180°-Drehungen, 360°-Drehungen und auch bei den Abbiegungen mit dem 90°-Winkel. Der Hund kann diese Übungen wesentlich präziser am Fuß des Hundeführers präsentieren. Wenn ihr den Elefantentrick googelt, findet ihr 3170 Einträge. Natürlich könnte es jetzt reichen, wenn ich euch darauf verweise und euch damit allein lasse. Ich möchte euch aber auf den Weg zur perfekten Drehung begleiten, und deshalb besprechen wir hier den Elefantentrick speziell für Rally Obedience.

DIE VORGEHENSWEISE

Zuerst besorgt ihr euch ein rundes Target, dies könnt ihr natürlich auch aus einem Stück Teppich herausschneiden, oder ihr kauft euch eins aus Kunststoff. Dann besorgt ihr euch eine gleich große Schüssel, um das Target etwas erhöht auf den Boden legen zu können. So nimmt euer Hund das Target besser wahr. Der „geclickerte" Hund kann diese Übung schneller erlernen als ein Hund, der die Tricks mit den Clicks nicht kennt. Ein geclickerter Hund bietet „Tricks" an, die man durch einen Click bestätigt oder die keine Bestätigung finden. Dann überlegt der Hund eine andere Möglichkeit, wie er zum Click und damit zum Leckerchen kommt. In diesem Fall sieht der Hund das erhöhte Target und schaut es sich mit Interesse an. Das gibt schon ein Click und ein Leckerchen. Nun werft ihr ein Leckerchen von dem Target weg, der Hund läuft diesem hinterher, frisst es und überlegt, wodurch er den Click eben ausgelöst hat.
In diesem Fall hatte es doch mit dem runden Teil zu tun. Also läuft der Hund zum Target. Nun clickt ihr aber erst, wenn der Hund eine Pfote auf das Target stellt. Click und Lecker. Jetzt werft ihr wieder ein zusätzliches Goodie weg vom Target, der Hund läuft, hinterher und frisst es. Der Hund weiß nun, wie der Hase läuft und rennt wieder zum Target. Jetzt clickert ihr erst, wenn der Hund mit beiden Vorderpfoten auf dem Target steht. Click und Lecker. Das könnt ihr nochmal wiederholen und dann seid ihr auch schon mit der ersten Übungseinheit fertig. Packt das Target und die Schüssel weg, denn der Hund soll sich hiermit nicht selbst bespaßen. Für den Elefantentrick könnt ihr wieder euer Übungstagebuch benutzen, um die einzelnen Schritte zu dokumentieren.

In den nächsten Tagen wird das Betreten des erhöhten Targets weiter gefestigt. Werft immer ein Goodie weg vom Target und fordert den Hund danach mit dem Kommando „Target“ auf, das Target aufzusuchen. Das Spiel ist für den Hund einfach und er wird mit viel Spaß zum Target laufen.

Ist diese Trainingseinheit gesichert und der Hund führt das Kommando „Target“ zu 80 % sicher aus allen Richtungen aus, könnt ihr diese Übung auch außerhalb eures häuslichen Umfeld üben, also beim Gassigehen, im Wald, auf dem Parkplatz und auf dem Hundeplatz. Zu Hause können wir die Übung erweitern. Stellt euch eine Uhr vor. Die Scheibe legt ihr auf den Boden und sie stellt den Mittelpunkt der Uhr dar. Ihr stellt euch auf 6 Uhr und werft ein Leckerchen über die Scheibe über 12 Uhr hinaus. Der Hund holt sich das Leckerchen und ihr fordert ihn auf, aus dieser Position zum Target zu laufen. Jetzt bekommt der Hund nur einen Click, wenn er genau gegenüber von euch aufs Target geht und stehen bleibt. Click und Lecker!! Jetzt werft ihr das Lecker über 3 Uhr hinaus und begebt euch selbst auf 9 Uhr. Der Hund holt sich das Goodie und ihr gebt ihm wieder das Kommando „Target“. Der Hund läuft wieder zum Target und nimmt dort seine Position auf 3 Uhr ein. Click und Lecker!!! Als Nächstes werft ihr das Lecker über 6 Uhr hinaus und

01

02

01 Edin ist perfekt auf 12 Uhr gekommen, dafür gibt es ein Leckerchen.

02 Nun drehe ich mich mit dem Uhrzeigersinn um das Target und Edin dreht sich mit, indem er auch seine Hinterpfoten mit dem Uhrzeigersinn um das Target stellt.

01

03

04

02

05

01 Jetzt stehe ich links neben dem Target …

02 … und lasse Edin von mir weglaufen (durch den Wurf eines Leckerchens).

03 Nun besteht Edins Aufgabe darin, auf 12 Uhr auf das Target zu kommen …

04 … und durch Drehen der Hinterpfoten gegen den Uhrzeigersinn …

05 … in die perfekte Fußposition zu kommen.

ihr begebt euch auf 12 Uhr. Der Hund bekommt wieder das Kommando „Target“ und soll sich wieder euch gegenüberstellen auf 6 Uhr. Click und Lecker. Als letzte Übung wird jetzt das Lecker über 9 Uhr hinaus geworfen und ihr geht auf 3 Uhr. Ihr sagt „Target“ und der Hund stellt sich euch gegenüber auf 9 Uhr auf. Click und Lecker!
Nun könnt ihr erst mal eine Pause machen. In der nächsten Übungseinheit trainiert ihr, dass der Hund sich immer euch gegenüber auf das Target stellt, aber mit dem Unterschied, dass ihr euch nicht im Uhrzeigersinn dreht, sondern entgegen dem Uhrzeigersinn. Das heißt wir beginnen wieder mit: wir stehen auf 6 Uhr und der Hund kommt auf 12 Uhr. Dann werfen wir aber das Lecker über 9 Uhr hinaus und gehen selbst auf 3 Uhr. Und so weiter und so fort.
Dieses Spiel macht ihr jetzt so lange, bis der Hund zu 80 % immer gegenüber von euch auf dem Target mit den Vorderpfoten stehen bleibt.
Als nächste Übungseinheit wollen wir, dass der Hund auf dem Target seine Position einnimmt. Ihr steht auf 12 Uhr, der Hund auf 6 Uhr. Jetzt bewegt ihr euch langsam um das Target herum im Uhrzeigersinn. Da der Hund gelernt hat, dass er immer gegenüber von euch stehen soll, bewegt er sich mit den Hinterpfoten im Uhrzeigersinn mit euch mit, sodass er immer gegenüber von euch steht. Sollte er sich nicht freiwillig mitdrehen, könnt ihr Leckerchen in die Hand nehmen, diese quasi vor eurem Schoß halten und euch wieder drehen. Die Leckerchen werden nur freigegeben, wenn der Hund sich im Uhrzeigersinn mitdreht. Ihr könnt auch euren Clicker benutzen, denkt aber dran, dass ihr nur clickt, wenn der Hund sich dreht, es gibt kein Click fürs Stehenbleiben.
Da wir die Linksdrehung und die Rechtsdrehung mit dem Target üben wollen, drehen wir uns mit dem Hund im Uhrzeigersinn und mit ihm gegen den Uhrzeigersinn. Der Hund dreht sich immer so mit, dass er euch gegenübersteht.
Nun haben wir wieder für die kommende Woche genug Hausaufgaben und üben es mit unserem Hund. Ist die 80-%-Erfolgsquote erreicht, können wir weitermachen.
Wobei ich immer wieder zwischendurch das Goodie vom Target wegwerfe und den Hund wieder auffordere, zurück zum Target zu kommen. Während ich am Anfang ja direkt vor dem Target stehe, so stehe ich jetzt 1 Meter vom Target entfernt und lasse den Hund von seinem Leckerchen zum Target laufen, und er soll auf dem Target stoppen und mit den Vorderpfoten darauf stehen bleiben und mir gegenüberstehen.
Nun kommt der Punkt, wo der Elefant das Wasser lässt:
Ihr stellt euch jetzt neben dem Target auf 3 Uhr. Ihr steht nicht frontal zum Target, sondern seitwärts. Das Leckerchen werfe ich dem Hund über die 12-Uhr-Position hinaus. Der Hund frisst das Leckerchen und jetzt kommt das Kommando „Fuß – Target“.
Ich nehme meine linke Hand und halte sie als Target an meine linke

Targettraining erfordert regelmäßiges Üben. Hier stehe ich neben dem Target und übe mit dem Hund das Eindrehen auf links.

Hüfte. In der linken Hand habt ihr zwischen Daumen und Handinnenfläche ein Leckerchen geklemmt. Der Hund soll jetzt auf 12 Uhr mit den Vorderpfoten auf das Target gehen und die Hinterpfoten laufen gegen den Uhrzeigersinn um das Target, bis sie auf 6 Uhr sind. Diese Bewegung übt ihr jetzt ganz oft mit dem Hund, und dann kann der Hund wunderbar aus dem Vorsitz und aus den Abrufpositionen eng ins Fuß kommen, Linksdrehungen sind kein Problem mehr für euren Hund.

Da wir aber beim rechts geführten Hund mit den Rechtsdrehungen das gleiche Problem haben, stellen wir uns auch neben dem Target auf die 9-Uhr-Position, halten die rechte Hand an unsere Hüfte, Leckerchen wieder zwischen Daumen und Handinnenfläche geklemmt, und lassen den Hund von über der 12 Uhr-Position hinaus auf das Target kommen. Er soll die Vorderpfoten auf 12-Uhr auf das Target stellen und nun mit den Hinterläufen mit dem Uhrzeigersinn um das Target herum auf die 6-Uhr-Position kommen. Hier müsst ihr euch ein Kommando überlegen, womit ihr dem Hund signalisiert, dass er in das rechte Fuß kommen soll.

Bei mir ist das Kommando immer gleich, ich sage immer Fuß, egal, ob rechts oder links, lediglich mein Handtarget signalisiert dem Hund, ob er rechts geführt laufen soll oder links geführt. Das funktioniert wunderbar.

Diese Spiele mit dem Target könnt ihr überall trainieren: im Garten, zu Hause, beim Gassigehen, auf einem Parkplatz, neben einem Spielplatz und vielleicht auch vor einer Schule. Umso mehr Ablenkung ihr reinbringt, umso schwieriger ist es für euren Hund, aber umso sicherer seid ihr auf dem nächsten Turnier, dass ihr eure Leistung auf den Punkt bringen könnt.

LEISTUNG AUF DEN PUNKT BRINGEN

Es ist definitiv nicht einfach, Leistung abzuliefern, wenn man es möchte. Als ich 2015 auf einem Turnier in Aachen gelaufen bin, haben meine Beine so gezittert, dass ich dachte: Ich brauche gleich einen Rollstuhl, ich kann mich nicht mehr auf den Beinen halten. Ging euch das auch schonmal so? Wenn ich als Richter in der Parcoursmitte stehe, kann ich sehen, wie aufgeregt die Hundeführer sind. Viele Leserinnen sprechen mich an und sagen: Wenn ich zu Hause trainiere oder im Training allgemein, kann mein Hund das, aber wenn ich auf einem Turnier bin, ist alles anders. Als ich die wackeligen Beine hatte, habe ich gedacht: Sandra, das kann so nicht weitergehen, und ich habe mir ein kleines Büchlein zum Thema Prüfungsangst gekauft. Dieses Büchlein war sehr klein, aber sehr effektiv. Bevor wir uns einer Prüfung oder einem Wettkampf stellen, ist es wichtig, dass mein Hund und ich die Schilder der Klasse, in der wir zum Turnier gemeldet haben, auch können. Keine Methode, die meine Prüfungs- bzw. Wettkampfangst abstellen soll, kann mir helfen, wenn der Hund und ich Defizite in der Ausübung der Aufgaben haben. Möchte ich zum Beispiel in der Klasse 1 laufen, macht es keinen Sinn, ein Turnier zu melden, wenn der Hund nicht rechts geführt laufen kann und ständig auf links wechselt. Oder es macht keinen Sinn, wenn der Hund Klasse 1 laufen soll, er aber das Steh nicht sicher kann. Ihr solltet eurem Hund die Möglichkeit geben, viele verschiedene Hundeplätze kennenzulernen, ehe ihr auf eine Riesenveranstaltung geht und erwartet, dass euer Hund Klassensieger wird. Gebt eurem Hund die Chance, die Welt kennenzulernen. Geht mit ihm zu Trainingszwecken in die Stadt, besucht Parkbänke neben Spielplätzen und Schulen und lasst ihn dort ruhen und Kinder beobachten. Besucht Fußballplätze, wo ein Fußballspiel stattfindet und viele Zuschauer sind, die lärmen, die emotional sind, die klatschen und die schreien. Zeigt ihm, dass der Lärm und die Hektik euch nichts anhaben können und keine Bedrohung für euch sind. Trainiert mit eurem Hund Gelassenheit in jeder Situation.

Für Jay ist ein Leckerchen megawichtig.

SCHILDER AUSWENDIG LERNEN

An euch ist es, alle Schilder auswendig zu üben. Es ist wichtig, dass ihr mit einem Blick wisst, welches Schild ihr vor euch habt, was für eine Aufgabe von euch verlangt wird. Ein Prüfungsparcours ist schwieriger für euch, wenn ihr noch viel Zeit braucht, um wahrzu-

Sabina schließt automatisch die Füße und zieht Edin mit der linken Hand ins Vorsitz.

nehmen, welches Schild ihr vor euch habt, was für eine Aufgabe von euch verlangt wird. Ein Blick, und es muss in eurem Gehirn klick machen, euer Körper muss automatisch das Programm für dieses Schild abspulen. Ihr müsst nicht mehr darüber nachdenken. Es muss ein Automatismus abgespielt werden. Wenn ich abends ins Bett gehe und ich meinen Pulli ausziehen möchte, greift meine rechte Hand – ohne dass ich darüber nachdenke – an meinen rechten Brillenbügel und setzt die Brille ab. Manchmal erwische ich mich dabei, dass meine Hand nach der Brille greift, obwohl ich sie gar nicht aufhabe. So soll es mit eurer Wahrnehmung der Schilder sein. Wenn du das Schild „Vorsitz“ siehst, sollen sich sofort deine beiden Beine nebeneinanderstellen, deine linke Hand den Hund vor dich ziehen und so weiter. Das soll ganz von allein passieren, ohne darüber nachzudenken. Denn nur so gibst du deinem Hund keine Chance, eine andere Übung zu machen, als dort gewünscht ist.

Inhaltliche Defizite und fehlendes Training werden nicht zu unserer Beruhigung vor einem Wettkampf beitragen. Ein Beispiel: Mein Hund Flicek ist noch sehr jung und er findet viele Leute aufregend, er findet Kinder aufregend und Gassi gehende Hunde. Ich finde, er zittert richtig vor Aufregung. Ich sehe sein Köpfchen von rechts nach links fliegen, damit ihm nichts entgeht. So bin ich mit ihm in den Stadtpark gegangen und habe uns dort Rally Obedience-Schilder aufgebaut. Ich habe ihn angeleint und hatte gutes Futter dabei. Ich habe einfache Schilder wie „Halt“ oder „Halt, Platz“ mit ihm abgearbeitet. Am Anfang konnte er sich kaum konzentrieren, aber nach

01

02

sechs Wochen wiederholtem Training im Park konnte er sich schon viel besser auf diese Situation einstellen. Ich bin auf verschiedene Hundeplätze gefahren und angeleint mit ihm Turniere gelaufen. Das Ergebnis war nicht wichtig, nur die vielen Eindrücke: Zelte, Hundeboxen, Lautsprecher, laufende Hundeführer, Grillduft, all das sollte der Hund kennenlernen, verarbeiten können, und er sollte lernen, sich trotzdem auf mich einzulassen. Er sollte lernen, dass er auch arbeiten kann, wenn die Welt um ihn herum hektisch ist. Dein Hund und du – ihr solltet perfekt auf die Klasse eingestellt sein, die ihr gemeldet habt, dann kannst du dich getrost dieser Aufgabe stellen.

DIE GEEIGNETEN LECKERCHEN

Vielleicht könnt ihr eurem Hund auch mit dem richtigen Futter helfen. Es hilft nicht, oder es ist sogar kontraproduktiv, wenn wir unseren Hunden Hochleistungsfutter geben, obwohl wir nur einmal die Woche zum Training gehen. Ihr benötigt ein Futter, mit dem euer Hund ausgeglichen ist. Zu viel Energie stresst ihn, puscht ihn hoch und lässt ihn unausgeglichen durch den Parcours laufen. Weniger ist manchmal mehr. Achtet darauf, dass ihr die richtigen Leckerchen dabeihabt. Es kommt auf die richtige Größe an. Ist das Leckerchen zu klein, verliert es der Hund und lässt es fallen. Ist es zu groß, muss er zu lange kauen und es macht euch nervös. Ist es zu bröselig, müsst

03

01 Flicek bekommt verbale Hilfen von mir.

02 Dadurch bin ich mir seiner Aufmerksamkeit gewiss.

03 Mit einer gesunden Körpersprache lasse ich mich auf den Hund ein.

ihr aufpassen, dass keine Krümel auf den Boden fallen, oder euer Hund denkt: Es ist was heruntergefallen, und er schnüffelt auf dem Boden. All diese Dinge richtig eingestellt, helfen euch, ruhiger und gelassener am Tag X zur Prüfung zu gehen.
Ganz wichtig ist es, dass wir am Tag X leistungsbereit sind. Sind wir müde und gestresst, ist unsere Leistungsbereitschaft niedrig, und die Folge ist, dass wir unkonzentriert sind und wir wenig Leistung abliefern können. Es kann aber auch sein, dass wir uns zu „hoch" gefahren haben, indem wir zu viel Kaffee, Tee oder andere Aufputschmittel zu uns genommen haben. Schlafmangel, Ärger, Stress durch schlechte Organisation oder stressige Anfahrt fährt uns hoch, und deshalb sollten wir dies alles vermeiden. Denn dann haben wir zittrige Hände und Beine, Schweißausbrüche und schlimmstenfalls einen Blackout und wissen gar nicht, was wir machen müssen.

TECHNIKEN GEGEN STRESS

Es gibt verschiedene Techniken, wie man dem Leistungs- oder Wettkampfstress entgegenwirken kann. Dem einen hilft Yoga, dem anderen hilft Entspannung durch progressive Muskelentspannung nach Jacobsen, wieder einem anderen helfen Atemtechniken, um die Aufregung in den Griff zu bekommen. Ihr könnt aber auch mentale Trainingsstrategien vor eurer Prüfung anwenden, um euch auf euren

Lauf vorzubereiten. Wenn ich als Wertungsrichter auf den Turnieren bin, höre ich ganz oft, dass die Hundeführer das Atmen vergessen. Ganz oft gehen Hundeführer an den Start und ich kann sie ansprechen, aber sie „hören" mich gar nicht mehr. Sie sind in einem Tunnel gefangen. Durch das „falsche" Atmen hyperventilieren sie und der CO_2-Gehalt im Blut sinkt. Das Ergebnis sind kalte Hände und Füße, der Kreislauf schwankt, ihnen wird schwindelig und ihre Angst wird noch größer. Erst wenn sie im Ziel sind, sind diese Hundeführer ansprechbar und eine große Last fällt von ihren Schultern. So sollte es nicht sein. Wir sollten Spaß haben und den Lauf genießen.
Wenn ihr zu den Kandidaten gehört, die das Atmen vergessen, empfehle ich euch, eine Atemtechnik zu erlernen, bei der ihr euren Atem beobachtet. Ihr setzt euch bequem hin und achtet darauf, dass weder euer Bauch noch der Brustbereich beim Atmen eingeschränkt ist. Ihr stellt eure Beine fest auf den Boden, damit ihr Halt habt. Ihr atmet durch die Nase ein und durch den Mund aus. Wenn ihr ausatmet, könnt ihr ganz bewusst ein Geräusch machen, wie Pffffffft, und dabei zählt ihr innerlich 1, ihr atmet wieder durch die Nase ein und atmet wieder aus und zählt leise mit 2, und so weiter. Dies macht ihr fünf Minuten, und falls ihr euch verzählt, fangt ihr von vorne an: 1, 2. Mit dieser Übung beruhigt sich eure Atmung und euer Puls wird langsamer. Fangt diese Übung nicht erst kurz vor eurem Lauf an, sondern macht sie regelmäßig, zum Beispiel vor dem Schlafengehen oder mittags, wenn ihr eine kurze Pause einlegt. So wird sich euer allgemeines Stressniveau reduzieren und ihr könnt gelassener an den Start gehen.

Spaß haben – genau darum geht es. Frieda arbeitet immer mit einem Lächeln auf den Lippen, das mag ich so an ihr.

SELBSTHYPNOSE

Mir hat die Selbsthypnose geholfen. Positives Denken! Wenn wir denken, denken wir ganzheitlich und benutzen unbewusst Bilder, Klänge und Töne. Um entspannt einen Wettkampf angehen zu können, müssen wir uns mit diesem auseinandersetzen. Wir müssen uns Ziele setzen. Nicht das Ziel, Erster oder Weltmeister zu werden (was natürlich auch möglich ist) – nein, viel niedrigere Ziele.
Am besten schreiben wir uns drei Ziele auf, wie zum Beispiel:

— Ich möchte entspannt an den Start gehen und den Hund mit ruhiger Hand von der Leine ableinen.
— Ich fühle mich gelassen und weiß, dass ich alle Schilder kann.
— Ich bin sicher und zuversichtlich, dass wir den Lauf gut machen werden.

Vermeidet bei dieser Zielsetzung negative Formulierungen und Verneinungen. Denke nicht: Mein Hund steht heute nicht auf, wenn ich ihn umrunde.
Das Unterbewusstsein „denkt" in Bildern, und so stellst du dir zuerst den Fehler vor: Hier in unserem Beispiel siehst du vor deinem geistigen Auge, wie dein Hund aufsteht, und diesen Fehler musst du durchstreichen. Das hat den Effekt, dass du dich auf das Negative fokussierst und du so auch den Fehler machst – dein Hund wird aufstehen, wenn du um ihn herumgehst.
Denke lieber: Wir laufen sicher, und mein Hund bleibt zuverlässig sitzen, wenn ich das möchte.
Denke nicht: Meine Beine zittern nicht! Jetzt siehst du vor deinem geistigen Auge vermutlich schon, wie schwach du bist und wie deine Beine zittern und du dich kaum auf diesen halten kannst. Denke lieber: Meine Beine sind stark und tragen mich durch den ganzen Parcours. Und nun merkst du, wie sich deine Beine durchdrücken und du Kraft hast, mit deinem Hund durch den Parcours zu laufen.
Nun verbinden wir unsere Ziele mit einem Auslöser:

1. Sobald ich den Vorbereitungsring verlasse, sind meine Beine stabil und stark. Ich bin entspannt und konzentriert.
2. Sobald ich an den Start gehe, finde ich den Weg und arbeite Schild für Schild ab. Ich kann gut mit einer Überraschung seitens meines Hundes umgehen, ich bin entspannt und konzentriert.
3. Sobald die erste Mehrschildübung kommt, ist mein Fokus auf die Schilder gerichtet. Ich weiß, wie ich die Schilder verbinde, und kann bei Überraschungen durch meinen Hund schnell umdenken und weiterarbeiten. Ich bin dabei konzentriert und entspannt.

Nun ziehe dich zurück an deinen Lieblingsplatz und schaue, dass du die nächsten 30 Minuten nicht gestört wirst. Setz dich in deinen Lieblingssessel und schaue, dass du bequem und entspannt sitzen kannst. Du kannst deine Augen schließen oder offen lassen, so wie du dich am wohlsten fühlst. Nun atmest du durch die Nase ein und

zählst innerlich 1-2-3, halte den Atem kurz an und zähle dabei wieder 1-2-3. Atme durch den Mund aus und zähle still von eins bis sechs. Mach eine kurze Pause – 1-2-3 – und beginne wieder von vorne und verstärke die Wirkung, indem du beim Ausatmen innerlich entspannt loslässt. Denke daran, dass du dich entspannen möchtest. Dies machst du 1–2 Minuten.
Wenn du merkst, dass du ruhiger wirst, nimm einen langsamen Atemzug durch die Nase, halte den Atem an und zähle dabei bis zehn. Atme langsam durch den Mund aus und stell dir vor, dass eine Welle der Entspannung durch den Körper fließt. Die Welle fängt an deinen Haaren an, geht durch deinen Körper bis hinunter zu deinen Zehenspitzen. Spüre dabei, wie sich alle Muskeln deines Körpers entspannen. Diesen Vorgang wiederholst du ein Mal.
Jetzt atmest du ca. drei Sekunden durch die Nase ein und stellst dir vor, dass du Ruhe und Entspannung einatmest. Merke, wie der Stress und die Anspannung der Ruhe weichen. Atme drei Sekunden aus und atme den Stress und die Anspannung aus und dein Körper wird warm und weich. Wiederhole die Atmung und zähle in Gedanken bis fünf und tauche tiefer und tiefer in die Entspannung ein, mit jeder Zahl tiefer und tiefer.
Jetzt bist du tief in dein Unterbewusstsein eingetaucht, fülle es nun mit deinen Bildern. Beginne jetzt damit, dass du dir deinen Lauf wie ein Videoclip vor deinem geistigen Auge ablaufen lässt.
„Ich gehe in den Vorbereitungsring und mache meinen Hund auf mich aufmerksam." – Lasse diese Bilder wie einen Film ablaufen. Laufe durch die Ablenkung. Sprich deinen Hund an und sehe, wie er dich anschaut. „Ich leine meinen Hund an und gehe zum Ring. –

01 *Meine Beine sind fest und tragen mich.*

02 *Mein Hund ist voll bei mir und schaut mich an.*

01

02

Die Richterin spricht mich an und wünscht mir viel Spaß. – Ich lächle sie an, lächle meinen Hund an, leine ihn ab und starte. Ich gehe mit stabilen Beinen konzentriert los, mein Hund läuft links neben mir und schaut mich an. Wir kommen am ersten Schild an und ich sehe mit einem Blick, was wir machen müssen, und gebe meinem Hund das Kommando zum Sitzen. Er setzt sich sofort hin und schaut mich erwartungsvoll an und ich gehe mit festem Schritt um ihn herum. Mein Hund bleibt sitzen und ich gebe ihm ein Leckerchen. Wir gehen gemeinsam weiter und wir bilden eine Einheit – wir sind ein Team."
Spule so entspannt und positiv den gesamten Lauf ab. Sehe den perfekten Lauf vor dir, bis du und dein Hund gemeinsam zufrieden und glücklich am Ziel angekommen seid. Wenn du möchtest, kannst du dir den Lauf nochmal abspulen, wiederhole ihn nochmal, wie der perfekte Lauf sich anfühlt, wie toll dein Hund ist, wie stabil deine Beine sind, wie aufmerksam du bist. Wenn du zufrieden mit deinem Lauf bist, du zufrieden mit dir bist und du zufrieden mit deinem Hund warst, kannst du wieder zurück in die Gegenwart kommen. Um wieder zurück in die Gegenwart zu kommen, zähle rückwärts von 5-4-3-2-1 und stelle dir mit jeder Zahl vor, dass du wieder wach und wacher wirst. Sage dir kurz, bevor du wieder die Augen aufmachst oder bevor du aufstehen möchtest: Ich bin gleich wieder entspannt, frisch und fühle mich erholt, oder etwas Ähnliches, was dir besser gefällt.

Diese Selbsthypnose solltest du mindestens fünf Mal wiederholt haben, um eine nachhaltige Veränderung zu spüren. Baue sie in deinen Tagesablauf ein. Am einfachsten ist es, wenn du sie an eine Gewohnheit, die du regelmäßig ausführst, dranhängst. Zum Beispiel abends, wenn du nach dem Abendbrot den Tisch abräumst, nochmal über die Küchenschränke wischst und dich dann in deinen Lieblingsstuhl setzt. Oder vielleicht hast du die Angewohnheit, dass du von der Arbeit kommst, dir einen Kaffee machst und mal kurz zur Ruhe kommst. Dann könntest du anschließend deine Selbsthypnose durchführen. Oder wenn du morgens deine Hunde fütterst und diese danach zur Ruhe kommen, kannst du die Gunst der Stunde nutzen und deinen Lieblingsort aufsuchen.

Mir hat diese Selbsthypnose sehr gut geholfen und ich kann jetzt stabil den Parcours laufen. Wenn ich zu einem Turnier fahre, packe ich schon am Vortag meine Siebensachen zusammen und schaue, dass ich pünktlich losfahre. Ich versuche, ungünstige Rahmenbedingungen abzuschalten, und sehe es als Freude an, an diesem Wettkampf mit meinem Hund teilnehmen zu können. Ich frage Freunde und Bekannte, ob sie meinen Lauf filmen können, und so schaue ich mir den Lauf später auch auf Video an. Ich analysiere, was wir falsch gemacht haben, und ich schaue, was wir besonders gut gemacht haben, was der Hund gut gemacht hat, und damit schließe ich den Wettkampftag ab – mit einem guten Gefühl in freudiger Erwartung auf das nächste Turnier.

TRAININGSSPIELE
— *von einfach bis anspruchsvoll*

DIE 5-PUNKTE-REGEL

Auf Rally-Obedience-Turnieren hat man zu Beginn seines Laufes 100 Punkte. Die Richter ziehen je nach Fehler an einem Schild 1–10 Punkte ab. Jedoch kann man an einem Schild nicht mehr als 10 Punkte verlieren.

In meinem Buch weise ich bei der Bewertung von den Spielen oft auf die 5-Punkte-Regel hin. Manche Fehler sind nicht so schlimm und kosten 1–5 Punkte. Das sind die Fehler, wenn der Hund zum Beispiel schief sitzt, liegt oder steht. Dabei ist zu beachten, dass der Hund ohne Punktabzug 30° schräg sitzen darf.

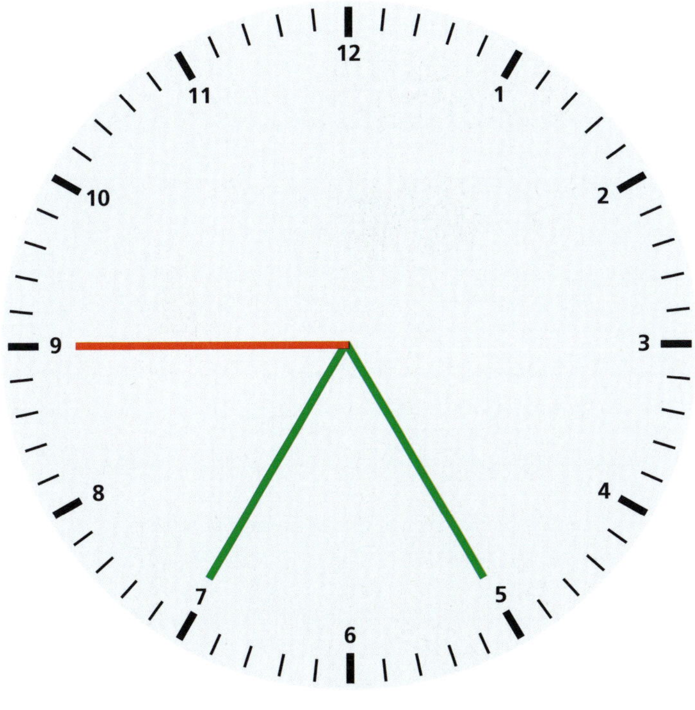

Hundepopo auf 9 Uhr:
5 Punkte

Punktabzug bekommt man erst, wenn der Hund auf 1 Minute nach der 7 sitzt, wenn man die Grundstellung auf 6 Uhr festlegt. Das wäre allerdings auch nur 1 Punkt Abzug. Sitzt der Hund jedoch

schon auf 9 Uhr, dann ist dies arg schräg und kostet durchaus 5 Punkte.
Da nicht jeder Hundeführer oder Trainer weiß, welcher Fehler wie viele Punkte kostet, habe ich die Spielregeln für meine Spiele stark vereinfacht.
Es liegt in der Natur des Menschen, dass, wenn man zusammen spielt, die Teams sich untereinander messen wollen. Aber die Hundeführer sollen die Schilder nicht schnell, schnell abarbeiten, sondern ordentlich. Schließlich möchte man ja aus den Spielen lernen.
Die 5-Punkte-Regel bedeutet, dass man erst ab 5 Punkten Abzüge bekäme und diese Schilder wiederholen muss. Alles, was mindestens 5 Punkte beim ursprünglichen RO kostet, muss also bei den RO-Spielen zu Trainingszwecken wiederholt werden. Genau wie in der RO-Prüfungsordnung kann man ein Schild nur einmal wiederholen. Klappt die Übung dann immer noch nicht, bekommt man 10 Punkte abgezogen. Klappt die Übung aber bei der Wiederholung, bekommt man nur 5 Punkte abgezogen. So, was kostet denn beim RO 5 Punkte – was muss ich bei den Spielen wiederholen?

Alle Elemente = 90° schief	5 Punkte und Wiederholung nötig
1 fehlendes Element (eine Übung, die auf dem Schild steht, aber nicht gezeigt wird)	5 Punkte und Wiederholung nötig
Bei 90° Abbiegungen keinen Winkel zeigen	5 Punkte und Wiederholung nötig
Bei MSÜ erstes Schild ein Bewegungsschild und zwischen den Schildern den Zwischenschritt vergessen	5 Punkte und Wiederholung nötig
Bei Vorsitz falscher Abschluss	5 Punkte und Wiederholung nötig
Im Slalom oder Figur 8 mind. 2 × an Futterschale schnuppern	Wiederholung nötig
An einem Schild oder auf dem Weg zum nächsten Schild ein Element hinzufügen	5 Punkte und Wiederholung nötig
Plötzlich langsamer werden oder schneller	5 Punkte und Wiederholung nötig
An der Hürde fällt die Stange runter	5 Punkte und Wiederholung nötig

Meilow sitzt perfekt auf 6 Uhr.

Wir haben bei unseren Spielen immer einen Schiedsrichter oder, wenn wir zwei Parcoursfelder haben, zwei Schiedsrichter. Das kann bei euch der Trainer oder ein erfahrener Läufer sein oder ihr beobachtet euch einfach gegenseitig. Der Schiedsrichter gibt einfach einen vereinbarten Ton von sich und fordert euch auf, eine Wiederholung zu machen, wenn euer Fehler 5 Punkte wert ist.
Bei einem 10-Punkte-Fehler lohnt sich generell eine Wiederholung und muss auf jeden Fall gemacht werden. Das ist der Fall, wenn:

Der Hund steht auf, wenn der HF um ihn herumgeht.	10 Punkte, Wiederholung nötig	Wenn Wiederholung klappt, nur 5 Punkte Abzug
Ihr macht eine Bewegungsübung in die falsche Richtung.	10 Punkte, Wiederholung nötig	Wenn Wiederholung klappt, nur 5 Punkte Abzug
Der Hund bleibt nicht stehen, wenn der HF ihn verlässt.	10 Punkte, Wiederholung nötig	Wenn Wiederholung klappt, nur 5 Punkte Abzug
Der Hund springt gar nicht über die Hürde.	10 Punkte, Wiederholung nötig	Wenn Wiederholung klappt, nur 5 Punkte Abzug
Team zeigt kein Tempo schnell oder langsam am Schild.	10 Punkte, Wiederholung nötig	Wenn Wiederholung klappt, nur 5 Punkte Abzug
Bei Anhalten Platz oder Anhalten Steh zeigt der Hund nicht das gewünschte Element.	10 Punkte, Wiederholung nötig	Wenn Wiederholung klappt, nur 5 Punkte Abzug

Diese 5-Punkte-Regel vereinfacht das Bewerten der Läufe. Beim Richten finde ich es schade, wenn die Hundeführer eine Wiederholung machen, obwohl der Punktabzug bei ihrem Fehler keine 5 Punkte wert war. Das heißt, sie tauschen einen oder zwei Punkte, die ich vielleicht abgezogen hätte, gegen mindestens 5 Punkte Abzug, weil sie es nicht besser wissen. Somit helfen die Spiele den Hundeführern auch, wann sich eine Wiederholung auf einem Turnier lohnt und wann nicht. Sie bekommen ein besseres Gespür dafür.

MEIN HUND KANN ...

Geeignet: für Beginner bis Klasse 3
Lernziel: Bei diesem Spiel lernen die Teams neue Schilder oder auch Schilder, die sie nicht so gut beherrschen. Weiter lernen die Teams, wie man einen Parcours korrekt aufbaut. Also Schilder, bei denen man in der gleichen Richtung weitergeht, rechts von einem; Schilder, bei denen man die Richtung ändert, vor einem. Sie lernen auch, die Figuren richtig aufzustellen, sodass man sie ohne Probleme schön laufen kann. Wir steigern die Konzentrationsfähigkeit und das Auswendiglernen von Parcoursplänen.
Meine Erfahrung zeigt mir, dass man mit 6 Teams durchaus 7 Schilder auswendig abarbeiten kann. Eine Stunde Training ist hierbei vollkommen realistisch und ausreichend. Hund und Hundeführer sind nach der Stunde gut ausgepowert und zufrieden. Sie werden viel erreicht haben, auf das sie stolz sein können.
Mein Hund kann ... ist ein schönes Spiel, das deine Merkfähigkeit steigert. Außerdem kann man wunderschön Schilder wiederholen, ohne dass es langweilig wird. Beim wöchentlichen Training fällt mir oft auf, dass die Hundeführer sich viel zu erzählen haben und dadurch nicht immer ein Ohr für ihren Trainer haben. Sicher ein hoher sozialer Faktor, was für Rally O in Hundevereinen spricht, aber manchmal wünscht man sich mehr Aufmerksamkeit.
Wenn man *Mein Hund kann ...* spielt, dann ist man sich der Aufmerksamkeit aller Teams gewiss.
Bei *Mein Hund kann ...* können bis zu sechs Teams mitspielen. Praktisch ist es, wenn die Teams ein gemeinsames Trainingslevel haben.

Hier sind alle Beginner-Schilder aufgestellt.

Lara macht den Anfang und sucht sich ein Schild aus.

BEGINNER

Wir bauen alle Beginner-Schilder auf Schilderhalter und stellen sie in einer horizontalen Reihe vor uns auf. Hinter dieser Linie bauen wir den Start auf.
Die Hundeführer stehen alle vor dieser Schilderreihe. Nun beginnt der erste Hundeführer: Er darf sich ein Schild aus der Reihe aussuchen, nimmt dieses Schild plus Schilderhalter und sagt: „Mein Hund kann Start und Sitz, Platz um den Hund herum." Das Schild B-005 *Sitz und Platz Um den Hund herum* stellt er in Laufrichtung nach dem Start 3 m mit dem Rücken zur Laufrichtung auf.
Also so, dass man das Schild von vorne beim Parcoursablaufen nicht sehen kann.
Dann nimmt dieser Hundeführer seinen Hund, macht das Start-Schild, geht bis zum nächsten Schild und macht aus dem Kopf heraus *Sitz, Platz um den Hund herum*.
Macht er das korrekte Schild und führt es auch ohne groben Fehler aus, ist er fertig und der nächste Hundeführer ist an der Reihe.
Macht er ein verkehrtes Schild (da er das richtige Schild vergessen hat), ist er raus und darf nicht mehr mitmachen. Macht er einen groben Fehler – als groben Fehler bezeichne ich Fehler, die 5 Punkte wert sind –, darf er das Schild wiederholen. Funktioniert die Wiederholung nicht, ist er raus und darf nicht mehr mitmachen.
Nun ist der nächste Hundeführer dran. Er sagt: „Mein Hund kann das Start-Schild, das Schild *Sitz Platz Um den Hund herum* und (nun darf er sich eins aussuchen) *Vorsitz rechtsrum halt*." Er stellt das Schild lauftechnisch wieder korrekt auf. Allerdings so, dass man es beim Laufen nicht lesen kann. Hat er alles korrekt aufgezählt, darf er seinen Hund nehmen und die Schilder auswendig abarbeiten.
Nach diesem Schema geht es weiter.

003 Mein Hund kann …

Bei diesem Spiel lernen die Hundeführer gleichzeitig, was man beim Parcoursaufbau beachten muss. Lara misst die notwendige Entfernung der Schilder ab.

KLASSE 1

Für die Teams, die Klasse 1 üben möchten, stellt man auf der horizontalen Ebene Beginner-Schilder und Klasse 1-Schilder auf. Wobei die Beginner-Schilder 08 und 09 nicht aufgestellt werden müssen. Um das Ganze etwas schwieriger zu gestalten, dürfen die Hundeführer nun aussuchen, ob sie ihre Schilder in Laufrichtung als eigenes Schild aufbauen möchten oder ihr Schild als Mehrschildübung aufbauen wollen. Bei dem Aufbau von MSÜ sind die Regeln der Prüfungsordnung zu beachten. Das heißt, zuerst den Richtungswechsel und dann ein weiteres Schild, *Anhalten* – Schilder entweder als erstes Schild oder als zweites Schild in einer MSÜ, aber dann hinter einem B-Schild. Hier kann der Trainer ein besonderes Augenmerk darauflegen. Nicht jede MSÜ macht Sinn. Sitz, Platz und Steh aus der Bewegung kann nie hinter einem A-Schild stehen als MSÜ.

KLASSE 2 UND 3

Hier sollte der Trainer die Klasse 2- und Klasse 3-Schilder bevorzugt auf die horizontale Ebene stellen und nur vereinzelte Schilder aus den anderen Klassen. So, dass sich vernünftige Parcourspläne erstellen lassen. Jetzt kommen natürlich die Sprung-Schilder hinzu und die Abruf-Schilder. Wählt ein Hundeführer ein Schild aus, bei dem ein Abruf-Schild folgen muss, darf er dieses direkt mit aussuchen und aufstellen.

MONTAGSMALER

Geeignet: für Beginner bis Klasse 3
Lernziel: Der Hund lernt, unter Ablenkung und Zeitdruck Schilder ganz korrekt abzuarbeiten. Einzelne Schilder muss sich der Hundeführer im Kopf einprägen und abarbeiten.
Ganz witzig bei den Montagsmalern ist, dass es die jüngere Generation nicht mehr kennt. Wenn man bei Wikipedia nachschlägt, erfährt man, dass die erste Fernsehsendung mit den Montagsmalern am 14.01.1974 mit Frank Elstner ausgestrahlt wurde. Die letzte Sendung flimmerte am 08.06.1996 über die Kiste. Bei den Montagsmalern gab es immer zwei Mannschaften. Beide Mannschaften bekamen Begriffe, die einer von der Mannschaft malen musste. Die anderen wussten nicht, um welchen Begriff es sich handelt, und mussten erraten, welcher Begriff es wohl war. Erriet aus der Mannschaft einer den Begriff, so bekam dieser den nächsten Begriff gezeigt und musste diesen malen. Die Mannschaft, die in einer gewissen Zeit die meisten Begriffe erkannte, gewann das Spiel.
Auf Kindergeburtstagen haben wir dieses Spiel immer nachgespielt. Wir bildeten, wie gesagt, zwei Mannschaften – meine Mutter befand sich mittig in der Wohnung, hatte ca. 12 Begriffe vorbereitet, und der erste Maler von jeder Mannschaft ging zu ihr, um den Begriff gezeigt zu bekommen. Die jeweiligen Mannschaften warteten in den Zimmern. Der Maler las den Begriff, lief zu seiner Mannschaft und malte den Begriff. Wir hatten immer einen Heidenspaß, und ich kann mich daran erinnern, dass wir nie genug von diesem Spiel bekamen.
Nun habe ich dieses Spiel umgeschrieben für RO und meine Teams spielen es genauso gerne wie wir früher.

BEGINNER

Man bildet zwei Mannschaften mit ca. vier bis fünf Teams. Gut ist es, wenn man zwei getrennte Örtlichkeiten hat. Zum Beispiel: Die eine Mannschaft arbeitet rechts vom Vereinsheim und die andere Mannschaft links. Es sollte so sein, dass die Mannschaften nicht das hören und sehen, was die andere Gruppe macht.
Für jede Mannschaft gibt es einen Schiedsrichter. Beide Schiedsrichter haben die gleichen Schilder. 10 Schilder aus dem Beginner-Pool. Das erste Team bekommt das 1. Beginner-Schild gezeigt, es geht zu seiner Mannschaft und macht ohne Worte das Schild mit seinem Hund vor, das er gezeigt bekommen hat. Seine Mannschaft rät, wel-

ches Schild das Team wohl macht. Da der Mannschaftsführer vor seiner Mannschaft steht, ist es besonders witzig bei den Richtungsänderungen. Hier muss die Mannschaft seitenverkehrt denken.
Also Hundeführer zeigt rechts kehrt und seine Mannschaft ruft links kehrt – was nicht korrekt ist. Das ist ganz lustig, denn manchmal zweifelt man an sich selbst, ob man das richtige Rechts gemacht hat. Derjenige, der das Schild richtig errät, läuft zum Schiedsrichter, bekommt das nächste Schild gezeigt und macht es wieder mit seinem Hund seiner Mannschaft vor. Die Mannschaft, die zuerst alle Schilder erraten hat, gewinnt.

KLASSE 1

Hier dürfen die Schiedsrichter sich die Schilder aus den Beginner-Schildern und Klasse 1 aussuchen.
Beim ersten Durchgang ist es zu empfehlen, das Spiel genau so wie oben beschrieben durchzuführen.
Sind die Teams aber fit in der Klasse 1, können die Schiedsrichter den Teams statt Einzelschildern MSÜ zeigen. Natürlich für beide Mannschaften gleich, die Schiedsrichter müssen sich vorher einigen, welche Schilder sie nehmen, welche Reihenfolge und welche MSÜ.

KLASSE 2 UND KLASSE 3

Die Schiedsrichter erweitern ihren Pool nun um die Schilder der Klasse 2/3. Sie überlegen sich zusammen wieder ca. 15–20 Schilder.
Die Spielführer können sich eine Serie von zwei bis vier Schildern aus den Abruf-Schildern ausdenken. Zum Beispiel:
Sitz aus der Bewegung – Umdrehen Abruf bei Fuß oder Anhalten Steh – Aus letzter Position weggehen zum Abruf über Hürde – Umdrehen Abruf ins Vorsitz – Rechtsrum Halt.
Natürlich können sie auch einzelne Schilder aus der Klasse 2 und 3 wählen.
Beide Mannschaften müssen aber immer die gleichen Schilder und die gleiche Reihenfolge bekommen.
Um die Schilder vormachen zu können, muss auf beiden Seiten eine Hürde aufgebaut sein. Habt ihr keine räumliche Trennung, sodass zwei Mannschaften gegeneinander antreten, ohne sich zu sehen und zu hören, könnt ihr das Spiel mit einer Spielvariante ausprobieren: Zettel im Hut! S. 133.
Vorsicht: Montagsmaler hat Suchtpotenzial!

Ein Hundeführer bekommt ein Schild gezeigt.

Bei den Richtungsänderungen müssen die Teams seitenverkehrt denken.

01

02

03

01 Svenja macht das Schild mit ihrem Hund vor, ohne etwas zu sagen.

02 Die Mitspieler freuen sich, sie haben das Schild erraten.

03 Jetzt müssen Danny und Ole das nächste Schild vormachen.

HILFE, ICH WERDE IRRE!!!

Geeignet: für Beginner bis Klasse 3
Lernziel: Konzentrationsspiel. Schilder im Kopf behalten und auch ohne visuelle Hilfe arbeiten.
Um einen heißen Kopf zu bekommen, kann man das Spiel *Hilfe, ich werde irre!* spielen. Es dient mal wieder dazu, unser Gedächtnis zu trainieren.
Beim Erstellen des Parcoursplans habe ich schon gedacht, ich werde verrückt, weil ich mich wahnsinnig konzentrieren musste. Ich habe mich in dieser Beschreibung für Klasse 1-Schilder und Beginner-Schilder entschieden. Zum einfacheren Verständnis legt ihr euch den ausgedruckten Parcoursplan aus der Kosmos Plus App neben das Buch.

010 Hilfe, ich werde irre!

Das Spiel funktioniert folgendermaßen:
Alle Schilder sind einen Schilderhalter nach vorne verrückt. Wir gehen am Startschild vorbei und machen nichts. Bei Schild 1, wo 107 steht, machen wir nicht das Schild 107, sondern das Startschild und gehen weiter zum zweiten Schilderhalter. Hier machen wir nicht das Schild 109 *Anhalten Platz*, sondern das Schild, das wir bei Schilderhalter Nummer 1 gesehen haben – das ist *Sitz, 1 Schritt vorwärts, 2 Schritte* usw. An Schilderhalter Nummer 3 machen wir nicht 101, sondern das Schild, das wir bei Schilderhalter Nummer 2 gesehen haben. *Anhalten Platz* in diesem Fall.
Das heißt, alle Schilder müssen wir uns merken und sie werden nicht, wie normalerweise im Arbeitskreis, davor oder daneben gemacht, sondern erst beim nächsten Schilderhalter.
Das ist ein toller Spaß und ich sehe schon die rauchenden Köpfe vor mir.
Um die Hundeführer nicht zu überfordern, schlage ich euch vor, dieses Spiel zuerst mit dem Beginner-/Klasse-1-Parcours zu laufen. Wenn ihr das Prinzip verstanden habt, könnt ihr den 2er-Parcours ausprobieren. Bei diesem Spiel muss man den Kopf frei haben, um sich die Schilder merken zu können. Die Cracks von euch können sich dann an den 3er-Parcours wagen.

BASEBALL

Geeignet: für Beginner bis Klasse 3
Lernziel: Ordentliches Arbeiten der Schilder unter Ablenkung und Zeitdruck, lernen, die Figuren korrekt zu laufen, Taktikspiel

Baseball ist laut Wikipedia ein Schlagballspiel mit zwei Mannschaften. Das war meine Ausgangsidee für mein nächstes Spiel. Ganz ehrlich ist Baseball mein Lieblingsspiel von all diesen RO-Spielen. Am sinnvollsten ist es, wenn man zuerst einen Probelauf macht. Denn bei diesem Spiel geht es nicht nur um das Abarbeiten von Schildern, sondern auch um Taktik.

Wir bilden zwei Mannschaften mit jeweils vier oder mehr Teams. Eine Mannschaft hat das Schlagrecht (Offense) und darf Runs (Punkte) erzielen. Statt mit einem Ball zu werfen, nehmen wir einen Würfel.

Die andere Mannschaft ist das Team der Verteidigung (Defense) und verteidigt das Feld, indem sie nicht versucht, den Ball unter Kontrolle zu bekommen, sondern die Figur so schnell wie möglich zu erlaufen, die die Offense-Mannschaft gewürfelt hat. Dieses Spiel kann man wunderbar als Fun-Turnier ausrichten.

011 Baseballpläne für alle Klassen

Der Spieler der Offense versucht in der Zeit, in der das Team der Defense die Figur läuft, so schnell wie möglich gegen den Uhrzeigersinn den Parcours, um den nächsten sicheren Standpunkt (Base) zu erreichen. Eine Base ist gleich jedem A-Schild im Parcours. Allerdings muss das A-Schild abgearbeitet sein, bevor der Hundeführer der Defense die Figur verlässt. Verlässt der Spieler der Defense die Figur schneller, als der Spieler der Offense das A-Schild abgearbeitet hat, scheidet der laufende Spieler der Offense aus und wird aus dem Spiel genommen. Ein Run wird erzielt, wenn ein Spieler der Offense alle sieben Bases passiert und das Ziel (Home Plate) erreicht. Wenn vom Team der Offense drei der Spieler out sind, wechseln beide Mannschaften. Ein Durchgang (eine Mannschaft spielt Offense und Defense) wird als Inning bezeichnet. Nach 3 Innings endet das Spiel.

Beginnen wir mit dem Spiel:

Der erste Spieler der Offense würfelt, und je nach Augenzahl begibt sich ein Spieler der Defense-Mannschaft zur Figur und arbeitet diese ab. In dieser Zeit läuft der Spieler der Offense den Parcours und hat den Läufer der gegnerischen Mannschaft im Auge. Bevor der Läufer die Figur verlässt, muss er die Grundstellung eines A-Schildes wieder erreicht haben. Ich kann also selbst entscheiden, ob ich schon am zweiten Schild stehen bleibe oder noch versuche, bis zum Ende des vierten Schildes zu kommen. Erreicht der Läufer dazwischen das

Ende der Figur, bin ich out und darf dieses Inning nicht mehr mitspielen.
Gehen wir davon aus, dass ich am zweiten Schild stehen geblieben bin, bevor der Läufer das Ende der Figur erreicht, bin ich sicher. Nun ist unser zweiter Teamplayer an der Reihe und würfelt und startet den Parcours. Der nächste Läufer der Defense-Mannschaft macht die gewürfelte Figur. Ich arbeite den Parcours weiter ab und mein Mitspieler beginnt ihn. Wieder haben wir den Läufer im Auge, um bis zur nächsten sicheren Base zu kommen. Sollten zwei Spieler der Offense-Mannschaft an ein und dergleichen Base zum Stehen kommen, darf der erste Spieler eine Base vorrücken. Es dürfen nie zwei Spieler an einer Base stehen. Schafft es ein Team aus der Offense-Mannschaft, das Home Plate zu erreichen, so bekommt die Mannschaft pro A-Schild 2 Punkte (in unserem Beispiel = 16 Punkte). Das Inning ist beendet, wenn drei Teams aus der Offense-Mannschaft out sind oder alle Teammitglieder das Home Plate erreicht haben. Schafft ein Team in einem Lauf den kompletten Parcours, bekommt er 10 Extrapunkte.
Insgesamt werden drei Innings von jeder Mannschaft gelaufen. Die Mannschaft, die nach allen drei Innings die meisten Punkte hat, gewinnt. Erreicht ein Team beim Klasse 1 Parcours das Home Plate, bekommt er 10 Punkte.
Schafft ein Team in einem Lauf den kompletten Parcours, bekommt es 10 Extrapunkte. Bei den Klasse-2- und -3-Spielern gibt es längere Laufwege und weniger Bases. Erreicht man das Home Plate, bekommt man 8 Punkte. Sollte man es wirklich schaffen, komplett rumzulaufen, erhält man wieder 10 Extrapunkte.
Die Parcourspläne für Beginner und Klasse 1 bis 3 findet ihr auf der Kosmos Plus App.

Maike hat das Schild schon abgearbeitet, bevor Pia die Figur verlassen hat; dadurch sind Maike und Mailow safe.

Wenn man im Außen-Parcours die Schilder verändert, dann hebt das die Spannung und die Schwierigkeit.

BIATHLON

Geeignet: Beginner bis Klasse 3
Lernziel: Ansporn und Erlernen des Umrundens der Pylone (Schild 324), Figuren laufen, Schilder auch unter Zeitdruck ordentlich abarbeiten.
Jedes Jahr gibt es im Winter im Fernsehen eine Biathlon-Übertragung. Ich mag den Kombinationssport zwischen Skilanglauf und Schießen. Auch in meinem ersten Buch gibt es ein Spiel dazu. Allerdings mit der neuen Prüfungsordnung und dem Schild 324 „Zur Pylone schicken, Steh“ habe ich in meinen Augen ein Biathlon-würdiges Spiel erfunden.
In der Kosmos App habe ich euch Spielpläne hinterlegt. Hier findet ihr Spielpläne mit Beginner-Schildern, Klasse 1- bis Klasse 3-Schildern. So könnt ihr schon sehr früh mit Spaß das Schild 324 trainieren. Der Aufbau von dem „Zur Pylone schicken“ sollte schon der Beginner üben.

VORBEREITUNG

Bevor ich mit den Mannschaften dieses Spiel beginne, erkläre ich allen Teilnehmern das Schild 324.
Wie ihr auf dem Spielplan sehen könnt, gibt es hier das Start-Schild und 3 Meter entfernt das Schild 324. Zuerst mache ich mit den Spielern eine Trockenübung ohne Hund. Ich frage jeden Einzelnen, ob der Hund das Umrunden der Pylone schon kann. Ist dies der Fall, steht die Pylone 5 Meter vom Schild 324 entfernt, kann der Hund dies nur vielleicht, dann 3 Meter, und kann es der Hund überhaupt nicht, steht die Pylone nur 1 Meter entfernt. Ich gehe mit den Spielern zum Startschild, von hier aus mit dem imaginären links geführten Hund zu dem Schild 324. Jetzt richten sich die Spieler Richtung Pylone aus, lassen den „Hund“ neben sich sitzen. Nun wird der „Hund“ zur Pylone geschickt. Bei dem Spiel geht es nur darum, dass der Hund bis zur Pylone läuft und diese umrundet. Danach kann der Hund wieder zum Hundeführer zurückkommen. Für manche Teams sind die 5 Meter zur Pylone schicken in der Tat kein Problem. Für manche Hunde sind 3 Meter zu schaffen, und manche Hunde können es noch gar nicht. Die Hundeführer lassen den „Hund“ am Schild 324 sitzen und der Hundeführer geht zu der ein Meter entfernten Pylone und stellt sich davor (zwischen Hund und Pylone). Nun streckt der Hundeführer die linke Hand nach hinten zu seinem „Hund“ aus und ruft ihn mit einer Armbewegung von hinten nach

vorne zur Pylone. Dabei kann er „Pylone“ sagen oder welches Kommando er auch immer benutzen mag. Der „Hund“ läuft vor, und jetzt kommt die rechte Hand um die Pylone herum und führt den „Hund“ mit einem Leckerchen um die Pylone herum. Haben die Hundeführer diese Trockenübung verstanden, holen alle ihren realen Hund und wir üben das Umrunden der Pylone, je nach Können der Teams. Falls es Teams gibt, die ihren Hund nicht um die Pylone herumlaufen lassen wollen und direkt zum Hundeführer zurück, können diese Hundeführer natürlich auch den Hund im Kreis von 1 Meter an der Pylone stehen lassen, so wie es bei diesem Schild laut Prüfungsordnung gefordert wird. Dies spielt bei dem Spiel keine Rolle. Wichtig ist lediglich, dass der Hund zur Pylone läuft und um diese herum.

Für Edin kein Problem – er schafft dank unseres Trainings 5 Meter zur Pylone.

Ist die Aufgabe an der Pylone für alle klar, können wir das Spiel spielen. Bei diesem Spiel baut ihr die Parcours zwei Mal identisch auf. Wie auf dem Spielplan zu erkennen, könnt ihr mittig oder neben dem Parcours ein weiteres Start-Schild mit dem Pylonen-Schild aufbauen. Und auch in unmittelbarer Nähe die Schilder Figur 8

Maybee ist mittlerweile schon eine alte Dame, aber Spaß mit dem Pylonenschild hat sie auch noch.

(117) nebst der Figur 8; Spirale links (19) mit drei kleineren Pylonen und Slalom mit Ablenkung hin und zurück (220).
Die Teams dürfen zuerst eine Parcoursbegehung machen. Nun bilden wir Mannschaften: Drei Teams sind eine Mannschaft. Vor dem Spiel wird jedes Team gefragt, was es denkt, mit wie viel Metern sein Hund es schafft, die Pylone zu umrunden. Er hat die Wahl zwischen 1 Meter, 2 Meter oder 3 Meter.

DURCHFÜHRUNG

Wie im Biathlon auch, ist die erste Disziplin der Parcours. Team Nr. 1 beider Mannschaften geht an den Start des Parcours. Die Pylone ist auf dieses Team schon eingestellt (1 Meter, 2 Meter oder 3 Meter entfernt). Sind beide Mannschaften fertig, kann das Spiel losgehen. Die Teams laufen gegeneinander den Parcours ab. In der Mitte des Parcours steht ein Schiedsrichter, der darauf achtet, dass die Schilder ordentlich abgearbeitet werden. Hier gilt auch die 5-Punkte-Regel: Macht ein Team einen Fehler, der 5 Punkte wert ist, muss das Team eine Wiederholung machen. Geht das Team durchs Ziel, darf es sofort zur 2. Disziplin: Es geht zum 2. Start-Schild, und nun muss der Hund, wie der Spieler vorher geschätzt hat, zur Pylone laufen und diese umrunden. Schafft der Hund die angegebenen Meter, darf das nächste Team dieser Mannschaft am Start-Schild des Parcours weitermachen. Schafft der Hund die Meter zur Pylone nicht, muss das nächste Team mit einer Strafrunde beginnen:
Der Hund sollte 1 Meter schaffen – hat er es aber nicht geschafft, dann ist die Strafrunde die Figur 8.
Hat der Hund die 3 Meter nicht geschafft, muss das nächste Team als Strafrunde das Schild 19 machen.
Schafft der Hund die 5 Meter nicht, ist die Strafrunde der Slalom hin und zurück.
Nach der Strafrunde geht das Team zum Start des Parcours und läuft den Parcours. Am Ende des Parcours darf dieses Team die Pylone machen; diese steht schon in der Entfernung da, wie der Hundeführer seinen Hund eingeschätzt hat. Der letzte Starter der Mannschaft muss dann entweder mit einer Strafrunde beginnen oder darf sofort den Parcours laufen. Die Strafrunde vom letzten Team muss dann der erste Starter, der das Spiel begonnen hat, laufen, falls nötig. Gewinner ist die Mannschaft, die als Erstes durchs Ziel ist und die Pylone fehlerfrei absolviert hat oder als Erstes, falls nötig, noch die Strafrunde absolviert hat.
Mein Lieblingsspiel ist und bleibt das Baseball, aber dieses Biathlon-Spiel hat viel Potenzial, denn ich erlebe es immer wieder, dass hier der Ehrgeiz, die Pylone auch mit 3 oder 5 Meter zu umrunden, eine große Rolle spielt.

TURNIERE AUSRICHTEN

Wir, die RallyDogs Dreiländereck, richten gerne regelmäßig Rally-Obedience-Turniere aus. Als Zeitvertreib streuen wir immer ein Spiel ein. So haben wir auf einem Turnier eine Sitz-, Steh-, Platz-Challenge in der Mittagspause angeboten. Die ist von den Turnierbesuchern sehr gut angenommen worden.
Bei unserem letzten Turnier haben wir BINGO-Karten erstellt. Die sahen folgendermaßen aus:

	B	I	N	G	O
B	99	78	48	93	96
I	13	25	64	23	41
N	9	54	75	2	90
G	32	44	1	4	14
O	61	3	78	2	66

Die Spielregel dazu geht folgendermaßen: Die Teilnehmer kaufen BINGO-Karten, die mit einer Anzahl an Zahlen bedruckt sind. Rally-Obedience-Starter erlaufen Punkte, die bei uns von Nummerngirls dem Publikum gezeigt werden, woraufhin die Teilnehmer sie auf ihren Spielkarten mit einem Stift markieren – sofern sie die ausgerufenen Zahlen auf ihren BINGO-Karten haben. Sobald der erste Teilnehmer auf seinem Los alle fünf Zahlen einer waagerechten oder senkrechten Reihe oder Diagonale markieren konnte, ruft er laut und vernehmlich: „Bingo!" Nachdem die Zahlen kontrolliert wurden, darf der Teilnehmer sich was am BINGO-Tisch aussuchen. Zur Erklärung: Wir haben eine Tafel, auf der nach einem Lauf die erlaufenen Punkte angezeigt werden. So bekommt jeder Zuschauer mit, wie viele Punkte der Starter erhalten hat.

Jay liebt Spiele als Trainingseinheit.

Dieses BINGO-Spiel hat die Stimmung auf dem Turnier um ein Vielfaches aufgelockert. Die Zuschauer haben den Startern noch vor dem Lauf zugerufen, welche Punktzahl sie doch bitte erlaufen sollen, damit man sein BINGO vollständig hat. Oder im Anschluss an den Parcours versuchte man, Einfluss auf die Richterin zu nehmen, indem man die passende BINGO-Zahl in den Ring rief. Das lockert das Turnier auf, und es ist nicht ernst gemeint, wenn man dem Hundeführer 57 Punkte wünscht.
Falls ihr auch mal BINGO spielen wollt, haben wir 60 Karten vorbereitet, die ihr auf der Kosmos Plus App findet. Jede Karte hat eine realistische Reihe, die gewinnen kann. Die anderen Reihen habe ich mit fast unmöglichen Zahlen aufgefüllt. Wir haben BINGO den ganzen Tag gespielt und hatten bei 60 Karten 9 Gewinner.

018 BINGO-Karten

FCI-INTERNATIONAL CLASS

— *Jetzt wird es spannend*

DAS REGELWERK

Bisher haben wir uns mit dem VDH Regelwerk Rally Obedience und dessen Schilder beschäftigt. Das ist unsere nationale Prüfungsordnung. Hier können sich die Sportler in ganz Deutschland untereinander messen. Für dieses Regelwerk gibt es normale Feld- und Wiesenturniere, Kreismeisterschaften, Landesmeisterschaften, Verbandsmeisterschaften, Deutsche Meisterschaften und Bundessiegerprüfungen.

Seit Beginn 2024 gibt es auch eine FCI-Prüfungsordnung mit einem eigenen FCI-RO-Schilder-Pool: die International Class. Jetzt können sich die Länder weltweit untereinander messen. Da wird es Weltmeisterschaften, Europameisterschaften, Deutsche Meisterschaften und Ländervergleichswettkämpfe geben.
Zurzeit ist es so, dass auf einem Turnier, bei dem nach nationalem Regelwerk gerichtet wird, zeitgleich auch die International Class angeboten werden kann. Allerdings gibt es dann einen Richter für die nationale Klasse und einen Richter für das FCI-Regelwerk. Beides auf einem Turnier hintereinander zu richten ist unmöglich, dafür sind diese Regelwerke viel zu unterschiedlich. Die Startberechtigung, welche Starter in Deutschland International Class laufen dürfen, erhalten zur Einführung des FCI-Regelwerks:

— Starter der Klasse 2 mit dreimal vorzüglichen Ergebnissen
— Starter der Klasse 3

Dies kann sich jedoch im Laufe der Jahre ändern und wird immer auf den Seiten der Verbände, wie zum Beispiel auf der DVG-Seite, stehen.
Jeder Hund kann zweimal auf einem Turnier starten. Das bedeutet, dass der Hund im nationalen Bereich laufen kann und auch im internationalen. Dabei ist es irrelevant, ob es beides mal der gleiche Hundeführer ist oder ob er im nationalen Regelwerk mit Starter A und im internationalen mit Starter B läuft.
Es wird spezielle Qualifikationsturniere geben, wo man sich für die höheren Wettkämpfe, wie zum Beispiel die Weltmeisterschaft, qualifizieren kann.

Wichtig ist, dass ihr Spaß mit eurem Hund habt. Wie Frieda und Smilla.

Auch wenn du keine Ambitionen hast, Weltmeister zu werden, lege ich dir dennoch die FCI-Schilder ans Herz. Nun laufe ich schon seit über 11 Jahren im Rally Obedience und auf Grund der immer wieder neuen Prüfungsordnung ist es mir noch nie langweilig geworden. Es gibt alle vier Jahre Schilder, die zum aktuellen Schilderpool dazukommen oder Schilder verändern sich. Eigentlich habe ich noch nie den Zeitpunkt erlebt, wo ich mit meinen Hunden nichts mehr zum Üben gehabt hätte. Mittlerweile führe ich bereits den vierten Hund in Rally Obedience und ich habe immer genug zum Trainieren. Die Schilder im nationalen Regelwerk in der Klasse 3 haben schon viel Potenzial und es macht echt Spaß, dem Hund das Rückwärtsgehen beizubringen, das Umrunden der Pylone mit dem Stehenbleiben oder auch nur das Sitz, Platz, Steh aus der Bewegung. Ich mag das Training für die FCI-Schilder ganz besonders gern. Hier gibt es Schilder, bei denen der Hund seitwärts gehen muss und Schilder, wo er über drei Körperlängen rückwärtsgehen soll. Es macht mir so viel Freude mit meinen Hunden diese Aufgaben zu trainieren, dass ich denke, dass es dir kaum anders gehen wird. Deshalb Weltmeister hin, Weltmeister her, lasst uns beginnen und in das „andere" Regelwerk schnuppern.

Die International Class ist **eine** Klasse: Also es gibt im internationalen Bereich nicht Beginner, Klasse 1, Klasse 2 etc., sondern nur **die** International Class. Das FCI-Turnier kann auf einem Turnierfeld mit der Größe von mindestens 20 × 20 Meter stattfinden. Auf diesem Feld dürfen keine Bäume, Schuppen, Lichtmaste oder sonst irgendwas stehen. Das Feld darf jedoch auch größer sein. Bei diesem Feld müssen die Außenlinien markiert sein. Auf einem FCI-Turnier werden 18–20 Schilder auf dich warten plus Start- und Zielschild. Auf einem Turnier wird ein Parcoursplan ausgehängt und du kannst dort schon sehen, ob du mit deinem links- oder rechts geführten Hund anfängst. Bei der Parcoursbegehung gibt der Richter den Startern eine kleine Einweisung, in der er ihnen spezifische Details vom Parcours erklärt und diesen auch mit den Startern zusammen abgeht. Danach hast du 10 Minuten Zeit, den Parcours ohne Hund abzugehen. In dieser Zeit steht der Richter den Startern für Fragen zur Verfügung. Startest du mit zwei oder mehr Hunden darfst du maximal zweimal an der Begehung teilnehmen. Der Parcours wird mindestens sieben der vier Punkt-Schilder und mindestens fünf der drei Punkt-Schilder beinhalten.

Anders wie im nationalen Regelwerk dürfen im internationalen Regelwerk alle Schilder rechts geführt vorkommen. Das ist für die Gesundheit des Hundes sehr positiv, denn so wird nicht mehr einseitig trainiert. Der Rally Obedience-Sportler muss seinen Hund rechts- sowie linksseitig ausbilden. Nur die Schilder 417 und 418 fallen unter eine Sonderregelung. Warum gerade diese zwei Schilder anders sind, erkläre ich dir später. Es ist aber einfach der Ausführung geschuldet.

DIE SCHILDER

Schauen wir uns mal die Schilder an: Im nationalen Regelwerk beginnt das Richten im Normalfall am Startschild. Im internationalen Regelwerk ist das jedoch anders: Ihr steht vor der Parcoursumrandung und wartet darauf, dass der Richter euch „Willkommen“ heißt. Das ist für euch der Startschuss.

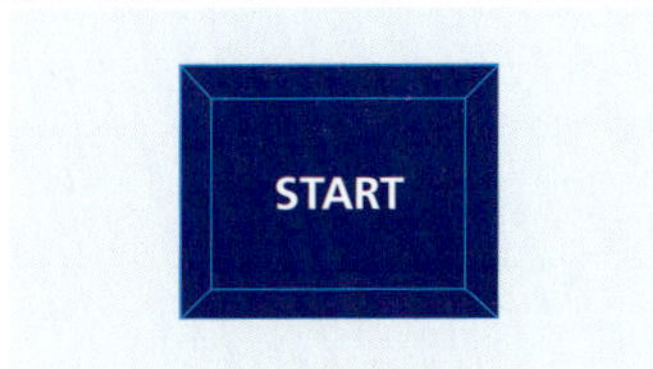

Dieses Schild entspricht:

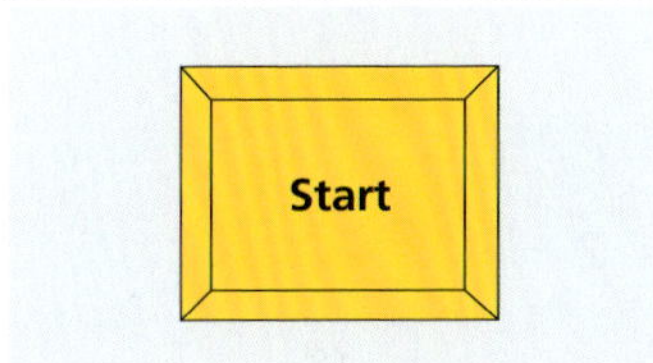

Ihr habt 30 Sekunden Zeit, um den Hund auf euch aufmerksam zu machen und leint den Hund ab. Die Leine steckt ihr entweder so ein, dass der Richter sie nicht sehen kann oder ihr lasst sie am Parcoursrand liegen. Wenn ihr die Leine abgelegt habt, dann benötigt ihr einen Helfer, der euch die Leine zum Ausgang bringt. Denn hier muss der Hund sofort wieder angeleint werden. Wenn ihr den Parcours betretet, muss der Hund schon auf der Seite geführt werden, die der Parcoursplan vorsieht. Das heißt wenn ihr mit dem rechts geführten Hund beginnen sollt, führt ihr den Hund rechts. Soll der Hund am Start auf der linken Seite sein, so startet ihr mit dem Hund auf der linken Seite. Achtet darauf, dass ihr beim Betreten des Parcoursfelds alle Leckerchen, alle Spielzeuge, Leckerchenbeutel oder was ihr sonst noch dabeihabt, so verstaut habt, dass der Wertungsrichter sie nicht sehen kann. Das Mitführen ist erlaubt, aber nicht das sichtbare Tragen. Der Hund muss beim Betreten des Parcoursfelds abgeleint sein. Würdet ihr dies vergessen, hättet ihr sofort einen Null-Punkte-Lauf und die Prüfung nicht bestanden. Ihr geht gemeinsam mit eurem Hund auf der richtigen Seite zum Startzeichen, lasst den Hund hier absitzen und beginnt dann mit dem Parcours. Mit dem Betreten des Parcoursfelds darf der Hund nicht mehr gefüttert oder gestreichelt werden. Das müsst ihr euch aufheben, bis ihr das Parcoursfeld wieder verlassen habt. Obwohl in der International Class Zeit keine Rolle spielt, wird die Zeit ab dem Zeitpunkt gestoppt, wenn ihr das Parcoursfeld betretet, bis ihr es wieder nach dem Ziel verlasst. Die Zeit wird lediglich benötigt, um Punktgleiche platzieren zu können. Es gibt keine Zeitvorgabe, in der ihr den Parcours absolvieren müsst. Wenn ihr jetzt denkt, na, das kann aber ein langer Turniertag werden, so täuscht dies. Erstens müsst ihr fast die ganze Zeit in Bewegung sein, stehenbleiben ist nur da erlaubt, wo ein Schild ein Stopp vorsieht, zweitens sind Wiederholungen nicht erwünscht und kosten viele Punkte. Funktioniert ein Schild nicht, bekomme ich 10 Punkte Abzug bei dem Schild auf dem Wertungsbogen notiert. Mache ich eine Wiederholung, so be-

komme ich an diesem Schild weitere 10 Punkte abgezogen. Also ich hätte dann an diesem Schild 20 Punkte Minus. Würde ich das Schild ein weiteres Mal neu machen wollen, wird der Lauf nicht weiter bewertet und ich hätte null Punkte. Außerdem kann der Richter mich auffordern, den Ring zu verlassen, wenn ich mit meinem Hund übermäßig trainiere.
Ganz wichtig ist, dass ihr das Sitz am Startschild nicht vergesst, denn in der International Class ist es so, dass wenn ihr eine Übung überseht, also keine Anstalten macht, irgendetwas zu machen, ihr die Prüfung nicht besteht. Überlauft ihr ein Schild und der Wertungsrichter kann keine Reaktion euerseits sehen, dass ihr das Schild wahrgenommen habt, ist die Prüfung nicht bestanden.
Ich gebe euch den Tipp, selbst im Training vom nationalen Regel-

Erst wenn der Hund das Sitz gezeigt hat, kann man mit dem Parcours beginnen.

werk von einem imaginären Startpunkt aus zu beginnen: den Hund ableinen, auf der richtigen Seite zum Start führen und am Start das Sitz zeigen. Erst dann mit dem Parcours beginnen. Wenn ihr dies auch im Training übt, geht es in Fleisch und Blut über, sodass ihr es auf dem Turnier auch nicht vergesst. Könnt ihr eine Übung nicht, so gewöhnt euch an, an diesem Schild irgendetwas zu machen, sodass der Richter sieht, dass ihr das Schild gesehen habt.
Führt ihr den Hund auf der falschen Seite über die Parcoursbegrenzung in den Parcours und setzt ihn am Start auf die falsche Seite ab, so habt ihr 20 Punkte Verlust. 10 Punkte für den falschen Transport und 10 Punkte für das Sitz auf der falschen Seite am Start.
Im internationalen Regelwerk werden Punkte an den einzelnen Schildern gezogen (maximal 10 Punkte + evtl. Verhaltensfehler – dazu später mehr) und es können Punkte für den Weg zwischen den einzelnen Stationen gezogen werden. Dies nennt man Transport. Auf dem Transport kann man für folgende Fehler 10 Punkte verlieren:

- Der Hund befindet sich auf der falschen Seite von der Parcoursbegrenzung zum Start.
- Der Hund könnte sich hinsetzen und sich kratzen.
- Der Hund und/oder der Hundeführer bleibt unterwegs stehen.
- Der Hund dreht sich zwischen den Schildern.
- Der Hund wechselt die Fußseite, während man von einem Schild zum anderen geht.

Diese Liste ist nicht vollständig, denn Hund und Hundeführer sind sehr kreativ. Zu diesen Fehlerpunkten können zusätzlich Verhaltensfehler gezogen werden. Diese sind mit einem Stern im Regelwerk versehen und diese schauen wir uns später noch an.

1-PUNKT-SCHILDER

Sehr viele Schilder kennt ihr aus dem nationalen Regelwerk.
Die 1-Punkt-Schilder sind relativ einfach.
Der Arbeitsbereich für Übungen, die geradeaus weitergehen, ist ähnlich wie bei uns, neben dem Schild. Allerdings ist der Arbeitsbereich nur 1 × 1 Meter. Auch im internationalen Regelwerk kostet es 10 Punkte, wenn man erst hinter dem Schilderhalter mit der Übung beginnt. Es ist jedoch nicht vorgeschrieben, dass man eine Übung im Arbeitsbereich beginnt, sondern im Regelwerk steht, dass während des Abarbeitens des Schildes sich einer vom Team zu irgendeinem Zeitpunkt im Arbeitsbereich befinden muss. Mit dieser Regelung kann man genau wie bisher im nationalen Regelwerk die Übungen abarbeiten. Aber manches Mal macht es vielleicht Sinn, etwas früher mit einer Übung anzufangen. Man darf auch vor dem Arbeitsbereich oder neben dem Arbeitsbereich die Übung beginnen und erst im späteren Verlauf der Übung durch den Arbeitsbereich

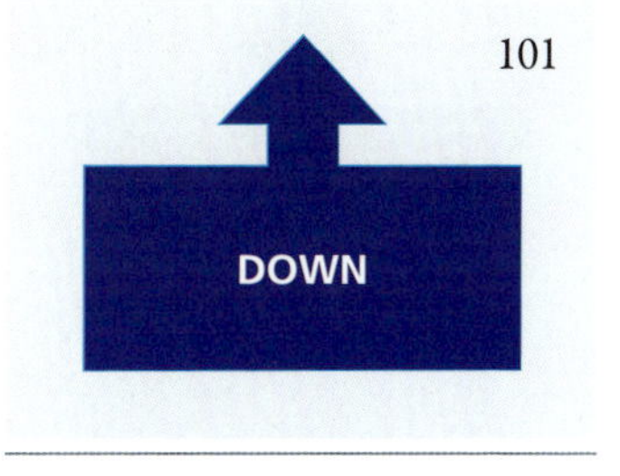

Dieses Schild entspricht:

laufen oder man arbeitet ein Schild so ab, dass nur einer vom Team sich rechts oder links vom Arbeitsbereich in diesem befindet und der andere außerhalb ist. Befindet sich aber zu keinem Zeitpunkt während des Abarbeitens des Schildes der Hund oder der Hundeführer im Arbeitsbereich, so erhält man 10 Punkte Abzug. Das sollte man bei den Parcoursbegehungen im Kopf haben.
Der Hundeführer kommt bei dem Schild 101 an, bleibt stehen und lässt den Hund Platz machen.
Ihr kennt das Schild *Anhalten – Platz* aus dem nationalen Bereich. Wichtig ist, dass der Hund sich nicht zuerst hinsetzt und dann ins Platz geht und dass der Hund nicht vor dem Weitergehen ins Sitz kommt. Im internationalen Regelwerk ist es, genau wie im nationalen Regelwerk erwünscht, dass ihr mit eurem Hund redet und ihm auch rechtzeitig die Kommandos vermittelt, welche Übung er machen soll. Im internationalen Regelwerk gibt es keinen Abzug wegen Doppelkommandos. Es gibt allerdings Punktabzug, wenn der Hund verzögert arbeitet. Hier mögliche Punktabzüge

102

Dieses Schild entspricht:

002

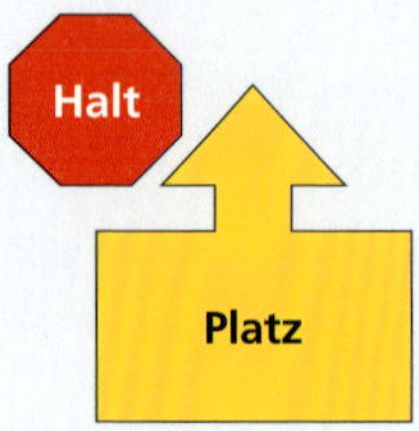

	–1 Punkt	**–1/–3/–5 Punkte**	**–10 Punkte**
Zusätzliches Sitz vor oder nach dem Platz			X
Zögerliche Ausführung des Hundes		X	
Sehr, sehr zögerliches Platz			X
46°–90° schief	X		
>90° schief			X

Wichtig ist es hier, wie auch im nationalen Bereich, dass der Hund bei den Schildern 101 und 102 aus dem Platz mit euch weitergeht, ohne sich nochmal hinzusetzen.

103

Dieses Schild entspricht:

004

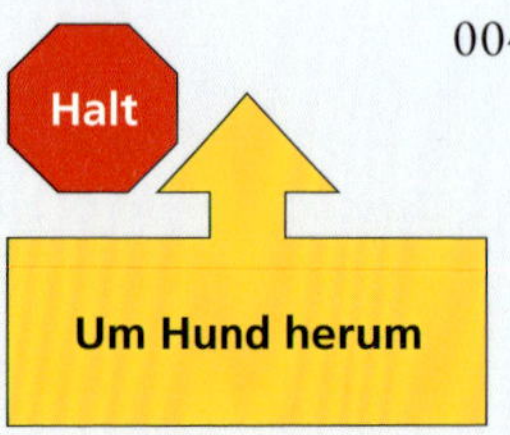

	–10 Punkte
Zusätzliches Sitz nach dem Platz	X

Beim Schild 103 hält der Hundeführer an, der Hund setzt sich hin und hält das Sitz, bis ihr um den Hund herum gegangen ist. Nach dem Umrunden müsst ihr kurz stehen bleiben. Der Hund muss so lange sitzen bleiben, bis ihr weitergeht. Steht der Hund vorher auf, kostet es 10 Punkte. Zappelt der Hund mit den Pfoten und bewegt sie 2–3 mal von der ursprünglichen Stelle fort, gibt es drei Punkte Abzug.

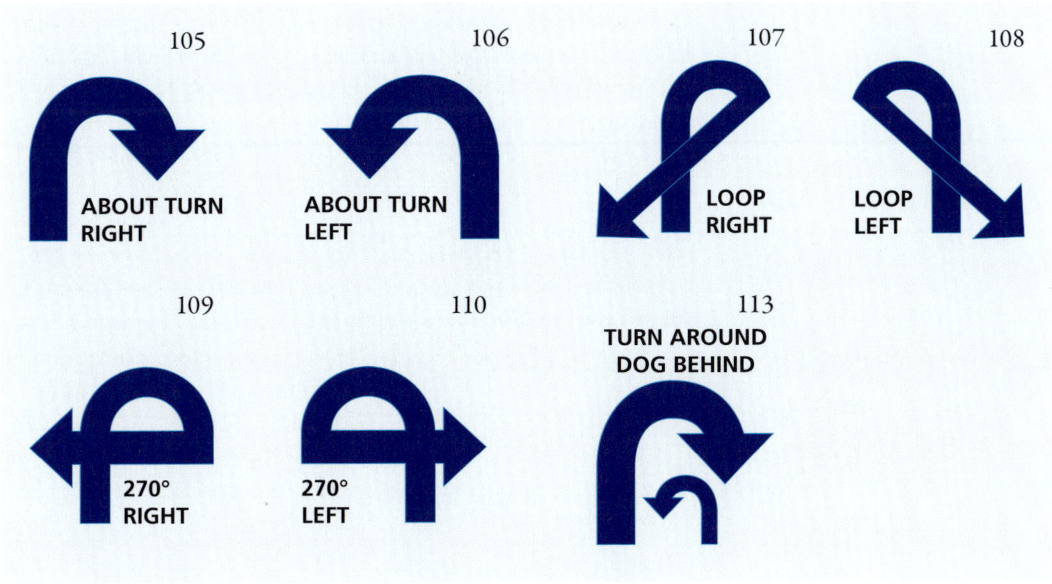

Dies sind alles Richtungsänderungen und der Arbeitsbereich 1 × 1 Meter vor dem Schild.
Es würde ausreichen, wenn ihr die Kehrtwendung vor dem Arbeitsbereich beginnt und der Hund durch das Umrunden von euch durch den Arbeitsbereich laufen würde. So würdet ihr die Gefahr schmälern, dass der Hund das Schild bei seiner Drehung berührt oder sogar drauftreten würde.

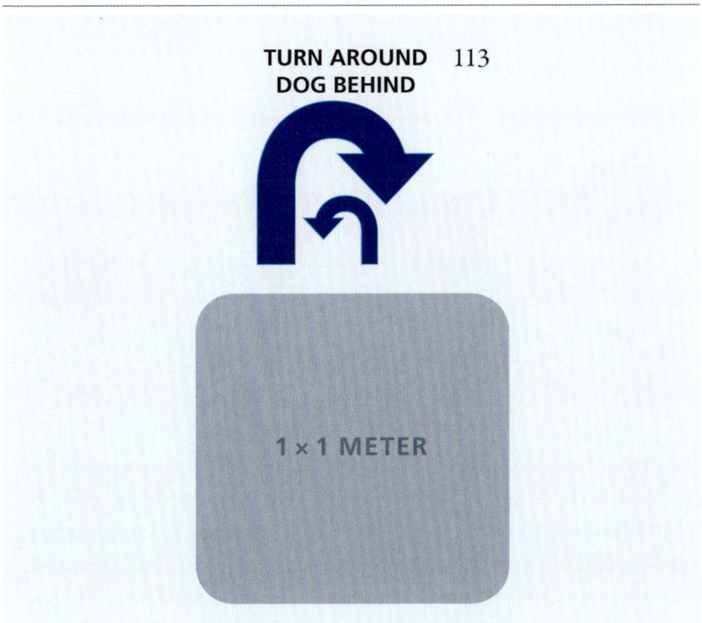

Im internationalen Bereich ist bei diesen Schildern keine besondere Schrittform vorgeschrieben, allerdings ist die Größe dieser Drehung auf einen kleinen Kreis für den Hundeführer beschränkt, der nicht größer als 50 cm sein sollte. Das entspricht einem DIN-A3-Blatt. Ganz wichtig zu wissen ist, dass weder der Hundeführer noch der Hund stehenbleiben darf. Bei der Kehrt-Übung müsst ihr noch darauf achten, dass ihr mit eurem Hund zeitgleich die Wendung einleitet. Manchmal sieht man, dass der Hundeführer sich zuerst zum Hund dreht und schon fast gedreht hat und der Hund erst danach um den Hundeführer herumläuft.

	–3 Punkte	**–10 Punkte**
Drehung > 50 cm bis < 1 Meter	X	
Drehung > 1 Meter		X
Hund u./o. HF bleibt stehen		X
Wendung leicht zeitversetzt	X	

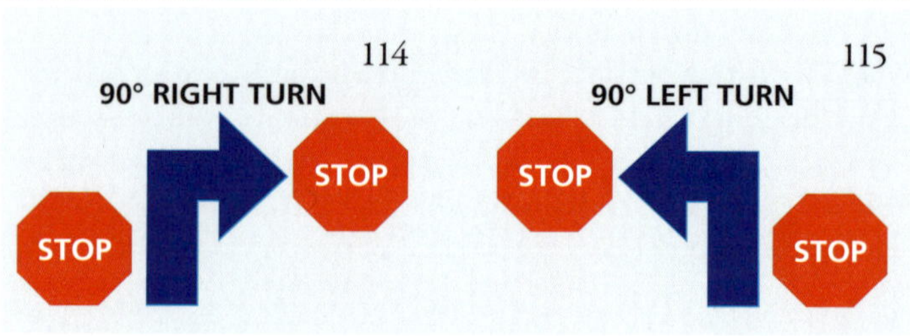

Diese Schilder entsprechen:

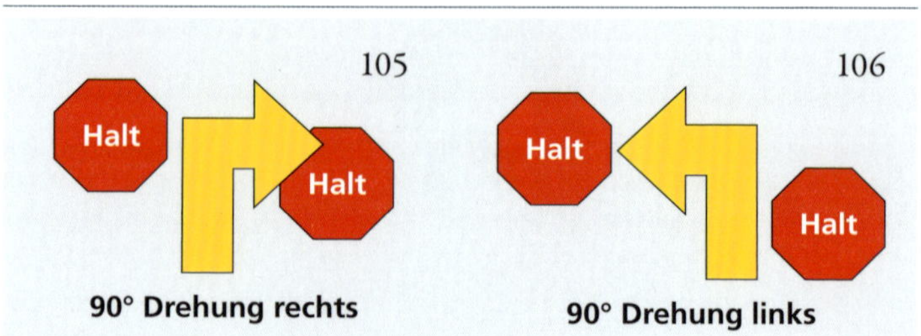

Bei diesen Schildern ist der Winkel der Füße nicht so vorgeschrieben wie im nationalen Bereich. Das heißt eure Füße müssen sich nicht berühren. Allerdings ist das Setzen der Füße beim Abbiegen auf die Größe eines DIN-A4-Blattes beschränkt. Deshalb könnt ihr den Winkel auch genauso machen, wie ihr es im nationalen Regelwerk macht: Fuß an Fuß.

Schild 114 und 115	–3 Punkte	–10 Punkte
Drehung > DIN-A4 bis < DIN-A3	X	
Drehung > DIN-A3		X

Bei den Schildern 111 und 112 ist der Arbeitsbereich wieder neben den Schildern, da ihr nach dem Abarbeiten in die gleiche Richtung weitergeht.
Die Größe dieser Drehung ist für den Hundeführer auf einen kleinen Kreis beschränkt, der nicht größer als 50 cm sein sollte. Das entspricht einem DIN-A3 Blatt.

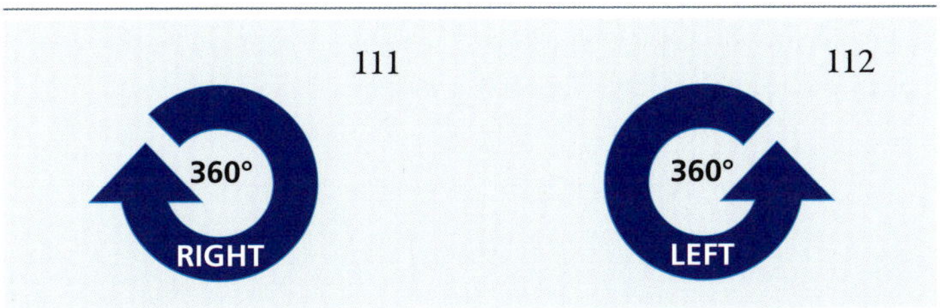

Diese Schilder entsprechen:

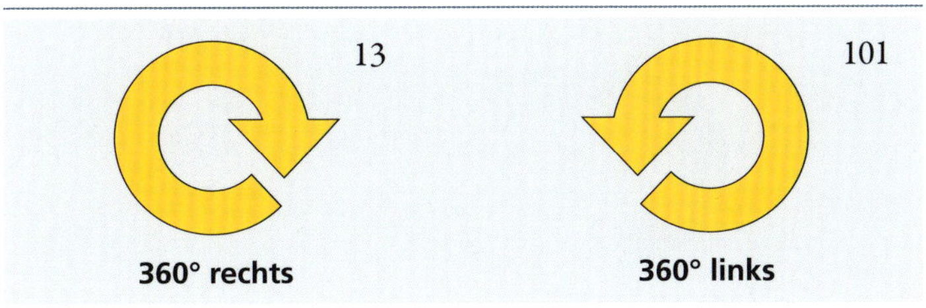

	–3 Punkte	–10 Punkte
Kreis HF > 50 cm bis < 1 Meter	X	
Kreis HF > 1 Meter		X
Hund u/o HF bleibt stehen		X

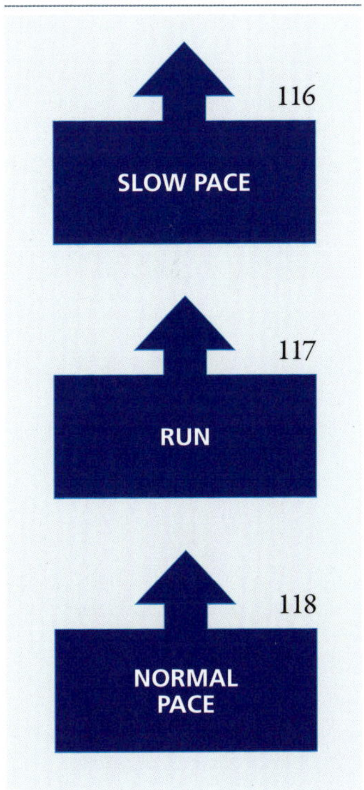

Die Temposchilder sind im internationalen Bereich auf Bewegungsübungen beschränkt. Also Tempo schnell und langsam gibt es nur mit den Schildern 105–113. Das sind die Schilder, die wir auf Seite 197 beschrieben haben. Das Schild Normal Pace hebt *Tempo schnell* oder *langsam* auf. Aber auch durch das Ziel-Schild werden die Schilder *Tempo schnell* und *langsam* aufgehoben. Ab dem Zielschild geht es im normalen Tempo bis zur Parcoursbegrenzung weiter.

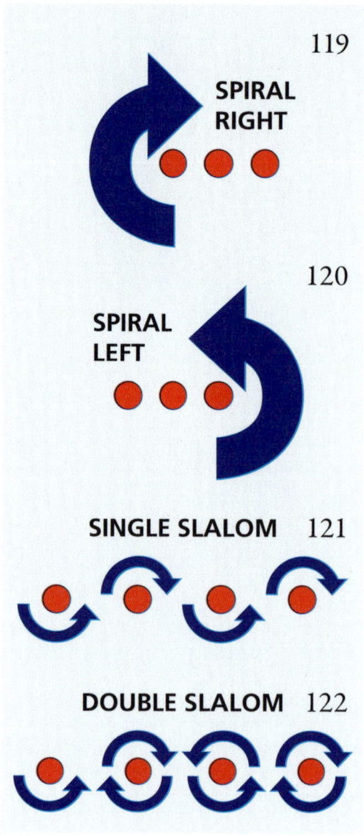

FIGUREN

Die Figuren sind genau wie im nationalen Bereich zu laufen. Während im nationalen Bereich Figuren immer mit dem links geführten Hund auszuführen sind, können die Figuren im internationalen Regelwerk auch rechts geführt gelaufen werden. Die Kegel stehen 1,5–2 Meter auseinander. Die Schilder für die Figuren dürfen 1–2 Meter vor der ersten Pylone stehen. Ich habe euch dies an einem Beispiel aufgezeichnet. Der Arbeitsbereich für die Figuren-Schilder ist immer 1 × 1 Meter vor dem Schild. Hier das blaue Quadrat. Es kann sein, dass der Richter bei der Parcoursbegehung euch mitteilt, dass ihr links an dem Schild vorbeigehen sollt. Dann würdet ihr den Eingang in diese Figur mit dem roten Weg wählen. Nur einer vom Team, entweder der Hund oder der Hundeführer, muss durch den Arbeitsbereich laufen. Wünscht der Richter jedoch, dass ihr rechts am Schild vorbeigeht, würdet ihr den gelben Weg wählen.

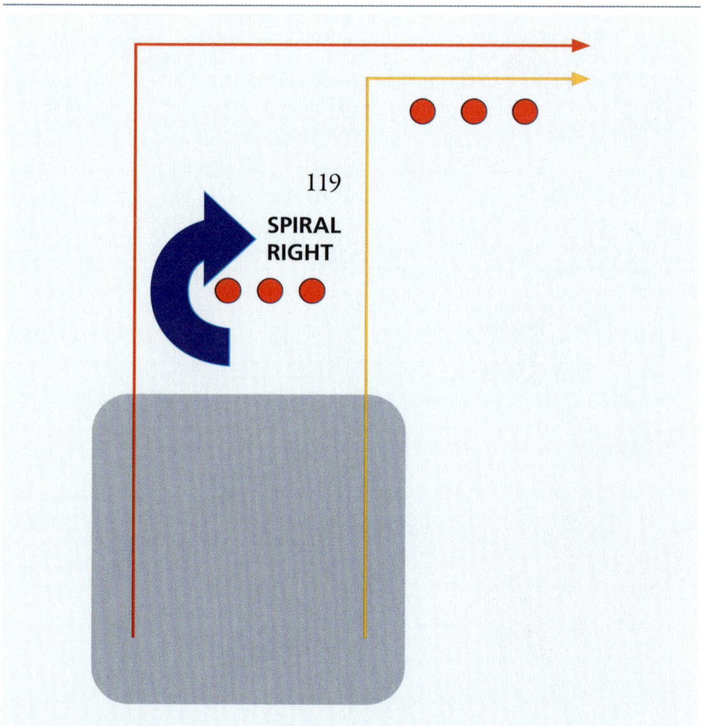

Hund oder Hundeführer muss durch den Arbeitsbereich laufen.

Bei der Umrundung der Kegel müsst ihr darauf achten, dass ihr nicht weiter als 50 cm von diesen entfernt seid. Trotzdem solltet ihr dem Hund aber so viel Platz wie möglich einräumen, damit er die Pylonen nicht berührt. Und ganz wichtig: Keiner darf stehen bleiben!

Flicek und ich beginnen mit der Figur 119.

	–1 Punkt	–3 Punkte	–10 Punkte
Abstand Kegel – HF > 50 cm		X	
Berühren Kegel Hund/HF	X		
Kegel anstoßen Hund/HF		X	
Unterschiedlich am Kegel vorbeigehen		X	
Stehen bleiben Hund/HF			X

2-PUNKT-SCHILDER

Dieses Schild entspricht:

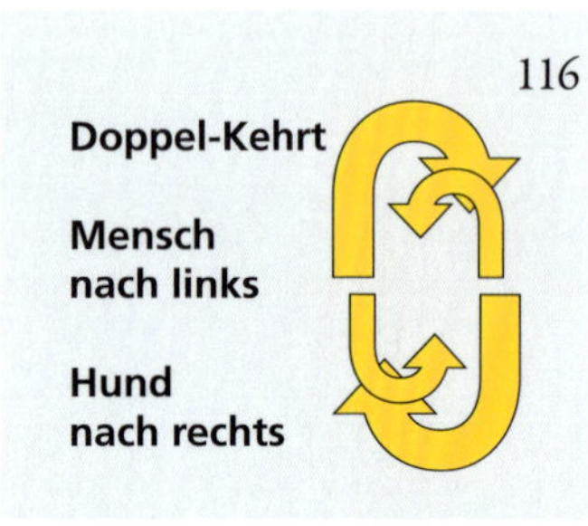

Dieses Schild entspricht:

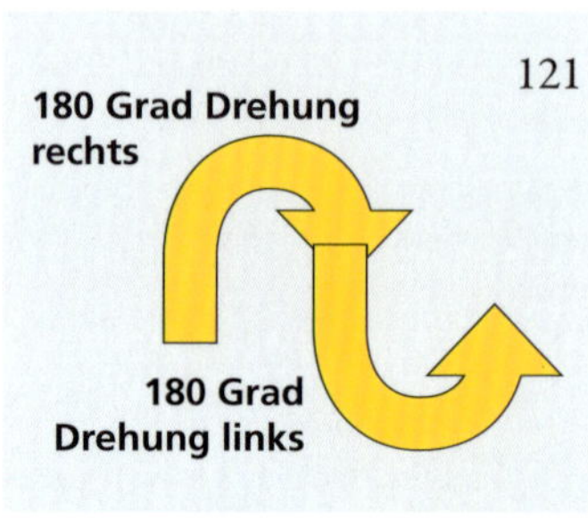

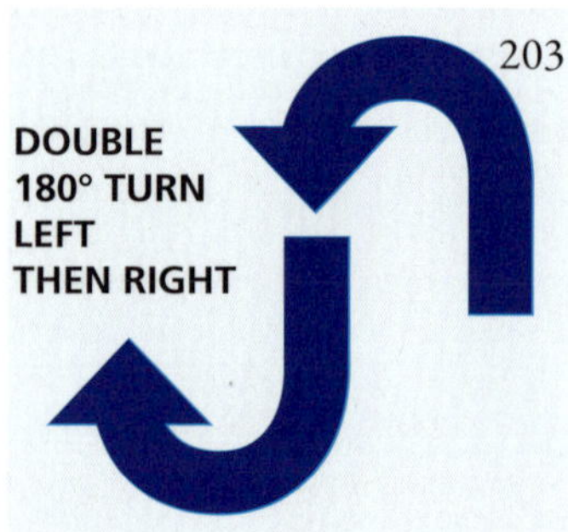

Dieses Schild entspricht:

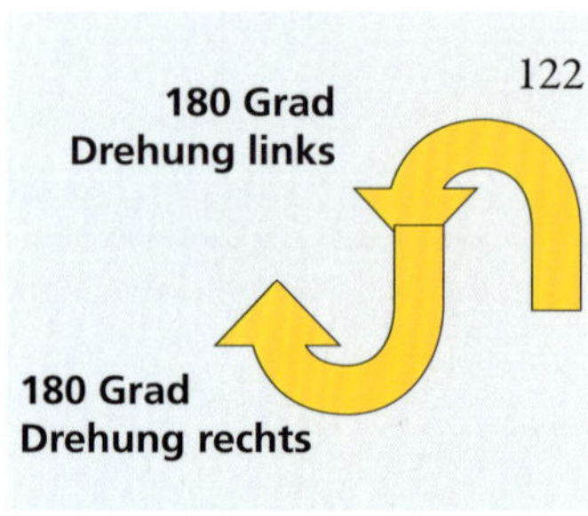

Die Schilder kommen euch sicherlich bekannt vor. Während im nationalen Bereich das Doppelkehrt nur mit dem links geführten Hund gearbeitet wird, kann das Schild 201 auch mit dem rechts geführten Hund gearbeitet werden. Für den Hund sicherlich kein Problem. Für uns ist es schon etwas schwieriger, wir müssen uns erst an den veränderten Bewegungsablauf gewöhnen. Wenn wir uns aber öfters auch nach rechts zum Hund eingedreht haben und der Hund hinter uns wechselt, ist es schnell kein Problem mehr. Im Jahr 2022 wurden im nationalen Regelwerk die Schilder 121 und 122 eingeführt. Mit diesen Schildern bekamen wir erstmalig Schilder, bei denen wir nicht auf der Stelle drehen, sondern zwei Zwischenschritte machen und dann erst drehen. So wird es uns sicherlich nicht schwerfallen, bei den Schildern 201–203 1–2 Meter zwischen den Drehungen zu gehen. Das entspricht 2–3 Schritten. Die angenommene Schrittlänge ist bei Menschen mit einer Körpergröße zwischen 1,50 und 1,70 Metern 60 cm, bei größeren Menschen wird der Wert 70 cm verwendet. Deshalb solltet ihr auf jeden Fall zwei Schritte zwischen den Drehungen machen. Die Drehungen vom Hundeführer sollen auf ein DIN-A3-Blatt passen. Auf gar keinen Fall stehenbleiben – Hund und Hundeführer müssen die ganze Zeit in Bewegung bleiben.

	–3 Punkte	**–10 Punkte**
Drehung HF > 50 cm bis 1 Meter	X	
Drehung HF > 1 Meter		X
Hund/HF bleibt stehen		X

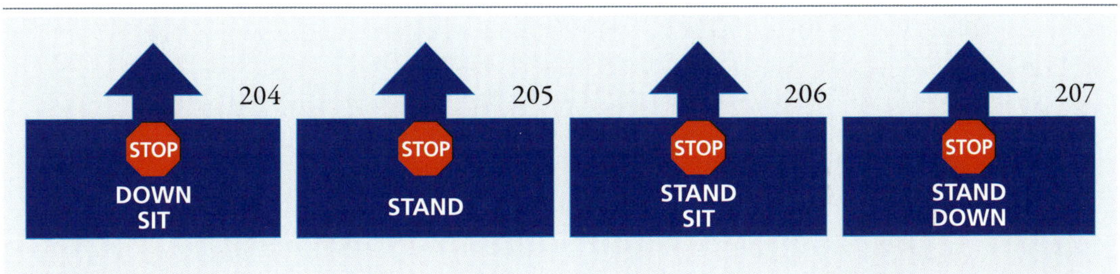

Diese Schilder entsprechen:

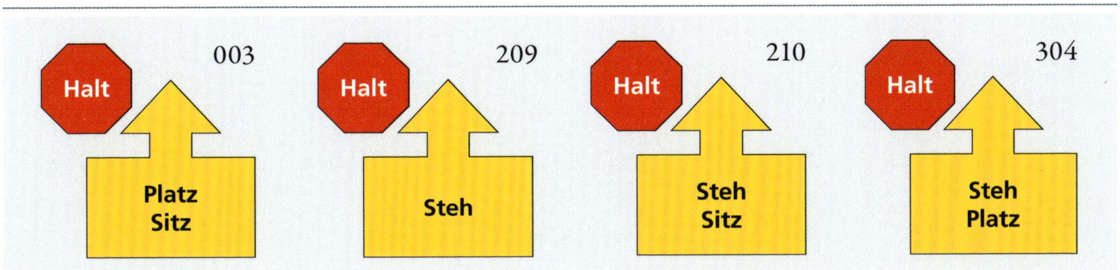

Diese Schilder entsprechen dem nationalen Regelwerk. Hier gibt es keinen Abzug für Doppelkommandos, nur Punktabzug, wenn euer Hund zögerlich ist.

Andrea und Borko beim Schild 204 mit dem rechts geführten Hund. Borko sitzt perfekt in Fußposition.

Dieses Schild haben wir in einer anderen Form. Es ist bei uns dieses:

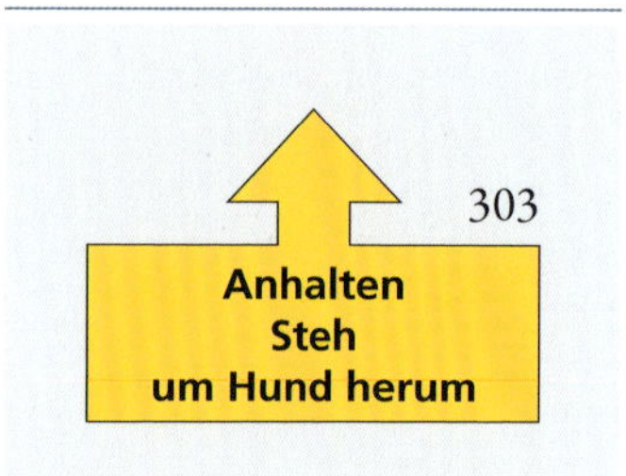

Beim Schild 208 muss der Hund im internationalen Regelwerk nicht sofort stehen bleiben, sondern der Hundeführer hält an und der Hund setzt ich hin. Anschließend fordert ihr den Hund auf, aus dem Sitz ins Steh zu kommen. Hilfsschritte sind im internationalen Regelwerk nicht erlaubt. Das heißt ihr könnt hier nicht anhalten, den Hund Sitz machen lassen und dann eure Grundstellung verlassen, um den Hund ins Steh zu helfen. Denkt bitte ans Stehenbleiben, wenn ihr den Hund umrundet habt.

	–3 Punkte	**–10 Punkte**
Zusätzliche Schritte (Hilfe ins Steh)		X
Hund bewegt 2–3 Pfoten	X	
Hund bewegt mehr als 3 Pfoten von ursprüngl. Stelle fort		X
HF steht am Schluss nicht neben dem Hund		X

VORSITZ-ÜBUNGEN

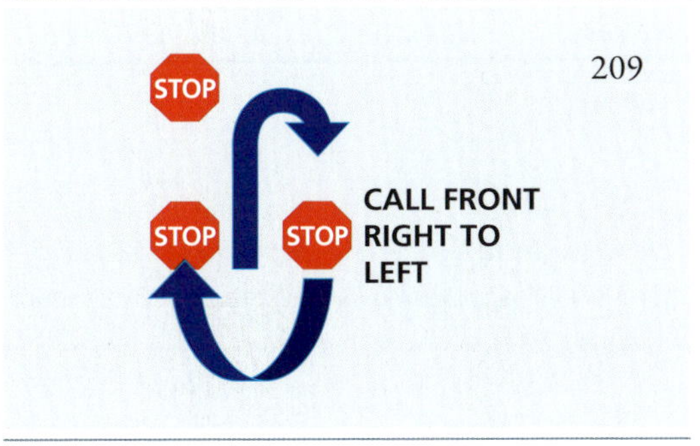

entspricht:

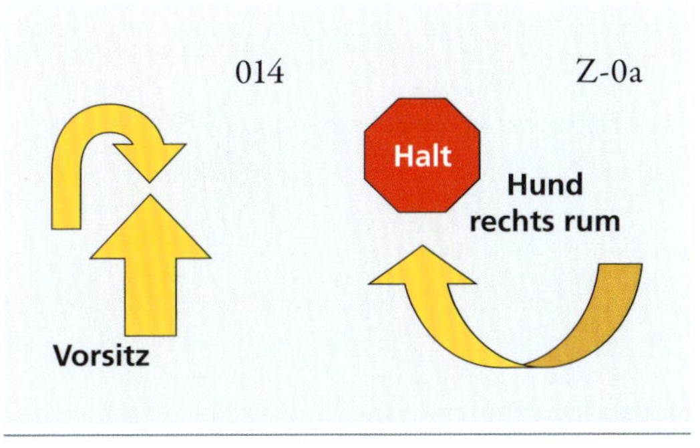

entspricht:

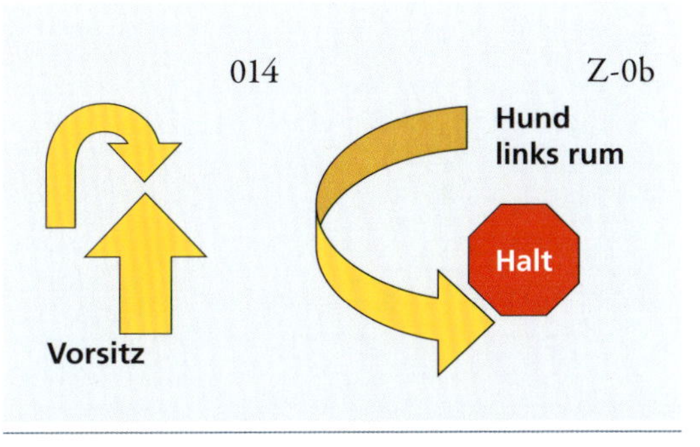

Ilva und Borko zeigen hier das Vorsitz ohne die Rückwärtsschritte

Kommen wir zu unseren Vorsitz-Übungen. Zum Glück wurde schon mit dem Regelwerk von 2022 der Einleitungsschritt zum Vorsitz abgeschafft. Ganz ehrlich: Auf Turnieren sieht man ihn nur noch selten. Die Starter haben sich diesen schon abgewöhnt. Was sie sich noch nicht abgewöhnt haben und was auch noch im nationalen Regelwerk erlaubt ist, sind die Rückwärtsschritte. In der International Class sind die Rückwärtsschritte nicht mehr erlaubt und das Schild wäre mit 10 Punkten weg. Passt bitte auf, denn bei den internationalen Schildern 209 und 210 seht ihr links oben in der Ecke ein Sitz. Damit sind diese Schilder anders als unsere Vorsitz-Übungen. Ihr kommt an, haltet an und der Hund setzt sich neben euch. Anschließend fordert ihr den Hund auf, sich vor euch hinzusetzen. Der Hund sitzt, wie beim nationalen Regelwerk mittig vor uns. Der Abschluss ist entweder rechtsrum Sitz oder linksrum Sitz, je nachdem welches Schild im Parcours steht. Beginne ich diese Schilder mit dem rechts geführten Hund, so ist der Hund nach der Übung auf jeden Fall links geführt.

	–1 Punkt	**–3 Punkte**	**–10 Punkte**
Rückwärtsschritte für das Vorsitz			X
Hund schief >45°–90°	X		
Hund schief >90°			X
Hund weiter als 50 cm v. Mitte oder von uns		X	
Falscher Abschluss			X

Dieses Schild entspricht:

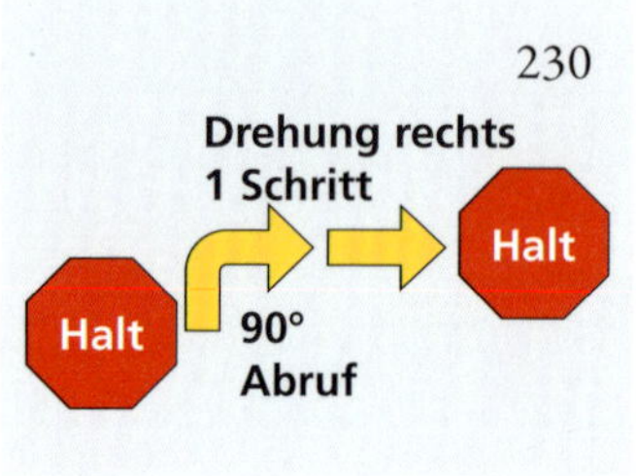

Die Schilder 211 und 212 werden etwas anders ausgeführt als im nationalen Bereich. Sie sind auf jeden Fall keine Wechselschilder. Das heißt ihr kommt mit dem links geführten Hund an, dann ruft ihr den Hund auch auf die linke Seite ab und geht mit dem links geführten Hund weiter. Wenn ihr mit dem rechts geführten Hund ankommt, ruft ihr ihn nach der Drehung auch wieder auf eure rechte Seite. Nun kommt die spannende Frage: Wie geht die Drehung dazwischen?
Ihr kommt mit dem Hund an diesem Schild an und lasst den Hund sitzen. Nun geht ihr einen Schritt nach vorne und schließt eure Füße und bleibt kurz stehen. Jetzt könnt ihr eure Füße auf der Stelle nach rechts oder links drehen, je nachdem in welche Richtung es weitergeht, oder ihr könnt passend auf ein DIN-A4-Blatt mit dem rechten Fuß nach rechts/links abbiegen und mit dem linken Fuß schließen (oder umgekehrt), kurz verharren und dann einen Schritt

Dreamer bleibt artig sitzen, während Nicole den ersten Schritt nach vorne macht.

nach vorne gehen, stehenbleiben und den Hund in die richtige Position abrufen. Ihr könnt aber auch, wenn ihr den Schritt nach vorne gemacht habt, kurz gewartet habt, den rechten oder linken Fuß DIN-A4-passend direkt neben den Füßen abstellen und mit dem anderen Fuß den Schritt nach vorne gehen und den Hund dann abrufen – dies wäre ähnlich wie bei uns der 90°-Winkel, nur dass ihr einen Schritt nach vorne gehen müsst, warten und dann könnt ihr den Winkel zeigen. Die Füße müssen sich nicht berühren, aber der Winkel wird auf ein DIN-A4-Blatt passend ausgeführt und dann noch einen Schritt.

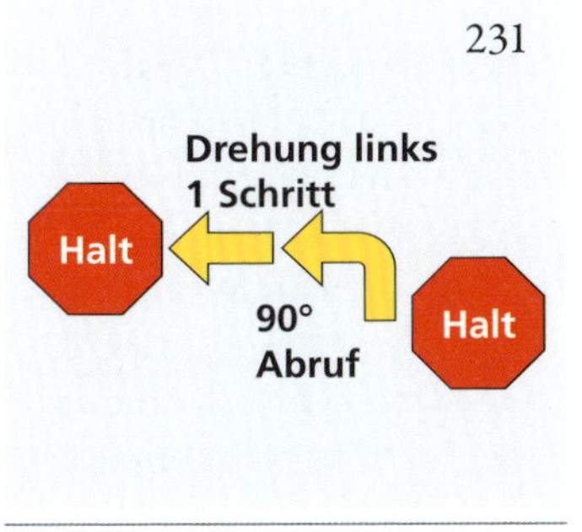

Dieses Schild entspricht:

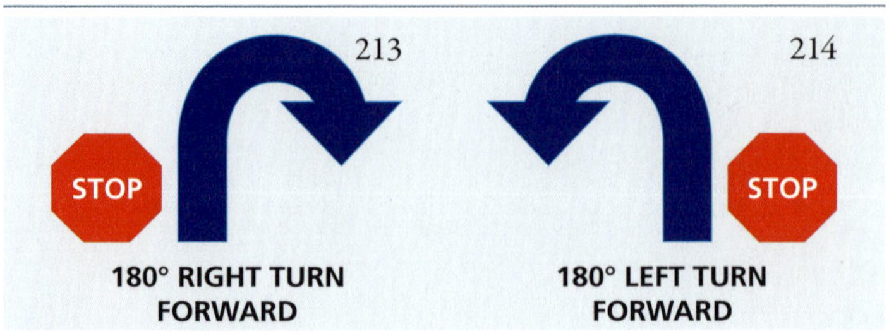

Diese Schilder entsprechen:

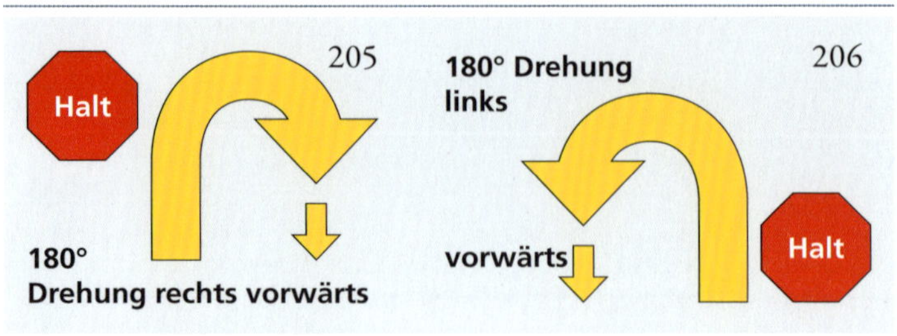

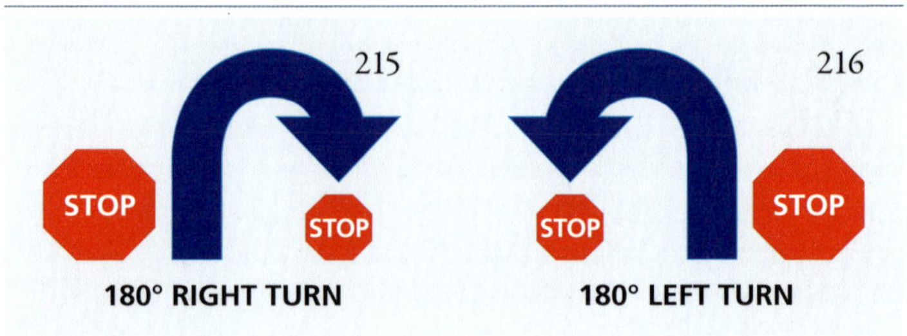

Diese Schilder entsprechen:

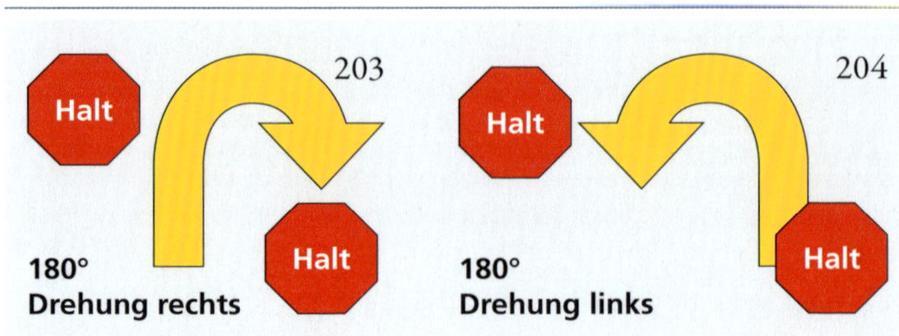

Bei den Schildern 213–216 gibt es keine vorgeschriebene Schrittzahl.

	–3 Punkte	**–10 Punkte**
HF Drehung > DIN-A4 bis DIN-A3	X	
HF Drehung > DIN-A3		X

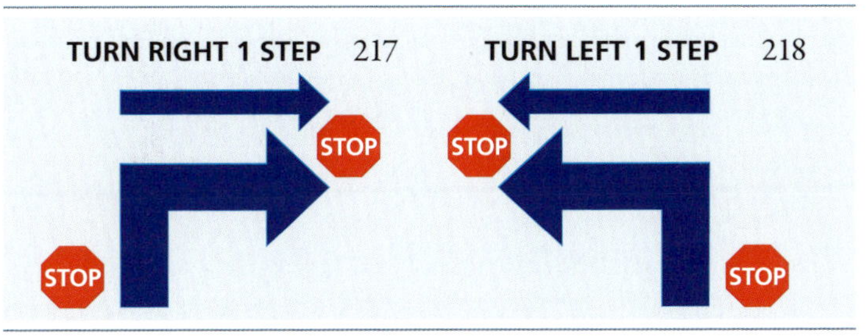

Diese Schilder entsprechen:

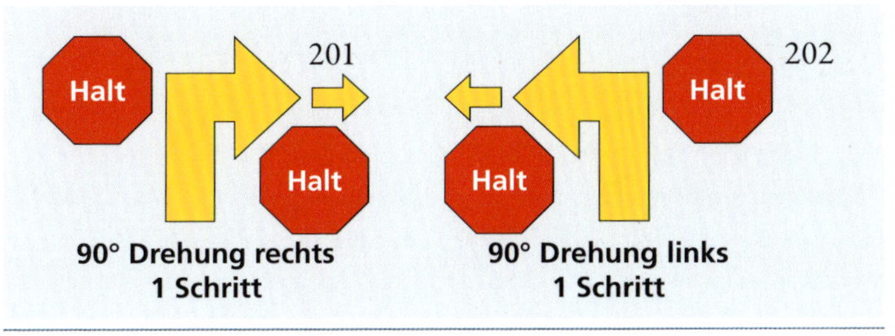

Bei den Schildern 217 und 218 müssen sich die Füße beim Abbiegen nicht berühren, aber der Winkel muss auf ein DIN-A4-Blatt passen.

	–3 Punkte	–10 Punkte
HF Drehung > DIN-A4 bis DIN-A3	X	
HF Drehung >DIN-A3		X

FCI-SCHILD 219

Bei diesem Schild möchte ich auf die Bewertung eingehen, da diese anders als im nationalen Regelwerk ist. Beginnen wir mit dem Abstand bei dieser Übung. Der Hund soll parallel zu euch arbeiten. Ist er weiter als 50 cm von euch entfernt, während er neben euch arbeitet, so kostet dies drei Punkte. Ist der Hund schräger als 45°–90° schief, so ist dies lediglich ein Punkt Abzug. Geht der Hund jedoch über die 90°, so kostet es 10 Punkte Abzug. Sollte der Hund beim Steh sich fast hinsetzen und dann aber doch stehenbleiben, so wird dies als Versuch gewertet, die Position zu wechseln und kostet drei Punkte. Sollte der Hund generell eine falsche Position einnehmen, so kostet dies nicht, wie im nationalen Regelwerk fünf Punkte (es gibt im internationalen Regelwerk keine zusätzlichen Elemente), sondern damit wäre die Übung weg und es kostet 10 Punkte. Falls der Hund die Seite wechseln möchte, und ihr bekommt ihn aber noch rechtzeitig wieder auf die richtige Seite, so kostet dies drei Punkte. Macht ihr bei diesem Schild einen Schrittfehler, also zum Beispiel geht ihr einen Schritt vor,

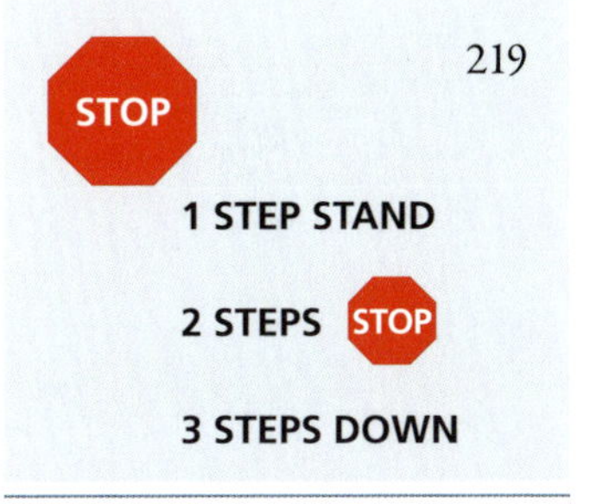

Dieses Schild entspricht:

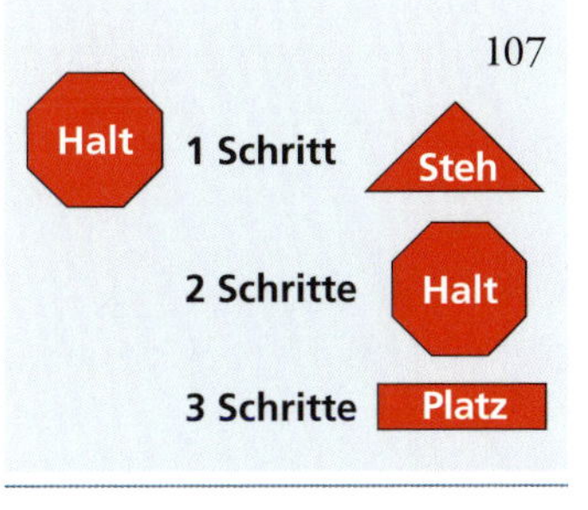

zwei Schritte vor und nochmal zwei Schritte vorwärts, so kostet dies 10 Punkte. Bei dieser Übung ist die Schrittzahl benannt, und weicht man von dieser Anzahl ab, macht also zusätzliche, fehlende, falsch ausgerichtete oder unvollständige Schritte, so wird dies als fehlerhaft ausgeführte Übung gewertet und kostet 10 Punkte. Die Schrittgröße von euch muss so groß sein, dass Licht zwischen die Füße fällt.

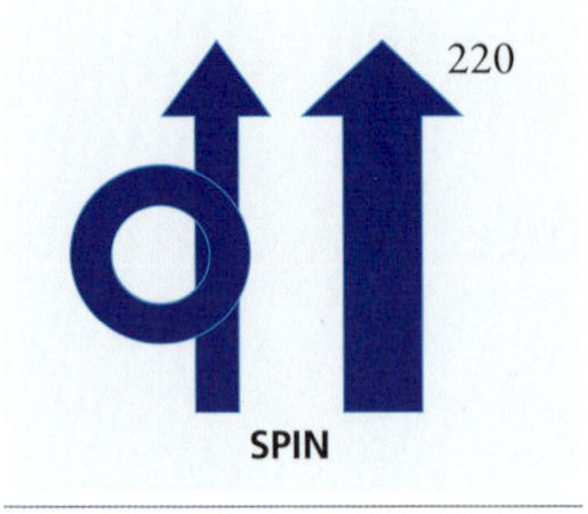

Der Turn oder Spin: Der Hund dreht sich um seine eigene Achse, während ihr im gleichen Tempo, wie vorher vorwärts weitergeht. Würdet ihr hier das Tempo verlangsamen, um dem Hund in die Drehung zu helfen, so sind das drei Punkte Abzug. Stehenbleiben kostet 10 Punkte Abzug.

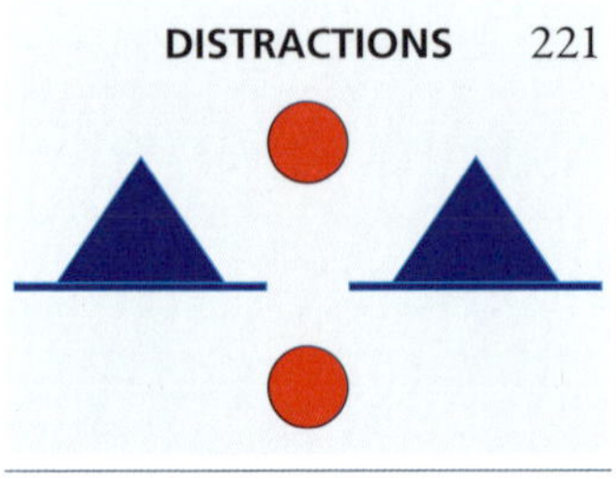

Dieses Schild entspricht:

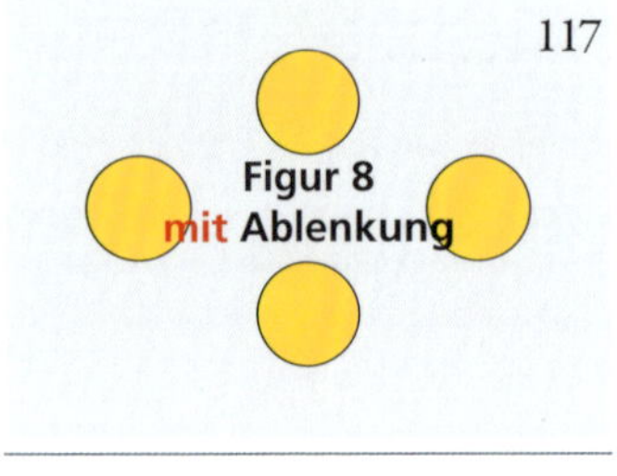

Hier sieht man schon am Schild, dass die Figur 8 anders aussieht, wie im nationalen Regelwerk. Der Aufbau ist im Prinzip der Gleiche. Die Kegel stehen 2,5–3 Meter auseinander. Die roten Punkte stellen Ablenkungen dar. Die Ablenkungen können aus Spielzeugen, Futter oder beidem bestehen. Das Futter muss abgedeckt werden. Das Spielzeug darf frei zugänglich für den Hund sein. Die Ablenkung ist auf der kurzen Seite 1,5–2 Meter auseinander. Die Figur geht

Während ich weitergehe, dreht Flicek sich einmal um seine eigene Achse.

man genau so wie im nationalen Regelwerk. Das Team muss die ganze Zeit in Bewegung bleiben und ihr dürft höchstens 50 cm von den Kegeln oder Ablenkungen entfernt gehen. Der Hund sollte natürlich nicht an der Ablenkung schnuppern.
Sollte der Hund das Spieli stehlen, so wird dies mit 10 Punkten bestraft. Spielzeug stibitzen ist ein Verhaltensfehler. Verhaltensfehler sind Fehlerpunkte, die zu anderen Punkten dazugerechnet werden. Das heißt würde der Hund sich zum Beispiel in der Figur 8 hinsetzen, so wäre die Übung mit 10 Punkten weg. Würde euer Hund jetzt noch zusätzlich das Spielzeug stehlen, würdet ihr an der Figur 8 sogar 20 Punkte verlieren.
Auch hier kann das Schild wieder 1–2 Meter vor der Figur stehen, der Richter würde euch jedoch bei der Parcoursbegehung zeigen, wie er sich den Eingang wünscht.

	–3 Punkte	**–5 Punkte**	**–10 Punkte**
Spieli stehlen			X (*)
Hd /HF bleibt stehen			X
Abstand >50 cm von Kegel oder Ablenkung	X		
Hd und HF gehen nicht gemeinsam um Ablenkung oder Kegel	X		
Schnüffeln Kegeln/Ablenkung		X	
Falscher Eingang oder Ausgang			X

SPRÜNGE

Der Sprung wird etwas anders aufgebaut als im nationalen Regelwerk. Es dürfen keine Agility-Hürden benutzt werden. Ihr benötigt offene Sprunghürden, wie im Obedience. Die Höhe des Sprungs wird, wie im nationalen Regelwerk, von der Widerristhöhe des Hundes bestimmt:

Widerristhöhe	**Höhe der Hürde**
Unter 30 cm	10 cm
30–39 cm	20 cm
40–49 cm	30 cm
50 cm und mehr	40 cm

Der Verein benötigt lediglich zwei dieser Hürden für den Parcours. Anders als im nationalen Regelwerk muss der Vorbereitungsring nicht mit einer dieser Hürden bestückt sein, aber er kann. Der Vorbereitungsring kann komplett leer sein. Der Richter kann die Hür-

Dieses Schild entspricht:

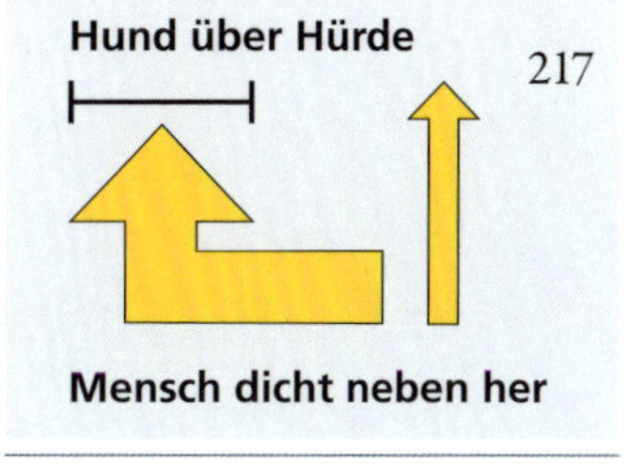

den mehrfach benutzen. Die Hürde steht immer auf der Seite, auf der der Hund geführt wird. Im Parcours steht das Schild 222 auf der rechten Seite. Zwei Meter weiter steht die Hürde, entweder auf der rechten Seite (Hund ist rechts geführt) oder auf der linken Seite (Hund ist links geführt). Ihr dürft den Hund erst zur Hürde schicken, wenn ihr auf Höhe des Schildes angekommen seid. Während der Hund zur Hürde läuft, geht ihr in gerader Linie weiter zum nächsten Schild. Der Hund springt über die Hürde und kommt in der Landezone auf. Diese ist 1 × 2 Meter hinter dem Sprung. Der Hund darf nicht über die Hürde springen und dann zu euch zurückkommen, wenn ihr noch nicht an der Hürde vorbei seid. Damit der Hund nicht zu euch zurückkommt, kann er in der Landezone auf euch warten oder ihr könnt schneller werden, um an dem Sprung vorbeizukommen. Der Hund darf sich in der Landezone zu euch drehen, er muss aber mit mindestens einer Pfote in der Zone stehenbleiben. Wie gesagt, sobald ihr am Sprung vorbei seid, kann der Hund zu euch kommen und mit euch in Fußposition weiter zum nächsten Schild gehen. Nun, was könnte hier alles schief gehen?

Ihr könntet den Hund zu früh zur Hürde schicken (vor dem Schild)	10 Punkte
Ihr schickt den Hund zur Hürde und der Hund trennt sich nicht von euch und ihr helft ihm durch einen Seitenschritt die Hürde zu nehmen	5 Punkte
Ihr bleibt stehen, weil der Hund nicht über die Hürde springt	10 Punkte
Der Hund springt nicht	10 Punkte
Die Stange fällt	5 Punkte
Der Hund kommt zum Hundeführer zurück, obwohl dieser noch nicht an der Hürde vorbei ist	10 Punkte

Optimal schickt ihr den Hund auf Höhe des Schildes zur Hürde. Der Hund läuft zur Hürde und ihr erhöht euer Tempo und könnt den Hund auf der anderen Seite der Hürde in Fußposition nehmen. Oder ihr schickt den Hund zur Hürde, geht normal weiter und der Hund wartet in der Landephase auf euch, sobald ihr auf Höhe des Hundes seid, kommt der Hund in Fußposition.

Trainingstipp: Wenn euer Hund nach dem Sprung zu euch zurückgelaufen kommt, könnt ihr ein Target hinter der Hürde platzieren. Nun schickt ihr den Hund über die Hürde zum Target und lasst ihn dort verharren. Sobald ihr an der Hürde vorbei seid, könnt ihr im Training mal zum Hund hingehen und auf dem Target füttern und mal abrufen.

3-PUNKT-SCHILDER

Schild 301 und 302 – Seitwärtsgehen für den Hund:
Jedoch finde ich, dass diese Übungen nicht wirklich mit dem nationalen Schild 102 vergleichbar sind. Deshalb erkläre ich euch mal, wie diese Schilder im internationalen Regelwerk idealerweise aussehen. Das Team kommt vor dem Schild an, und in der Bewegung geht der Hundeführer einen Schritt zur Seite. Unten in der Grafik könnt ihr sehen, wie ihr die Schrittfolge machen könnt. Schaut das erste Bild an: Ihr kommt mit dem rechten Fuß an, stellt ihn ab und der linke Fuß folgt. Nun müsst ihr sehr zügig den rechten Fuß nach rechts bewegen und der linke folgt. Bei diesem Ablauf darf nicht der Eindruck entstehen, dass ihr stehengeblieben seid. Das Ankommen und Seitwärtsgehen muss ein fließender Ablauf sein.

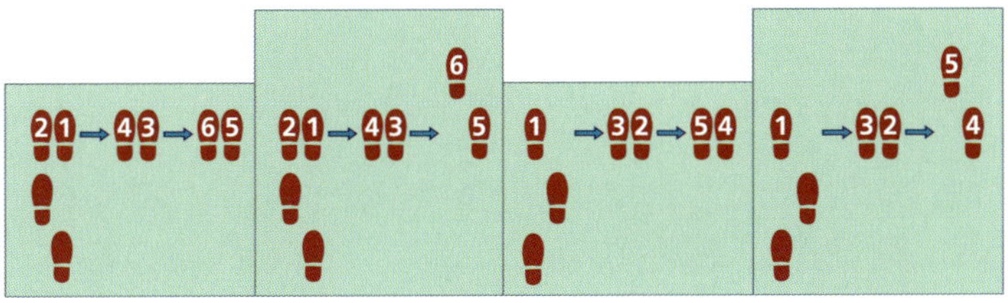

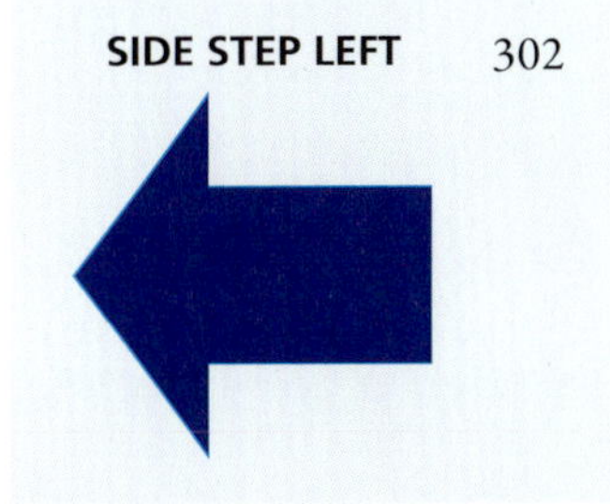

Ganz vage könnte man diese Schilder mit diesem Schild vergleichen:

Ein Seitwärts-Schritt muss so groß sein, dass eine Fußlänge dazwischen passt. Der Hund kommt mit euch an und geht mit seinen Pfoten parallel mit euch zur Seite mit. Der Hund macht keine Vorwärtsbewegung. Es ist gewünscht, dass der Hund zuerst die rechte Vorder- und Hinterpfote nach rechts versetzt und dann die linke Vorder- und Hinterpfote nach rechts versetzt. Das heißt der Hund bewegt seine Pfoten seitwärts. Der Hundeführer geht, wie man auf dieser Grafik sieht, auf einer geraden Linie zur Seite.

Erlaubt wäre auch: Ihr kommt mit dem linken Fuß an, setzt, den rechten Fuß nach rechts und den linken Fuß als nächstes schon vorwärts. Hier sehe ich jedoch, dass Risiko, dass der Hund wenig Zeit hat, in die Seitwärtsbewegung zu kommen und diese letztendlich zu zeigen. Wenn ihr so zur Seite geht, kann ich mir gut vorstellen, dass der Hund schräg vorwärts mitgeht.
Auch wenn diese zwei Schilder sogenannte 3-Punkt-Schilder sind, finde ich sie sehr schwer. Es ist eine Sache, dem Hund das Seitwärtsgehen beizubringen, aber eine andere, es im Parcours ad hoc vor den Schildern umsetzen zu können, ohne dass einer vom Team stehen bleibt. Wichtig hierbei ist auch, dass ihr die Füße gerade seitwärts setzt und nicht dabei schon die Füße vorwärts oder rückwärts setzt, wie auf der nächsten Seite abgebildet ist.

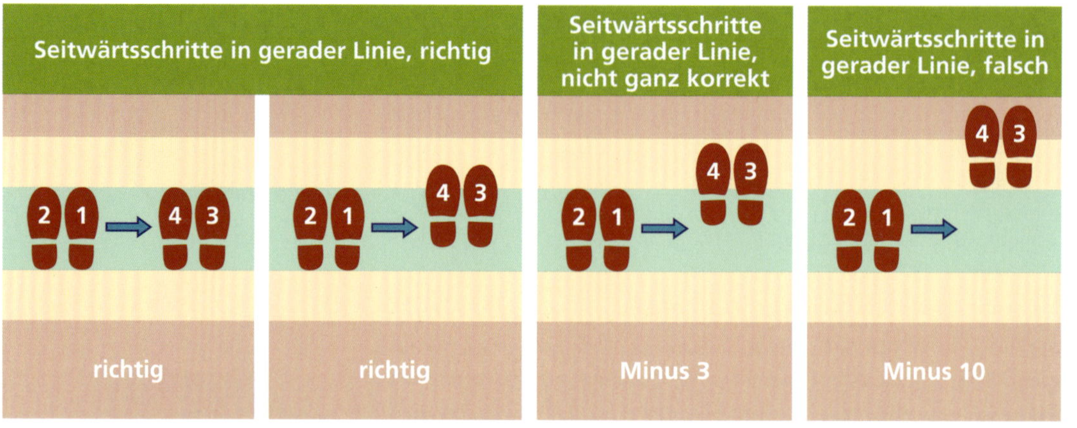

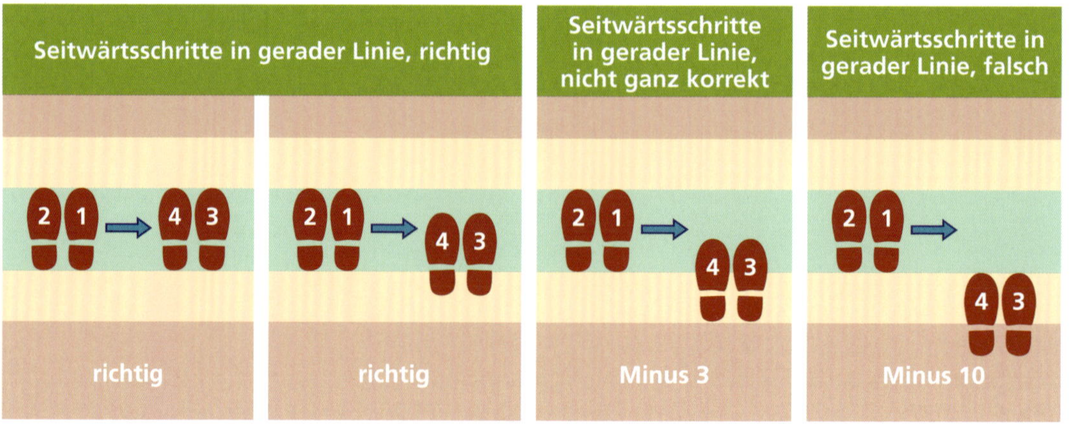

Kommen wir zur Punkteverteilung:

Hund und/oder HF bleiben stehen	10 Punkte
Hund und/oder HF gehen einen ganzen Schritt nach vorne oder hinten	10 Punkte
Hund und/ oder HF gehen einen halben Schritt nach vorne oder hinten	3 Punkte
Hund geht nicht mit den Vorderpfoten und den Hinterpfoten gleichzeitig seitwärts	5 Punkte
Hund berührt oder lehnt sich gegen den HF	1 Punkt
Hund ist 45°–90° schief	1 Punkt
Hund ist weiter als 50 cm vom HF entfernt	3 Punkte

TRAININGSTIPPS

Hier kommt unser Trainingstagebuch zum Zug. Welche Hilfsmittel können wir benutzen?

— Physio-Igel
— Targets
— Dogstepper
— Cavaletti-Stangen
— TellingtonTouch-Bänder

Wichtig ist, dass ihr die Muskeln des Hundes aufbaut. Ich kann mich noch genau daran erinnern, wie wir im Handball-Training immer am See joggen waren. Am Ufer gab es eine steile Böschung aus Sand. Die mussten wir bei jedem Training hochlaufen und haben so unsere Beinmuskulatur gestärkt. Mit Edin und Flicek mache ich es nicht viel anderes. Ich gehe gerne mit ihnen in unser Feld, da gibt es wunderbare Hügel. Ich stelle mich mit Edin unten am Hügel gegenüber auf, sodass wir uns gegenseitig in die Augen schauen können. Jetzt gehe ich mit dem rechten Fuß seitwärts den Hügel hinauf und fordere Edin auf mir gleichzutun und seine linken Pfoten auch seitwärts, bergauf zu bewegen. Mein linker Fuß schließt zum rechten Fuß auf und Edin soll mit seinen rechten Pfoten auch schließen. So gehen wir Schritt für Schritt den Hügel seitwärts hinauf. Tauscht bei eurem Training auch die Seiten, sodass ihr in der zweiten Runde mit dem linken Fuß startet und den rechten Fuß nachzieht. Wenn wir das jeden Tag mit dem Hund trainieren, erreichen wir einen guten Muskelaufbau. Zusätzlich können wir den Hund zu Hause auf Physio-Igel stehen lassen. Trainiert mit ihm, dass er sich mit jeder Pfote auf einen Igel stellt. So bekommt der Hund ein gutes Körperbewusstsein.
Außerdem hat meine Physiotherapeutin mir den Tipp gegeben, Edin mit Pfotenbandagen ein besseres „Pfotengefühl“ zu geben. Also quasi ähnlich wie früher die Schweißbänder. Wenn ich mit dem Hund spazieren gehe, bekommt der Hund für kurze Zeit eine Bandage um seine hintere Pfote. Nun nimmt mein Hund dieses Band und damit auch seine Pfote „aktiv“ wahr und es fällt ihm leichter, diese aktiv zu bewegen und zum Beispiel mehr anzuheben. Dadurch trainiert mein Hund die hintere Beinmuskulatur. Trainiert das Seitwärtsgehen so lange, bis ihr merkt, der Hund geht automatisch seitwärts, wenn ihr mit eurer Übung beginnt. Jetzt führt ihr Kommandos für das Seitwärtsgehen ein. Ihr könnt ein Kommando nehmen oder ihr nehmt verschiedene. Edin, zum Beispiel, geht, sobald ich „zur Seite“ sage, mit seiner rechten Pfote nach rechts. Das wäre nicht korrekt, wenn ich ihn auf meiner linken Seite habe und er nach links gehen muss. Oder wenn ich ihn rechts geführt habe und er nach links gehen muss. Da müsste Edin zuerst mit seiner linken Pfote starten. Deshalb habe ich dafür ein weiteres Kommando: „rüber“.

Geht der Hund nicht automatisch seitwärts, könnt ihr zu Hause vier Targets auslegen. Der Hund muss sich vorne und hinten auf jeweils ein Target stellen. Nun dirigiert ihr den Hund mit Leckerchen vor der Nase rüber zu den anderen Targets. Dabei beschränkt ihr ihn im Vorwärtsgehen. Er kann also nur die Targets wechseln, indem er zur Seite geht.
Ihr könnt auch zwei Dogstepper nebeneinanderlegen und ihr stellt den Hund auf einen der beiden Dogstepper. Ihr stellt euch vor dem Hund hin. Jetzt fordert ihr den Hund mit Futter in der Hand auf, durch Seitwärtsgehen von dem einen Dogstepper auf den anderen Dogstepper zu wechseln. So könnt ihr das Seitwärtsgehen trainieren.
Man kann auch mit Cavaletti -Stangen oder mit „Leitern“ arbeiten. Man legt diese quer hin und der Hund muss mit den Pfoten seitwärts darübersteigen. So lernt er auch, bewusst seine Pfoten nach rechts oder nach links seitwärts zu bewegen.
Funktioniert das Seitwärtsgehen wenn ihr euch gegenüber steht zu 80 % gut, können wir beginnen die Übung nebeneinander zu trainieren.
Das heißt wir gehen mit dem Hund zusammen in eine Richtung und bleiben vor dem Schild stehen und leiten nun das Seitwärtsgehen ein. Vielleicht beginnt ihr erst mal mit dem Schild 301 und dem links geführten Hund. Allerdings habe ich da noch einen Tipp für euch. Und zwar Vorkommandos! Vielleicht passiert es euch auch öfters, dass euer Hund, wenn ihr an einem Schild ankommt, ein wenig vor euch ist, eventuell auch schief ist, dann ist es umso schwerer, mit dem Hund parallel zu gehen. Deshalb wäre es von Vorteil, wenn der Hund rechtzeitig wüsste, dass jetzt gleich dieses Schild kommt, bei dem er seitwärts gehen muss. Habt ihr schon mal über Vorkommandos nachgedacht oder benutzt ihr sie schon bei anderen Schildern? Ich sage Edin bereits auf dem Weg zu diesem Schild „Sidestep“ gehe in den Arbeitsbereich und führe die Übung mit „eins“ für den rechten Fuß abstellen ein und sage „zwei“ und stelle den linken Fuß ab. Bei „Sidestep“ weiß Edin schon, welches Schild kommt und bei „eins“, „zwei“, dass wir jetzt seitwärtsgehen. Wenn ich möchte, kann ich nun noch „zur Seite“ sagen, aber in der Regel stellt Edin schon seine rechten Pfoten seitwärts zu mir und die linken Pfoten folgen. Perfekt!
Für dieses Schild müsst ihr auch mit dem Hund rechts geführt die Seitwärtsbewegungen üben. Und dann gibt es noch das Schild 302. Hier muss der Hund links geführt die Seitwärtsbewegung von euch weg nach links gehen und wenn der Hund auf eurer rechten Seite ist, muss der Hund die Seitwärtsbewegung nach links machen und eurem rechten Bein folgen. Wie ihr seht, sind diese Schilder ganz schön umfangreich und deshalb meiner Meinung nach nicht mit dem Schild 102 im nationalen Regelwerk zu vergleichen.

01

02

01 Hier übt Sabrina mit dem Edin das Seitwärtsgehen nach links, man sieht das gleichzeitige Bewegen nach links. Edin ist hinten leider etwas schräg. Das versetzte Seitwärtsgehen würde fünf Punkte kosten.

02 Zum Schluss noch das Sitz.

Diese Schilder entsprechen:

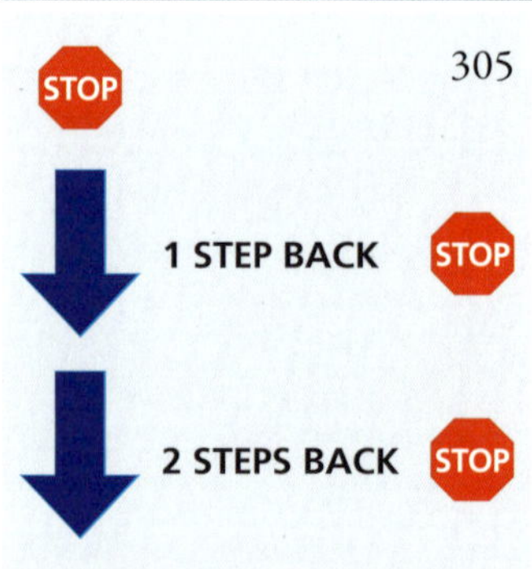

Dieses Schild ist vergleichbar mit:

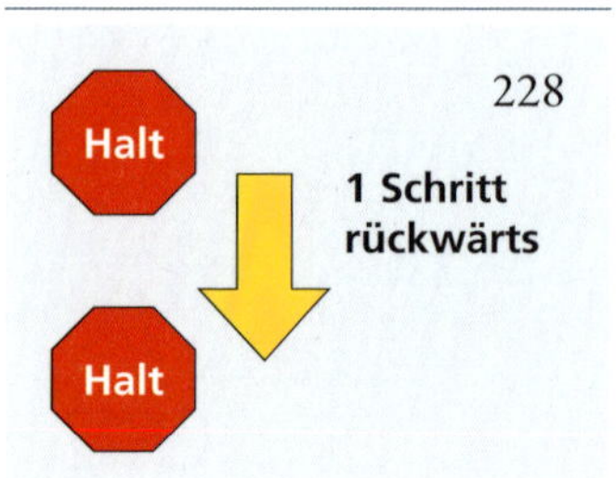

Die Schilder sind vom Aussehen her im nationalen und internationalen Regelwerk identisch. Jedoch sehe ich die Schwierigkeit im FCI-Regelwerk, dass der Hund seitwärts gehen muss. Dieses Element ist im nationalen Regelwerk nicht so explizit für den Hund beschrieben. Zuerst habe ich gedacht, dass diese Schilder einfacher sind, wie 301 und 302. Wenn man sie aber im Parcours läuft, merkt man, dass die Schwierigkeit darin liegt, dass wenn der Hund sitzt und wir zur Seite gehen, der Hund meistens mit den Vorderpfoten mitgeht – jedoch nicht seitlich, sondern vorwärts, und das würde 10 Punkte kosten. Ich denke, dass der Hund erst aus dem Sitz aufstehen muss und dann seitlich gehen kann. Ihr könntet hier tatsächlich dem Hund das Kommando Steh geben, damit er aufsteht. Achtet jedoch darauf, dass der Hund nach dem Aufstehen, sofort seitwärts geht und nicht stehenbleibt. Im Obedience gibt es schöne Positionswechsel, wo der Hund vorne oder hinten statisch ist, wenn er vom Sitz ins Steh geht. Ich habe dem Edin beigebracht, vorne fest zu sein und hinten mit den Hinterbeinen aufzuspringen. Wenn er dann seitlich geht, sieht dies fließend aus und nicht wie ein klassisches Steh. Ich denke, dass man dies trainieren sollte. Aufbau und Punktabzug sind wie bei den Schildern 301 und 302.

RÜCKWÄRTSLAUFEN

Na ja, diese Schilder sind nicht gleich. Allerdings kann man unser Schild 228 als Weg zu diesem FCI-Schild 305 sehen. Ihr kommt an diesem Schild an und lasst den Hund neben euch sitzen, dann geht ihr mit eurem Hund zusammen einen Schritt rückwärts und lasst den Hund neben euch sitzen. Dann geht ihr mit eurem Hund zwei Schritte rückwärts und stoppt. Der Hund sitzt wieder neben euch. Euer Hund geht parallel mit euch rückwärts. Der Hund darf bis zu 45° schief gehen bzw. neben euch sitzen. Geht der Hund mehr als 45°–90° schief mit euch rückwärts, kostet das einen Punkt. Sollte der Hund aber über 90° sein, so sind direkt 10 Punkte weg. Macht ihr einen Schrittfehler in dieser Übung, so kostet das auch 10 Punkte. Die Schilder 306 International Class und 108 nationales Regelwerk plus Abschluss Za und / oder Zb sind in der Tat gleich. Zum Glück haben wir den Einleitungsschritt für das Vorsitz bereits 2022 abgeschafft und ihr habt euch schon daran gewöhnt, ihn nicht mehr zu machen. Denkt aber bitte daran, dass ihr bei dem internationalen Schild nicht rückwärtsgehen dürft, um dem Hund in das erste Vorsitz zu helfen. Der Hund geht immer zeitgleich mit euch mit und zeigt jeweils die erforderliche Position. Als Abschluss dürft ihr hier entweder den Abschluss Za oder Zb zeigen. Der Hund muss am Ende auf jeden Fall auf eurer linken Seite sitzen. Schrittfehler und eine verkehrte Position kosten 10 Punkte. Sollte der Hund sich auf eure Füße stellen, so kostet dies nur einen Punkt. Im internationalen Regelwerk ist es auch nicht von Bedeutung, wenn der Hund beim Vor-Platz durch eure Beine durchrutscht, dies gibt keinen Punktabzug.

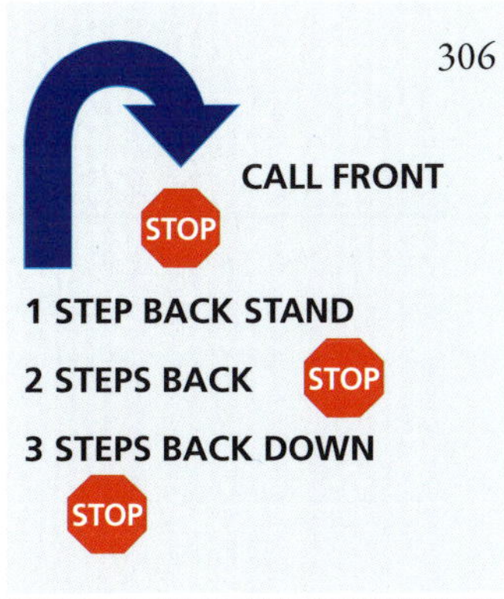

entspricht:

zusammen mit

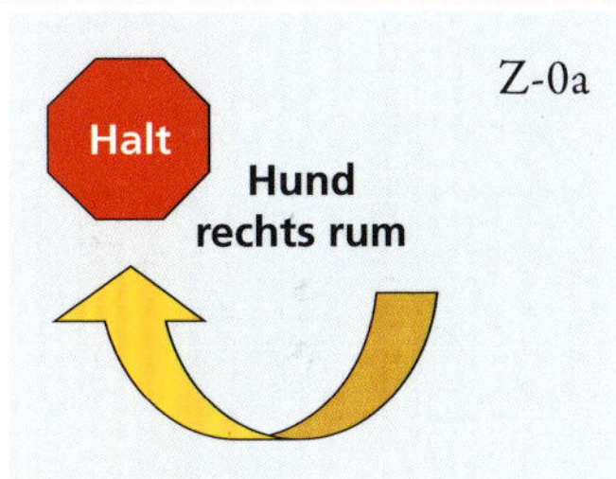

oder

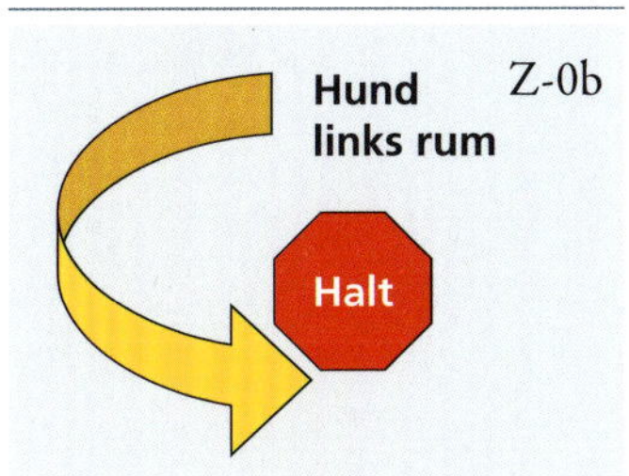

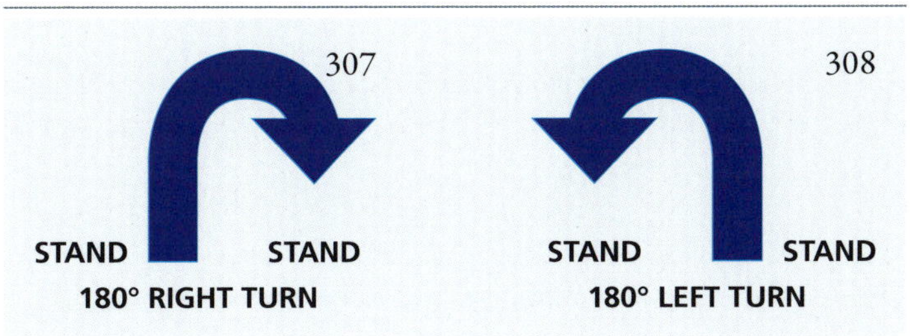

entspricht:

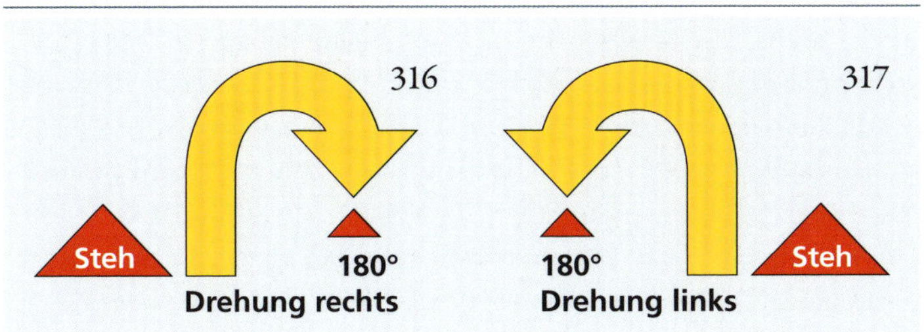

Bei den Schildern 307 und 308 ist die Schrittanzahl im internationalen Regelwerk nicht vorgegeben. Die Drehung sollte auf ein DIN-A4-Blatt passen.

Wenn der Hund den Twist so liebt, ist das Schild 313 mit dem rechtsgeführten Hund kein Problem.

	–3 Punkte	–10 Punkte
HF Drehung > DIN-A4 bis DIN-A3	X	
HF Drehung > DIN-A3		X

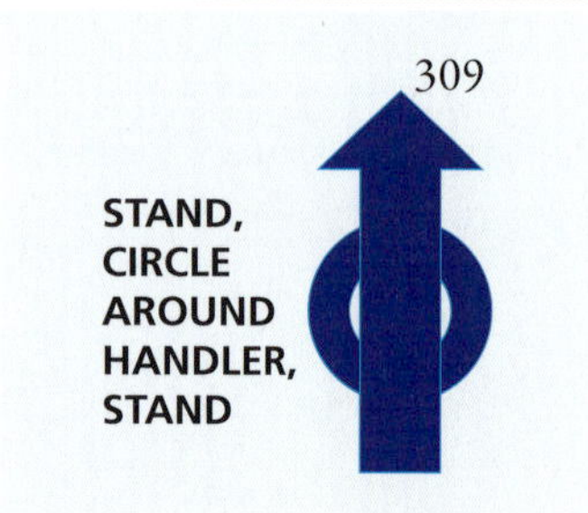

entspricht:

Die Grafik auf den FCI-Schildern ist leider nicht so eindeutig, wie bei unseren Schildern. Das Schild 407 auf der Seite 237 sieht auf dem ersten Blick fast genauso aus. Hier muss man genau auf das Schild schauen, damit man nicht aus Versehen das verkehrte Schild macht. Beim Schild 309 kommt ihr an, bleibt stehen und der Hund steht neben euch. Dann fordert ihr den Hund auf, euch in Laufrichtung zu umrunden, und wenn er einmal um euch rum ist, wieder stehen zu bleiben. Genau wie bei dem Schild 318 aus dem nationalen Regelwerk.
In der International Class muss man als Team immer darauf achten, dass man in Bewegung ist. Bei dem Schild 309 kann man jedoch tatsächlich mal stehenbleiben und Luft holen, während der Hund neben euch steht. Trainiert dieses Schild auch wieder mit dem links- und rechtsgeführten Hund. Für manche Hunde ist es schwierig, wenn sie rechtsgeführt sind, ein gerades Steh neben euch zu zeigen. Ihr könnt mit einem Target das gerade Steh neben euch üben, oder ihr begrenzt den Hund zu Beginn eures Trainings mit einer Mauer.

WECHSELSCHILDER

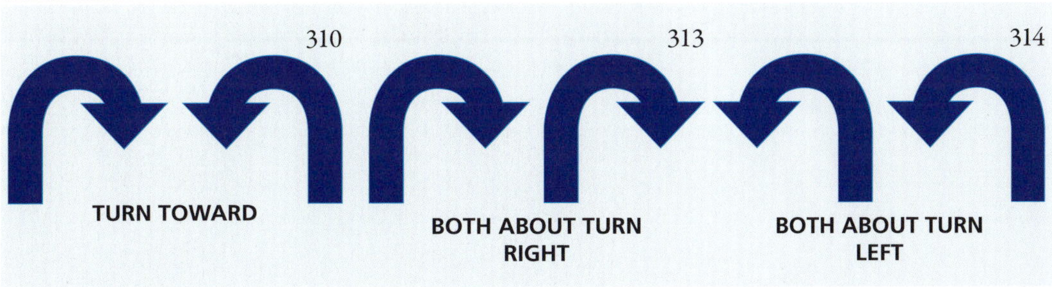

Diese Schilder entsprechen:

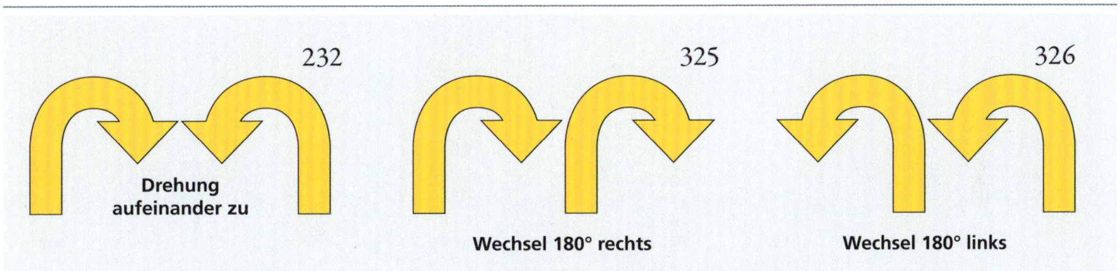

Nicole und Dreamer beim Schild 310; Dreamer dreht sich zu Nicole und Nicole zu Dreamer aus dem links geführten Hund wird der rechts geführte.

Edin macht den Twist nach rechts und ich drehe mich zeitgleich rechts zum Hund. Dadurch haben wir einen Seitenwechsel von rechts- auf links geführt.

Die Schilder 310, 313 und 314 sind Wechselschilder. Der Hund wechselt durch diese Drehungen die Seite. Ist der Hund vor dem Schild rechts geführt, so wird er nach dem Turn links geführt. Ist der Hund vorher links geführt, dann ist er nach dem Turn rechts geführt. Weder der Hund noch ihr dürft stehenbleiben, ihr müsst die ganze Zeit in Bewegung bleiben. Während das Stehenbleiben im nationalen Regelwerk nur fünf Punkte kostet, so ist im internationalen Regelwerk das Schild mit 10 Punkten weg. Achtet bitte darauf, dass ihr euch zeitgleich dreht. Der Hund darf sich nicht zuerst drehen und ihr zeitversetzt, um dem Hund in die Drehung zu helfen.

	–3 Punkte	**–5 Punkte**	**–10 Punkte**
Hd/ HF bleiben stehen			X
Hd und HF drehen etwas zeitverzögert	X		

Flicek wechselt von rechts geführt auf die linke Seite hinter mir, während ich in Bewegung bleibe.

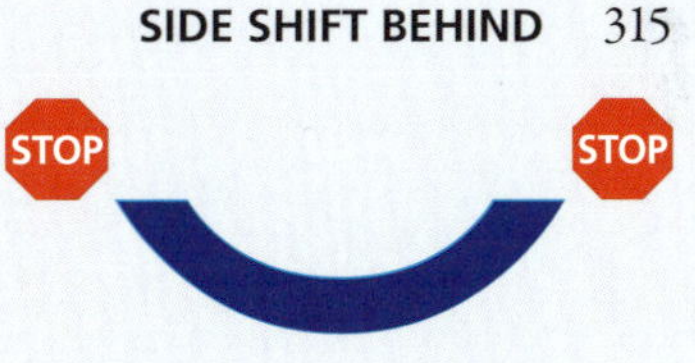

Diese Schilder entsprechen:

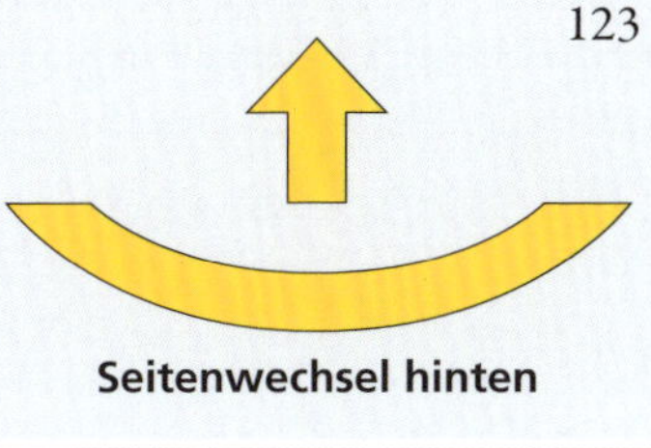

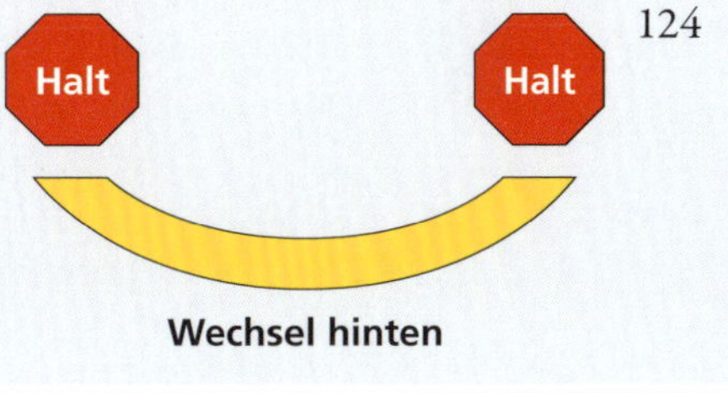

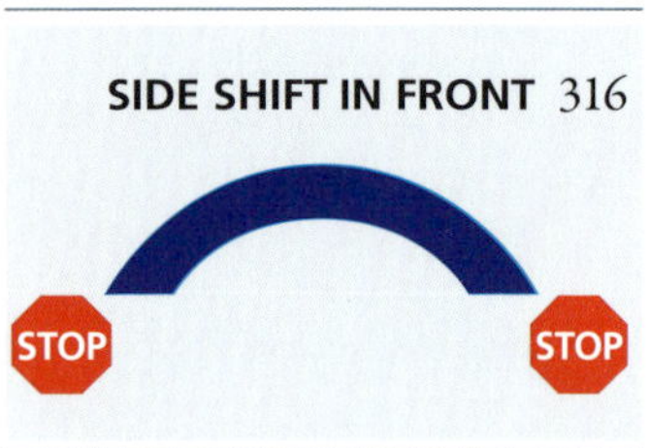

entspricht:

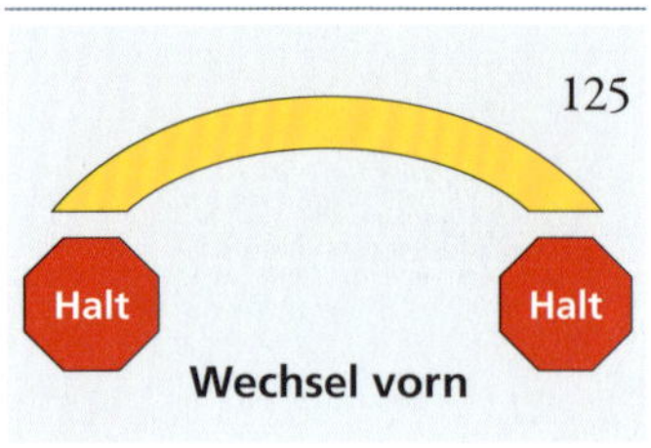

Borko wechselt von rechts geführt auf links geführt vor Andrea, während Andrea stehenbleibt.

Diese Wechselschilder 311,315 und 316, die man im internationalen Regelwerk im 3-Punkte-Bereich findet, sind unsere Wechselschilder aus der Klasse 1. Sie sind relativ einfach und ich denke, ich muss sie nicht erklären. Ganz wichtig ist jedoch, dass ihr bei den Schildern geradeaus gehen müsst und dem Hund nicht durch zusätzliche Schritte Raum geben dürft, damit ihm der Wechsel einfacher fällt. Dies würde drei Punkte kosten.

DOGDANCE

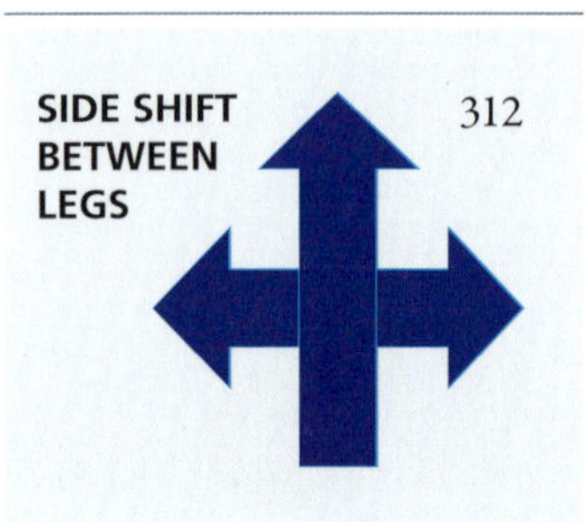

Ein superschönes Schild aus dem Dogdance-Bereich. Ich finde, es macht richtig Spaß, diesen Trick mit unseren Hunden zu üben. Ihr dürft bei diesem Schild ausnahmsweise stehenbleiben. Gerade wenn ihr einen sehr großen Hund habt, der vielleicht Schwierigkeiten hat, durch eure Beine zu laufen, könnt ihr stehenbleiben und euer vorderes Bein zu einer Brücke anheben. Der Hund läuft dann unter dieses Bein auf die andere Seite. Ganz wichtig: Der Hund darf nicht stehenbleiben, dass würde 10 Punkte kosten. Ihr könnt einfach euren Hund mit Leckerchen durch eure Beine locken.

TRAININGSTIPP

Wir hatten heute Außentraining und waren 10 Teams mit Hunden. Wir haben uns alle hintereinander aufgestellt und die Beine gegrätscht. Jeder hat seinen Hund durch die Beine geführt. Das ist eine gute Übung, denn manche Hunde fanden dies nicht so angenehm. Trainiert man es häufiger, geht der Hund auch ohne zu zögern durch die Beine.

UMRUNDEN DES HUNDES AUS DER BEWEGUNG

Bei den Schildern 317 und 318 zeigt der Hund ein Steh oder ein Platz aus der Bewegung. Wir kommen an diesem Schild an und fordern den Hund ohne stehenzubleiben auf, eine dieser Position, je nach dem welches Schild hier steht, einzunehmen. Wir gehen in Laufrichtung um den Hund herum. Der Hund muss die geforderte Position spätestens dann eingenommen haben, wenn wir auf Höhe der äußeren Vorderpfote sind. Sind wir um den Hund herumgegangen, müssen wir kurz stehenbleiben und dürfen erst dann weitergehen. Für uns ist dieses Schild in jedem Fall ein Bewegungsschild. Wir dürfen nicht stehenbleiben – außer wenn wir mit dem Umrunden fertig sind. Bei dem Schild 317 *Moving stand walk around* bleibt der Hund stehen. Sollte er sich mit 2–3 Pfoten von der Stelle fortbewegen, wo er sich ursprünglich befand, so kostet dies drei Punkte. Bewegt er sich jedoch

Jay bleibt beim ersten Steh-Kommando sofort stehen, während Heinz um ihn herum läuft.

mit allen vier Pfoten fort, ist das Schild natürlich mit 10 Punkten weg. Diese Schilder könnt ihr ähnlich trainieren wie im nationalen Bereich die Schilder 310–312 *Sitz, Platz, Steh aus der Bewegung.*

	–3 Punkte	**–10 Punkte**
HF macht größeren Bogen wie 50 cm um den Hund	X	
Hund bewegt 2–3 Pfoten	X	
Hund bewegt mehr als drei Pfoten von Ursprungsstelle fort		X
Hd hat Position nicht eingenommen, wenn HF um ihn rum geht		X
Hd hält Position nicht		X
HF steht am Schluss nicht neben Hund		X

HÜRDEN

Bei diesem Schild haben wir zwei Hürden, die der Hund hintereinander überspringen muss. Das Schild für diese Sprünge befindet sich zwei Meter vor der ersten Hürde. Die zweite Hürde steht vier Meter hinter der ersten Hürde. Dieses Schild ist ähnlich wie das Schild mit der einen Hürde. Ihr dürft schneller werden, wenn der Hund springt, damit er nicht zu euch zurückkommt, oder ihr lasst ihn in der Landezone auf euch warten. Der Hund kann hierbei auch beide Sprünge nehmen und hinter der zweiten Hürde in der Landezone auf euch warten. Kommt nicht auf die Idee, den Hund über die erste Hürde springen zu lassen, ihn in der Landezone stehen zu lassen, selbst schon zur zweiten Hürde zu gehen und den Hund dann abzurufen. Das wäre nicht erlaubt und würde 10 Punkte kosten. Blöd wäre es auch, wenn eine Hürde auf einem Turnier durch zwei verschiedene Schilder mehrfach genommen werden muss und dem Hund beim ersten Überspringen die Stange runtergefallen wäre. Denn im internationalen Regelwerk ist es nicht vorgesehen, dass die Stange wieder aufgelegt wird. Der Hund muß beim zweiten Mal springen, dann durch die Ausleger "springen", dann bekommt er auch keine weiteren Punkte gezogen, weil die Stange schon liegt.

TRAININGSTIPPS

Beobachtet erst einmal, wie euer Hund die zwei Hürden nimmt. Springt er im normalen Tempo über die Hürden, kann es eventuell ausreichend sein, dass ihr lediglich euer Tempo erhöht. Ist der Hund aber sehr zügig unterwegs, könnt ihr das Warten im Landebereich mit einem Target trainieren. Legt ein Target hinter dem Sprung in die Landezone und lasst den Hund springen und sagt danach Target. Der Hund soll nun so lange auf dem Target stehenbleiben, bis ihr auf seiner Höhe seid. Ihr könnt das Target immer kleiner werden lassen und wenn der Hund zu 80 % in der Landezone stehenbleibt, komplett ausschleichen. Ist der Hund nicht mit einem Target ausgebildet, so bietet sich hier auch eine Futterschüssel in der Landezone an. Der Hund soll springen und in der Landezone stehenbleiben. Bleibt er stehen, bekommt er eine Belohnung über einen Futterautomaten oder über eine Futterschüssel. Bei einer Futterschüssel benötigt ihr jedoch eine Hilfe, die die Schüssel nur freigibt, wenn der Hund fehlerfrei stehen geblieben ist. Das Stehenbleiben in der Landezone ist nur nach der zweiten Hürde erlaubt, nicht nach der ersten Hürde.

ABRUFSCHILDER UND RÜCKRUFKEGEL

In Verbindung mit diesen drei Schildern bleibt der Hund in dessen Arbeitsbereich stehen. Entweder erfolgt der Rückruf durch sogenannte Rückrufkegel oder durch Abrufschilder. Der Rückrufkegel

Flicek wartet auf seinen Abruf.

hat eine Größe von ca. 15 cm und steht fünf Meter nach dem Schild, bei dem der Hund verbleibt. Der Rückrufkegel steht ca. einen Meter rechts von eurem Laufweg entfernt. Sobald ihr an dem Rückrufkegel vorbeikommt, könnt ihr euren Hund rufen. Ihr dürft sogar ab dem Abruf langsamer werden, jedoch nicht stehenbleiben, denn Stehenbleiben kostet 10 Punkte. Hier habe ich euch mal den Arbeitsbereich des Rückrufkegels eingezeichnet. Ruft ihr den Hund vor dem Arbeitsbereich, oder der Hund startet zu früh, so verliert ihr an den Schilder 319, 408 und 409 10 Punkte. Das nachfolgende Schild kommt nach ca. fünf Metern nach dem Rückrufkegel.

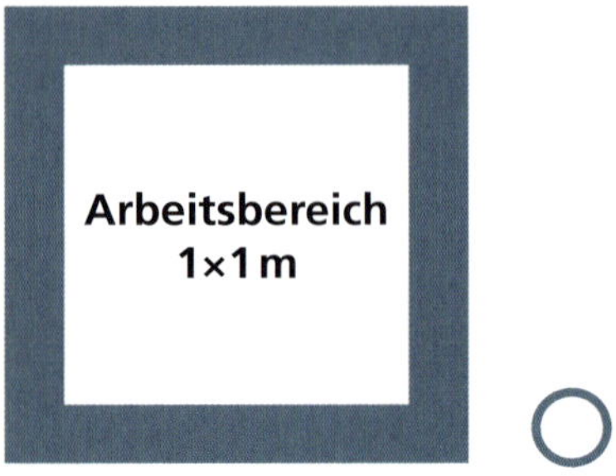

entspricht:

Statt eines Rückrufkegels können aber auch folgende Abrufschilder stehen.

Während der Rückrufkegel einen Abstand vom vorherigen Schild von fünf Metern hat, können die Abrufschilder 3–5 Meter nach dem vorherigen Schild stehen. Bei den Schildern 321, 322 und 323 kann der Hundeführer vor der Drehung kurz stehenbleiben. Es hat keine Relevanz wie rum ihr euch umdreht. Rechtsrum oder linksrum. Ihr stellt euch vor das Schild und ruft euren Hund ab. Beim Schild 321 kommt der Hund, egal auf welcher Seite er vorher war, auf eure linke Fuß-Seite. Dafür kann er um euch rumlaufen oder sich auf der linken Seite eindrehen. Ist der Hund auf eurer linken Fuß-Seite, geht ihr gemeinsam zum nächsten Schild weiter. Der Hund zeigt hier kein Sitz. Das Sitz würde 10 Punkte kosten.

entsprechen die Schilder:

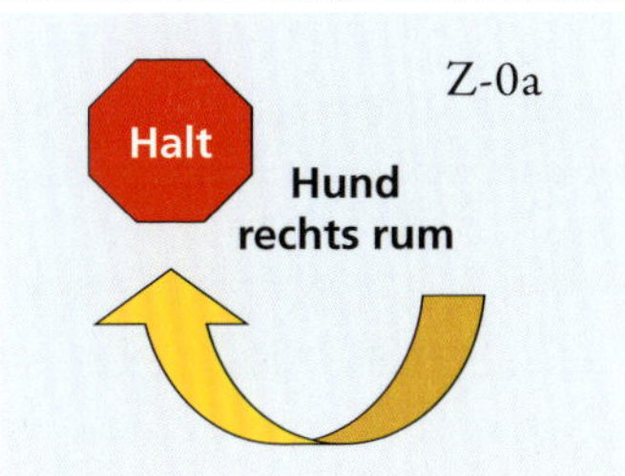

entsprechen die Schilder:

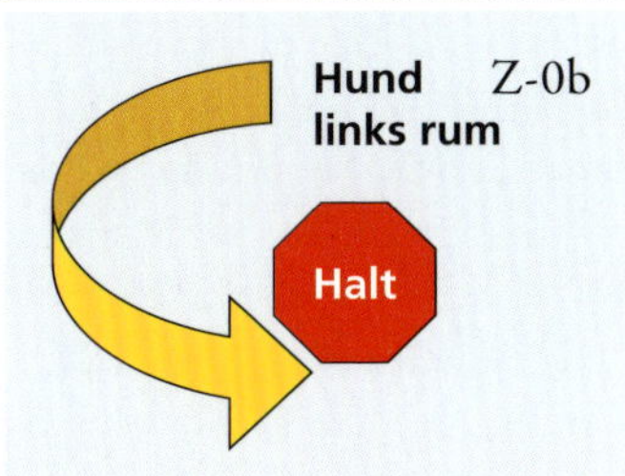

Die Schilder 322 und 323 sind mit unseren nationalen Abrufschildern vergleichbar. Es gibt noch zwei weitere Abrufschilder, diese findet ihr unter dem folgenden Kapitel 4-Punkt-Schilder.

4-PUNKT-SCHILDER

Nun wollen wir uns die schwierigsten Schilder der FCI-Klasse anschauen.
Über diese Übungen haben wir ausgiebig auf Seite 213 ff. gesprochen. Bei den Schildern 401, 402, 403 und 404 kommt lediglich ein weiterer Schritt zur Seite dazu.

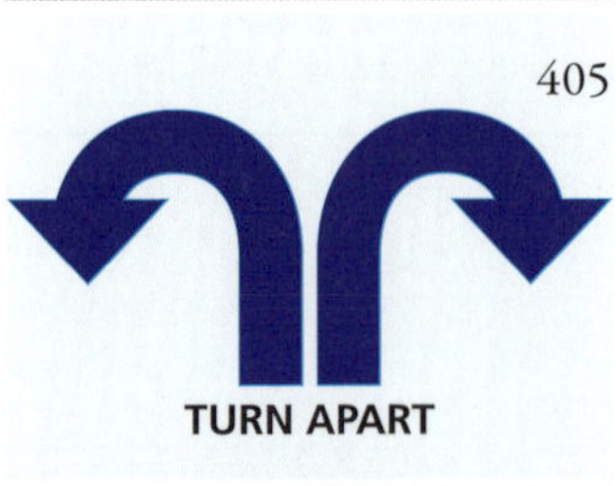

entspricht:

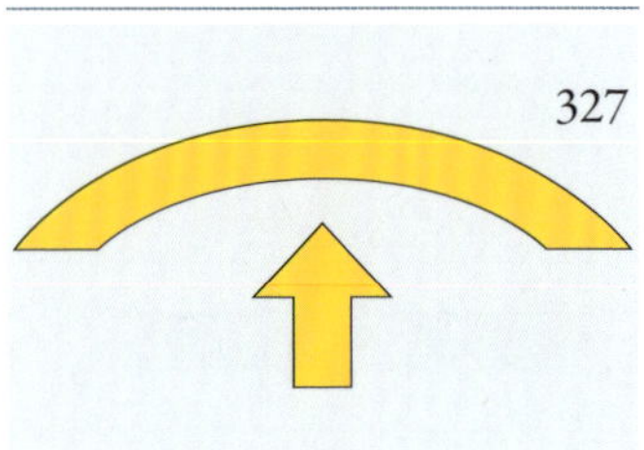

Wenn der Hund so aufmerksam schaut, geht der Turn 405 einfach – ein Fingerzeig, und Dreamer dreht sich von Nicole weg.

Das Schild 405 liebe ich. Das Schild ist im Prinzip noch ein Dogdance-Schild. Der Hund wechselt die Seite, weil wir uns gleichzeitig in die entgegengesetzte Richtung drehen.

Im nationalen Regelwerk haben wir diese ähnlichen Schilder mit dem Kommando „twist" oder „weg" eingeleitet. Wenn ich zu meinen Hunden „weg" sage, drehen sie sich rechts geführt nach rechts, links geführt nach links. Da ich mich zeitgleich auch drehe, nehme ich meinen Hund nach einer halben Drehung wieder in die Fuß-Position. So hat mein Hund die Fuß-Seite gewechselt. Bei diesem Schild dürfen weder der Hund noch ihr stehenbleiben, denn das Stehenbleiben kostet 10 Punkte. Wenn eure Hunde auch so viel Spaß an dem Twist haben wie meine, dürfte dieses Schild kein Problem für euch sein. Ich mag es einfach.

Diese zwei Schilder sind völlig identisch. Falls ihr hier noch Trainingstipps benötigt, schaut vorne im nationalen Regelwerk auf Seite 151 nach. Außerdem sind Nicole Harth und ich auf dieses Schild in unserem Webinar beim Kosmos Verlag „Die neue Prüfungsordnung 2022" ausgiebig eingegangen. Denn hier war es uns wichtig, es vernünftig aufzubauen, damit der Hund sich nicht mit einer Kreisbewegung zu uns eindreht.

Diese zwei Schilder finde ich auch richtig klasse. Wie anfangs erwähnt gibt es hier zwei **Ausnahmeregeln:**
Bei dem **Schild 417 ist** der **Hund** zu Beginn der Übung auf der **linken Seite**. Das Schild steht rechts von uns. Die Pylone (40–50 cm hoch) steht ca. 1–2 Meter in gerader Linie hinter dem Schild. Der **Arbeitsbereich** des Schildes ist, obwohl es eine Richtungsänderung ist, 1 × 1 Meter **neben dem Schild**, wie beim Geradeausgehen. In diesem Arbeitsbereich schicken wir den Hund zur Pylone. Der Hund läuft zur Pylone und umrundet diese im Uhrzeigersinn. Der Hund muss den Hundeführer verlassen haben, bevor dieser das Schild passiert. Während der Hund die Pylone umrundet, biegen wir vor der Pylone um 90° nach links ab. Wir können langsamer werden, damit der Hund uns vor dem nächsten Schild wieder eingeholt hat und auf unsere rechte Fuß-Seite kommt.
Bei dem **Schild 418** ist der **Hund** zu Beginn der Übung auf unserer **rechten Seite**. Das Schild steht auch wieder rechts von uns. Die Pylone wieder 1–2 Meter hinter dem Schild. Vor dem Schild (im Arbeitsbereich) schicken wir den Hund zur Pylone und lassen den Hund nun gegen den Uhrzeigersinn um die Pylone laufen. Wir biegen vor der Pylone hinter dem Schild um 90° nach rechts ab. Wir können wieder langsamer werden und der Hund findet sich auf unserer linken Fuß-Seite wieder ein. Gemeinsam gehen wir mit dem Hund zum nächsten Schild. Hier darf weder der Hund noch der Hundeführer stehenbleiben. Dies würde 10 Punkte kosten.

TRAININGSTIPP

Dieses Schild würde ich wie im nationalen Regelwerk das Schild 324 aufbauen. Das haben wir in dem Webinar „Die neue Prüfungsordnung 2022“ wunderbar aufgebaut. Auch wenn der Hund bei diesem Schild nicht an der Pylone stehenbleiben muss, können wir ihn durch diesen Aufbau schön zur Pylone schicken und ihn drumherum laufen lassen. Übt auch, dass hinter der Pylone weitere Gegenstände stehen können, wie z. B. Pylonen oder ein Weidezaun oder Zuschauer …

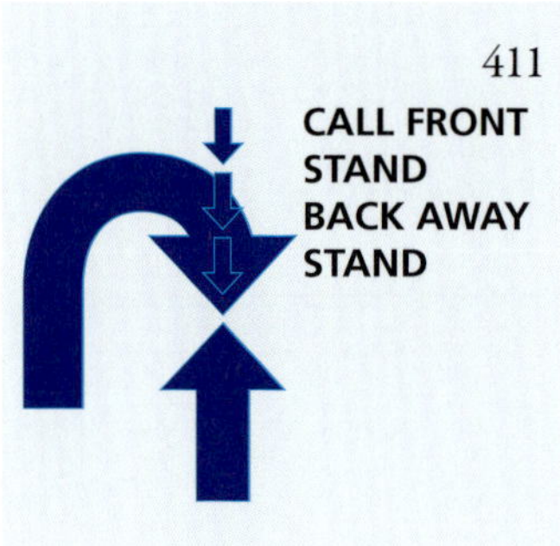

SCHILD 411: VORSTEH UND DANN 3 KÖRPERLÄNGEN RÜCKWÄRTS GEHEN

Hier kommt mit eines der schwierigsten Schilder, welches die FCI-Klasse zu bieten hat. Aber deshalb liebe ich dieses Schild auch so sehr. Es macht ein Menge Spaß, die Hunde auf dieses Schild vorzubereiten, und wenn es dann klappt, ist es nochmal so schön. Wir kommen an diesem Schild an und fordern den Hund auf, sich vor uns zu stellen. Nun muss der Hund drei Körperlängen rückwärtsgehen. Mit Körperlänge ist die Länge vom Widerrist bis zum Po – also ohne Kopf und ohne Rute – gemeint. Der Hund bleibt nach den drei Körperlängen entweder automatisch stehen oder auf euer Kommando. Nun geht ihr in gerader Linie zum nächsten Schild. Seid ihr auf Höhe des Hundes, ruft ihr ihn in die **linke** Fußposition und geht mit ihm gemeinsam bis zum nächsten Schild, welches 5 Meter vom vorherigen Schild entfernt steht. Der Hund kommt immer in die linke Fußposition, auch wenn er vorher rechts geführt war. Wenn ihr den Hund abgerufen habt, dürft ihr langsamer werden, aber nicht stehenbleiben.

	–1 Punkt	**–10 Punkte**
Hund bleibt stehen, bevor er 3 KL zurückgegangen ist		X
Hd geht keine 3 KL rückwärts		X
Hd steht > 45°–90° schief	X	
Hd steht > 90° schief		X
HF bleibt stehen, bevor der Hd wieder in Fußposition kommt		X
Hd läuft los, bevor HF auf seiner Höhe ist		X

TRAININGSTIPPS

Für das Rückwärtsgehen müsst ihr erst die Beinmuskulatur eures Hundes trainieren. Das könnt ihr machen, indem ihr euren Hund beim Gassigehen öfters vor euch rückwärtslaufen lasst. Stellt ihn vor euch hin und lasst ihn ein paar Meter rückwärtsgehen. Ihr könnt ihn auch rückwärts einen Hügel hochlaufen lassen. Hierbei könnt ihr auch die TellingtonTouch-Bänder an den hinteren Pfoten befestigen, damit der Hund seine Hinterpfoten gut wahrnehmen kann und die Pfoten auch schön hochhebt. Je besser euer Hund die Beinmuskulatur trainiert hat, desto einfacher fällt ihm das Rückwärtslaufen.

Alternativ könnt ihr auch ein Physiokissen nehmen oder einen Dogstepper und euren Hund mit den Hinterpfoten draufstehen lassen. Ihr stellt euch gegenüber vom Hund auf. Nun fordert ihr euren

Hund auf, ein paar Schritte auf euch zuzukommen. Jetzt lasst ihr euren Hund so lange rückwärtsgehen, bis er mit den Hinterpfoten das Physiokissen oder den Dogstepper erreicht hat. Achtet darauf, dass der Hund dabei nicht stehenbleibt, sondern in einem durch rückwärtsläuft. Hier könnt ihr auch gut den Clicker verwenden. Den Abstand zum Kissen erhöht ihr, wenn der Hund zu 80 % die Aufgabe korrekt fließend abarbeitet.

Es reicht jedoch nicht aus, mit dem Physiokissen oder Dogstepper zu Hause zu trainieren. Auf dem Hundeplatz ergibt sich für den Hund ein anderes Bild. Deshalb müsst ihr es auch auf der freien Wiese üben. Beginnt hier nochmal mit einer kurzen Distanz und erhöht sie erst nach und nach.

Für den Hund ist es auch eine andere Übung, wenn er zuerst neben euch steht, sich dann vor euch stellen soll und dann drei Körperlängen rückwärtsgehen soll, als wenn er direkt vor euch steht. Deshalb trainiert den kompletten Schilderablauf. Zu Beginn könnt ihr auch beim Zusammensetzen der Übung das Physiokissen hinter dem Hund ablegen, damit er auch dann weiß, wie weit er rückwärtsgehen soll.

Eine andere Methode ist, die Übung direkt von Anfang an mit dem Fußgehen zu beginnen. Ihr haltet an, fordert den Hund zum Vorsteh auf und lasst dann den Hund rückwärtsgehen, indem ihr ihn mit einem Futter vor der Nase rückwärtsgehen lasst. Zuerst geht ihr mit, indem ihr ihn quasi rückwärts schiebt. Benutzt hier schon euer Kommando für das Rückwärtsgehen. Wenn der Hund automatisch rückwärtsgeht, wenn ihr diesen Bewegungsablauf macht, könnt ihr auch stehenbleiben und den Hund selbstständig rückwärtslaufen lassen. Sollte der Hund beim Rückwärtsgehen schief werden, so kostet es lediglich einen Punkt, wenn der Hund schiefer als 45°–90° ist. Ist der Hund jedoch schiefer als 90°, so kostet es 10 Punkte. Kommt der Hund weit vom Weg ab, so wird nichts abgezogen. Die Entfernung zum Laufweg spielt keine Rolle.

Nun bringt dem Hund auch bei, sicher stehenzubleiben, bis ihr auf seiner Höhe seid. Erst dann soll der Hund sich bewegen und in eure linke Fußposition kommen. Würde der Hund zu früh losgehen, so kostet das leider 10 Punkte. Bleibt der Hund nach dem Abruf nochmal stehen, bevor er eure Fußposition erlangt hat, kostet das auch 10 Punkte. Bleibt ihr stehen, um dem Hund es zu erleichtern in die Fußposition zu kommen, kostet es auch 10 Punkte.

War der Hund vor diesem Schild rechts geführt, so ist er nach dem Abruf auf jeden Fall links geführt.

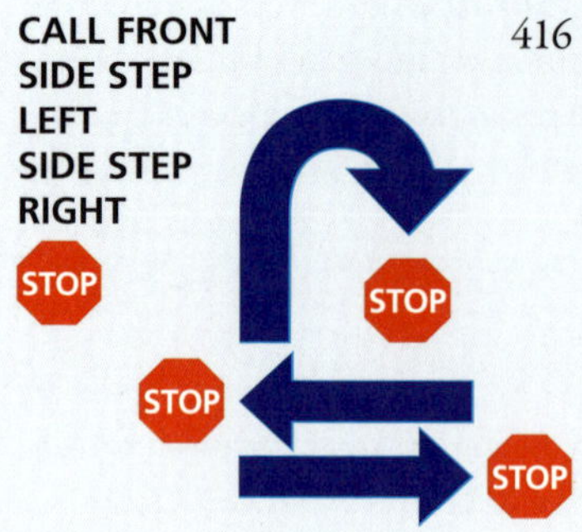

entspricht:

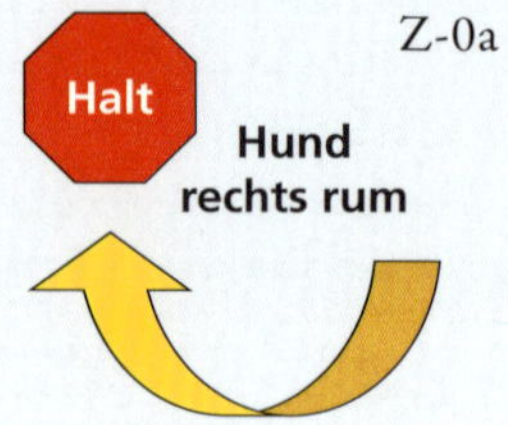

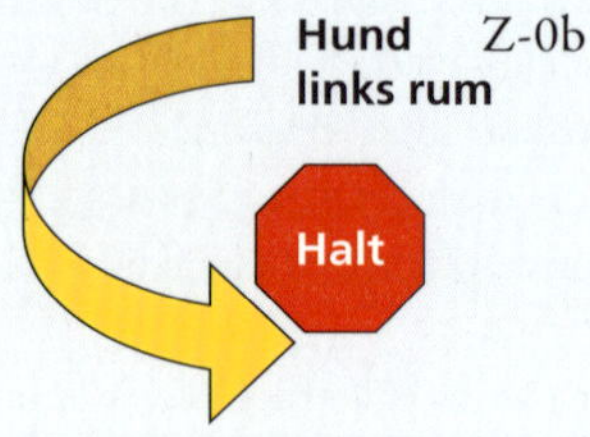

Dieses Schild kann mit den folgenden Schildern kombiniert werden:

Auch wenn Schild 222 mit den Abschlüssen a oder b im nationalen Regelwerk in der Klasse 2 angesiedelt ist, ist das internationale Schild 416 in der FCI Klasse ein 4-Punkt-Schild. Ihr denkt wieder daran, keinen Einleitungsschritt zu machen und keine Rückwärtsschritte. Die Schwierigkeit des FCI-Schildes liegt in den Seitwärtsschritten unseres Hundes, die er vor uns machen muss. Geht der Hund nicht seitwärts sondern vorwärts, kostet dies 10 Punkte. Wie er danach den Abschluss macht, rechtsrum oder linksrum, ist egal. Der Hund kommt auf jeden Fall auf deine linke Fuß-Seite, auch wenn er vorher rechts geführt war und zeigt ein Sitz als Abschluss.

HÜRDENABRUF – SCHILD 421

Nun beschäftigen wir uns mit einem Hürdenschild, das anders aufgebaut ist als die Hürdenschilder im nationalen Bereich.

Im Parcours steht zuerst das Schild 319,408 oder 409. 8 Meter weiter kommt das Sprungschild 421. Die Hürde steht genau zwischen diesen Schildern auf 4 Meter. Sie steht 2 Meter entweder rechts oder links von der Mitte des Laufweges entfernt.
Das Schild 319 haben wir schon bei den 3-Punkt-Schildern besprochen. Es könnten aber auch die Schilder Sitz aus der Bewegung oder Platz aus der Bewegung mit dem Sprung kombiniert werden.

Wenn der Hund links geführt ist, steht der Sprung 2 Meter von der Mitte vom Laufweg auf der linken Seite. Bei dem rechts geführten Hund steht der Sprung 2 Meter von der Mitte vom Laufweg auf der rechten Seite.
Die Schilderhalter mit den Schildern 319, 310 oder 311 stehen immer rechts vom Laufweg. Nun komme ich am ersten Schild an und entweder zeigt der Hund ein Sitz und ein Steh (Schild 319), ein Sitz aus der Bewegung (Schild 408), oder ein Platz aus der Bewegung (Schild 409), je nachdem welches Schild wir stehen haben. Wir gehen geradeaus auf das Schild 421 zu. Wir dürfen den Laufweg nicht in Richtung Hürde verlassen. Auf dem Weg zum Schild 421 dürfen wir nicht stehenbleiben. Natürlich könnt ihr beim Vorwärtsgehen die Hürde zeigen. Bei dem Schild 421 dürfen wir für die Drehung kurz stehenbleiben. Wir drehen uns um und stellen uns hin. Der Hundeführer darf hier keine zusätzlichen Schritte Richtung Hürde machen, um dem Hund zu helfen. Jetzt fordern wir den Hund auf, über die Hürde zu springen und zu uns in die Fußposition zu kommen. Dies muss der Hund in einer fließenden Bewegung machen, ohne stehenzubleiben. Der Hund darf um uns herum auf die linke Fuß-Seite kommen oder linksrum in die Fußposition kommen. Sobald der Hund in der Fußposition ist, geht der Hundeführer mit dem Hund weiter. Hier ist kein Sitz gefordert.
Warum habe ich eben explizit darauf hingewiesen, dass die Schilderhalter vor der Hürde immer rechts von uns stehen? Weil ihr beim rechts geführten Hund euch schon bei der Parcoursbegehung Gedanken machen müsst, wo ihr den Hund sinnigerweise auf den Abruf warten lasst. Es wäre blöd, wenn der Schilderhalter, dem Hund auf dem Weg zur Hürde im Weg stehen würde. Ihr könnt den Hund entweder ganz links im Arbeitsbereich warten lassen, dann stört der Schilderhalter nicht oder halt direkt zu Beginn des Arbeitsbereichs und dann so weit wie möglich nach rechts. So wäre der Laufweg zur Hürde auch frei zugänglich. Das sind Überlegungen, die ihr bei der Parcoursbegehung bedenken müsst.
Das Schild 421 *Turn around – recall – over jump* ist ein Schild, bei dem der Hund auf die linke Fuß-Seite kommt. Egal ob der Hund vor dem Sprung auf der rechten Seite oder auf der linken Seite war, er kommt auf jeden Fall auf eure linke Fuß-Seite, bevor ihr weitergeht.

entspricht:

entspricht:

	−5 Punkte	−10 Punkte
HF verlässt Laufweg und geht zur Hürde		X
HF bleibt stehen, bevor er vor dem Abrufschild ankommt		X
HF macht Ausfallschritt zur Hürde beim Abruf		X
Hund kommt vor dem Rückruf, bzw bevor HF Abrufposition eingenommen hat		X
Hund springt nicht		X
Hund bleibt nicht in Bewegung ab Abruf bis zur Fußposition		X
Stange fällt	X	
Hund kommt in Fußposition und zeigt ein zusätzliches Element wie Vorsitz oder Sitz		X

Auch dieses Schild kann nur in Kombination mit diesen Schildern gestellt werden:

WEITERES ABRUFSCHILD SCHILD 422

Auch das Schild 422 kann nur in Kombination mit den Schildern 319, 408 oder 409 gestellt werden. Der Hund bleibt an einem dieser drei Schildern stehen, sitzen oder liegen. Der Hundeführer geht zum Schild 422 und beginnt mit *Turn around …*

Hier kann der Hundeführer vor dem Schild kurz stehenbleiben, um sich vor dem Schild umzudrehen. Nun steht der Hundeführer dem Hund in einer Entfernung von 3–5 Meter gegenüber.

Back away: Jetzt fordert der Hundeführer den Hund auf, mindestens eine Körperlänge rückwärtszugehen. Entweder der Hund stand, da ist es relativ einfach, den Hund direkt ins Rückwärtslaufen zu bekommen.

Oder der Hund saß wegen dem Schild 408, so darf der Hund natürlich erst aufstehen, also mit dem Hinterteil hoch gehen. Hierbei ist jedoch zu beachten, dass der Hund beim Aufstehen keine Vorwärtsbewegung zeigt.

Liegt der Hund im Platz wegen dem Schild 409, so muss er natürlich erst aufstehen (egal ob die Hinterhand oder die Vorderhand fest ist), aber auch hier darf er nicht vorwärtsgehen. Ein Wechsel ins Steh mit sofortigem Rückwärtsgang ist recht schwierig und sollte in eurem regelmäßigen Trainingsprogramm berücksichtigt werden.

Stop: Ist der Hund mindestens eine Körperlänge rückwärtsgegangen, könnt ihr den Hund auffordern, ein Sitz zu zeigen. Der Hund muss sich nach dem Zurückgehen hinsetzen. Es ist nicht fehlerhaft, wenn der Hund mehr als eine Körperlänge rückwärts geht.

Down: Aus dem Sitz geht der Hund auf Aufforderung in ein Platz.
Recall: Nachdem der Hund das Platz gezeigt hat, ruft ihr den Hund wieder in eure linke Fußposition. Hierbei hat es wieder keine Bedeutung, ob der Hund rechtsrum auf die linke Fuß-Seite kommt oder linksrum in die linke Fußposition. Der Abschluss ist ein Sitz, bevor ihr zusammen weitergeht.

TRAININGSTIPPS

Rückwärtslaufen steht sowieso schon auf eurer Todo-Liste. Spätestens bei diesen Schildern lege ich euch ans Herz, einmal über den Tellerrand zu schauen. Im Obedience trainieren die Hundesportler, dass der Hund entweder vorne oder hinten beim Positionswechsel mit den Pfoten fest auf dem Boden bleibt. Nicole und ich haben es auch schon mit euch beim Webinar „Die neue Prüfungsordnung 2022“ besprochen. Es ist vom großen Vorteil, wenn der Hund vom Sitz ins Steh springt oder vom Platz ins Steh kommt, ohne sich vorher hinzusetzen. Schaut euch hierzu nochmal verschiedene Trainingsmöglichkeiten an.

Jetzt fehlen uns nur noch einige wenige Schilder. Hier benötigt ihr keine Erklärung zu, da wir dieses Schild auch im nationalen Regelwerk haben und sich diese Schilder nicht unterscheiden. Der wesentliche Unterschied liegt im Punkteabzug, im internationalen Bereich kostet das Stehenbleiben 10 Punkte.

Lola rennt um Iris herum, während diese weitergeht.

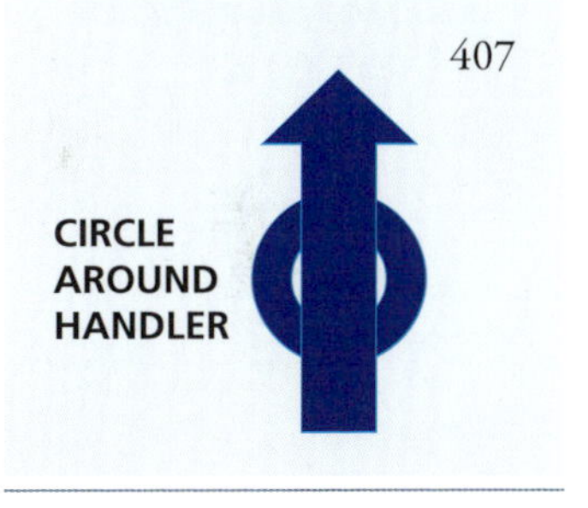

entspricht:

entspricht:

entspricht:

Wir haben schon viel über Schilder 408 und 409 in Verbindung mit den Abrufschildern gesprochen. Diese sind gleich mit den Schildern aus dem nationalen Regelwerk 310 und 311. Im internationalen Regelwerk können sie mit dem Sprung 421 gestellt werden oder vor den Abrufschildern:
321 *Turn around, recall*
322 *Turn around, recall front stop, right to left, stop*
323 *Turn around recall, front stop, left to left, stop*
422 *Turn around, back away, sit, down recall*
Die Abrufschilder stehen immer 3–5 Meter nach den Schildern 408 und 409. Anstelle eines Abrufschildes könnte auch der Rückrufkegel stehen. Dies haben wir schon auf Seite 227 und 228 besprochen. *Moving sit – walk forward* und *moving down – walk forward* ist Sitz oder Platz aus der Bewegung wie in unserem nationalen Regelwerk. Ihr dürft nicht stehenbleiben, während ihr das Kommando zum Sitz oder Platz gebt oder auch während ihr zum nächsten Schild geht. Der Hund muss sofort die korrekte Position einnehmen. Ist dieses Schild mit einem Rückrufkegel kombiniert, ist es klar, dass der Hund die Position beibehalten muss, bis ihr diesen erreicht habt. Denn der Abruf durch den Rückrufkegel fließt bei der Bewertung mit in dieses Schild ein. Anders ist es, wenn der Abruf durch eine andere Übung/ein anderes Schild erfolgt. Startet der Hund hier zu früh oder hatte er gar keine geforderte Position eingenommen, bevor ihr die Abrufposition erreicht habt, so ist das Schild mit der Bleib-Übung und auch der Abruf mit jeweils 10 Punkten weg.

	–10 Punkte
HF bleibt nicht in Vorwärtsbewegung	X
Hd nimmt nicht auf Anhieb richtige Position ein	X
Hd hält Position nicht bei, bis HF Rückrufkegel erreicht hat	X
Hd startet, bevor HF Rückrufkegel erreicht hat	X

SCHILD 410: HUND ZUR PYLONE SCHICKEN

Im internationalen Regelwerk steht zum Schild 410, dass der Hundeführer stehenbleibt und den Hund neben sich setzen lässt. Hierbei muss sich das Team nicht zur Pylone ausrichten, aber es darf es tun. Die Pylone steht in 3–5 Meter Entfernung in einem Winkel von 45°–90° vom Laufweg. Auch in der International Class muss der Hund lediglich zur Pylone laufen, ein Umrunden ist nicht notwendig. Der Hund muss innerhalb des 1 Meter-Radius zur Pylone stehenbleiben und warten, bis der Hundeführer zum Rückrufkegel gegangen ist. Hierbei ist eine Pfote im Radius ausreichend. Sobald der Hundeführer den Rückrufkegel erreicht hat, darf er seinen Hund rufen. Hierbei wechselt der Hund **nicht** die Fuß-Seite. War der Hund vor diesem Schild rechts geführt, so kommt er nach dem Abruf auch wieder auf die rechte Seite. Der Hundeführer darf ab dem Rückruf langsamer werden. Der Rückrufkegel hat auf jeden Fall einen Abstand von mindestens zwei Meter zu der Pylone. Die Pylone darf anders wie die Hürde, rechts oder links vom Laufweg stehen, unabhängig auf welcher Seite der Hund geführt wird.

entspricht:

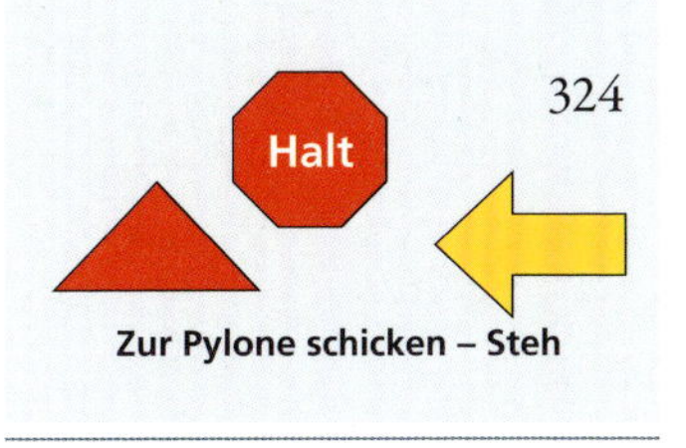

TRAININGSTIPPS

Das Training für das Zur-Pylone-Schicken haben wir ausführlich im nationalen Regelwerk auf Seite 149 bis 150 besprochen. Zusätzlich haben Nicole und ich mich mit Trainingstipps im Webinar „Die neue Prüfungsordnung 2022“ dazu geäußert. Hierbei haben wir schon die Hundeführer aus den Beginner-Klassen mit ins Boot geholt. Auch ein Beginner-Hund hat viel Spaß, das Pylonen-Training zu absolvieren und ihr verschafft euch, wenn ihr frühzeitig damit anfangt, viel Zeit, um die komplexe Aufgabe zu lösen.

SCHILD 412: DAS RÜCKWÄRTSGEHEN

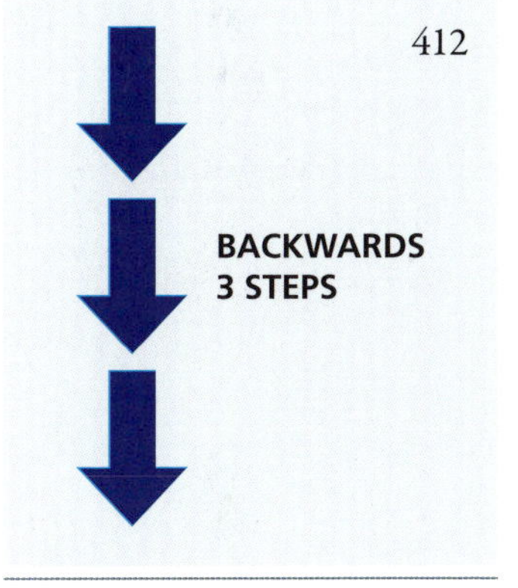

nicht ganz gleich mit

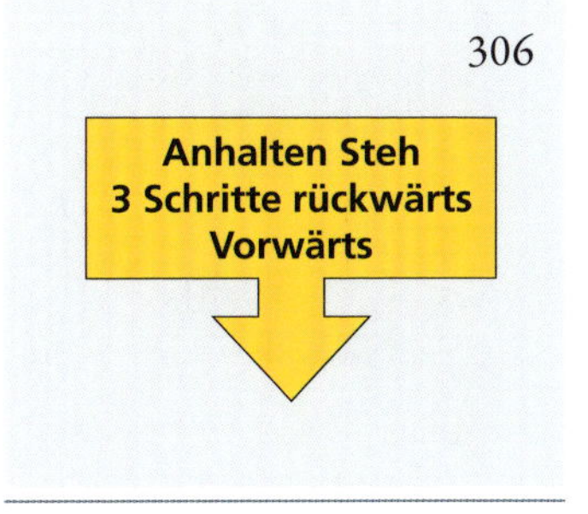

Der Unterschied zwischen diesen beiden Schildern ist nicht nur, dass man im nationalen Regelwerk noch zu Beginn ein *Anhalten – Steh* zeigen muss.
Im internationalen Bereich kommt ihr bei diesem Schild an. Um es dem Hund einfacher zu machen, müsst ihr nicht direkt rückwärts gehen, sondern ihr könnt erst mit dem einen Fuß ankommen, dann den anderen daneben stellen und dann rückwärts gehen: also Fuß eins absetzen, Fuß 2 daneben setzen, Fuß 1 nach hinten setzen – eine fließende Bewegung. Ihr dürft nicht ankommen und stehenbleiben! Das würde 10 Punkte Abzug kosten. Ihr könnt auch an dem Schild ankommen und direkt mit eurem Hund gemeinsam rückwärts gehen. Ihr müsst mindestens drei Schritte rückwärtsgehen, aber ihr dürft auch mehr gehen. Wichtig ist lediglich, dass der Hund gleichzeitig parallel mit euch zurückgeht. Ist der Hund beim Rückwärtslaufen schiefer als 45°–90°, so kostet es nur einen Punkt Abzug, ist der Hund jedoch über die 90°, so sind 10 Punkte weg. Der Hund darf bei dieser Übung bis zu 50 cm von euch entfernt sein. Der Hund und du, ihr müsst bei dieser Übung in Bewegung bleiben. Bleibt ihr sichtbar stehen, so kostet es 10 Punkte. Nach dem Rückwärtsgehen geht ihr vorwärts weiter.

TRAININGSTIPP

Bei diesem Schild kann man auch wunderbar mit Vorkommandos arbeiten. Auf dem Weg zu diesem Schild könnt ihr eurem Hund schon sagen: „Achtung: Rückwärts“ und dann geht ihr rückwärts. Wenn ihr mit Vorkommandos arbeitet, kann der Hund sich auf das Rückwärtsgehen eher einstellen.

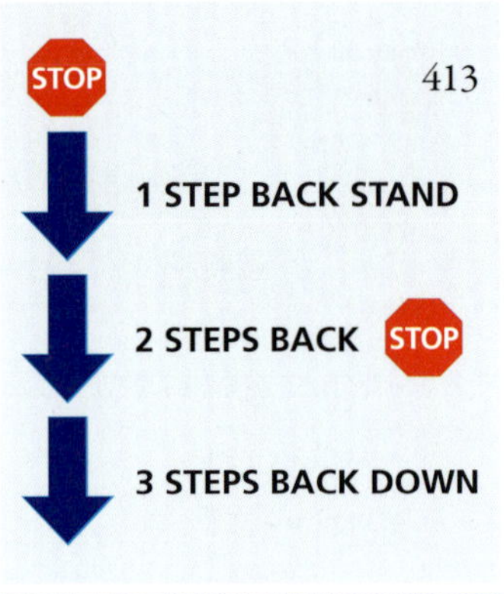

Im internationalen Bereich gibt es ein weiteres Rückwärtsschild: Das Schild 413. Im Prinzip ist dieses Schild wie unser nationales Schild 107. Nur dass das Schild 107 vorwärts gearbeitet wird und das internationale Schild 413 rückwärts. Bei Schild 413 kommt ihr an und lasst den Hund neben euch sitzen. Nun fordert ihr euren Hund auf, mit euch gemeinsam einen Schritt rückwärtszugehen und dann haltet ihr an. Der Hund bleibt neben euch stehen. Dann geht ihr gemeinsam zwei Schritte rückwärts und haltet wieder an. Der Hund zeigt hier ein Sitz. Nun geht ihr gemeinsam drei Schritte rückwärts und haltet wieder an. Der Hund geht ins Platz. Anschließend geht ihr gemeinsam vorwärts.
Schauen wir uns doch mal an, was man hier für Punkte verlieren kann:

	–1 Punkt	**–3 Punkte**	**–5 Punkte**	**–10 Punkte**
Hund ist schief > 45°–90°	X			
Hund ist schief > 90°				X
Hd versucht die Position zu ändern, wenn er nicht soll		X		
Hd zögert oder zeigt kurze Verzögerung	X	X	X	
Hund tritt dem Hundeführer auf die Füße	X			
In der Position Sitz oder Steh verändert der Hund 2–3 Pfoten von der Stelle	X			
Hund lehnt sich beim Fußgehen gegen den Hundeführer	X			
Der Hund verändert mit allen vier Pfoten seinen Standort				X

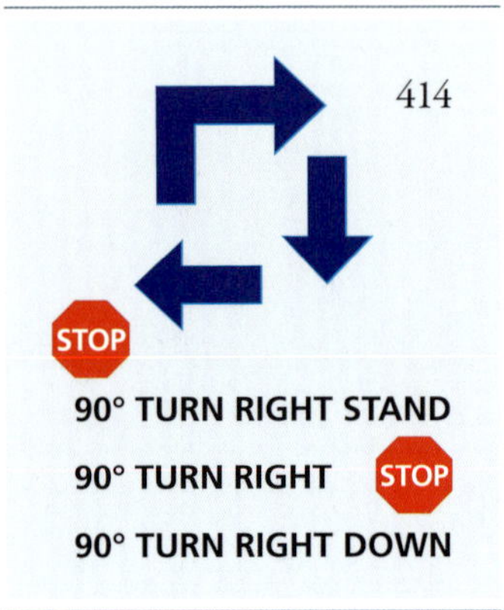

RICHTUNGSWECHSEL

Meine absoluten Lieblingsschilder – ich hoffe, dass wir diese im nächsten nationalen Regelwerk aufnehmen.
Ihr kommt an diesem Schild an und arbeitet vor dem Schild. Irgendwo dort, wo einer vom Team, im Arbeitsbereich 1 × 1 Meter vor dem Schild, einmal während dieser Übung reinkommt.
Ihr bleibt vor dem Schild stehen, der Hund setzt sich hin. Ihr biegt mit dem Hund zusammen je nach Schild rechts oder links ab und bleibt stehen. Der Hund zeigt ein Steh. Ihr biegt wieder nach rechts oder links ab, der Hund geht mit und setzt sich hin, wenn ihr stehenbleibt. Nun noch ein letztes Mal nach rechts oder links abbiegen und

der Hund geht gleichzeitig mit. Wenn ihr stehenbleibt, geht der Hund ins Platz. Bei dem Schild 414 geht ihr, wenn ihr das Schild abgearbeitet habt, links weiter und bei dem Schild 415 geht ihr am Ende rechts weiter.
Die Fußfolge beim Drehen muss auf ein DIN-A4-Blatt passen. Hier gibt es Punktabzug für eine kurze bis längere Verzögerung durch den Hund, wenn er die geforderten Positionen einnehmen soll. Außerdem kann es drei Punkte Abzug geben, wenn der Hund sich hinsetzen möchte, obwohl er gerade stehen soll.

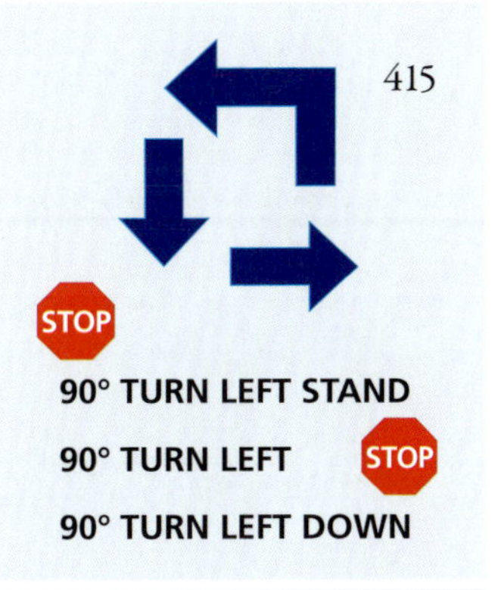

	–1 Punkt	**–3 Punkte**	**–10 Punkte**
HF dreht > DIN-A4 bis < DIN-A3		X	
HF dreht > DIN-A3			X
Hd versucht sich zu setzen, macht es aber nicht		X	
Hd schief > 45°–90°	X		
Hd schief > 90°			X

SCHILD 419: SITZ AUS DER BEWEGUNG UND UM DEN HUND HERUM

Bei diesem Schild fordert ihr euren Hund aus der Bewegung heraus auf, das Sitz einzunehmen, während ihr im Laufweg um den Hund herum geht. Der Hund muss das Sitz spätestens dann eingenommen haben, wenn ihr auf Höhe der äußeren Pfote seid. Sitzt der Hund bis dann noch nicht, so verliert ihr 10 Punkte. Wenn ihr um den Hund herum gegangen seid, müsst ihr kurz neben eurem Hund stehenbleiben, ehe ihr vorwärts weitergeht. Vergesst ihr das Stehenbleiben, kostet dies 10 Punkte. Einen größeren Bogen um den Hund zu laufen, damit er mehr Zeit hat, um das Sitz einzunehmen, ist keine Option. Seid ihr weiter als 0,5–1 Meter von eurem Hund entfernt, bekommt ihr drei Punkte abgezogen, macht ihr den Bogen um den Hund noch weiter als einen Meter entfernt, so ist das Schild mit 10 Punkten weg.

TRAININGSTIPPS

Trainiert für dieses Schild das zügige Sitz aus der Bewegung. Das könnt ihr beim täglichen Gassigehen immer wieder einbauen. Belohnt den Hund hierbei, indem ihr zum Beispiel Futter oder ein Spieli beim zügigen Sitz hinter den Hund werft – also er nicht die Belohnung bekommt, wenn er zu euch kommt. Solltet ihr im Besitz eines Futterautomaten sein, so leistet dieser für diese Übung auch gute Dienste. Denn beim zügigen Sitz darf der Hund sich das Futter aus dem

Automaten holen. Er lernt, dass es nicht immer die Belohnung gibt, wenn er zu euch läuft. So macht es für den Hund keinen Sinn, wenn ihr Sitz sagt, weiter mit euch mitzulaufen. Besonders, wenn die Futterbelohnung (Automat) hinter dem Sitz „winkt".

NOCHMAL EIN HÜRDENSCHILD: SCHILD 420

etwa vergleichbar mit:

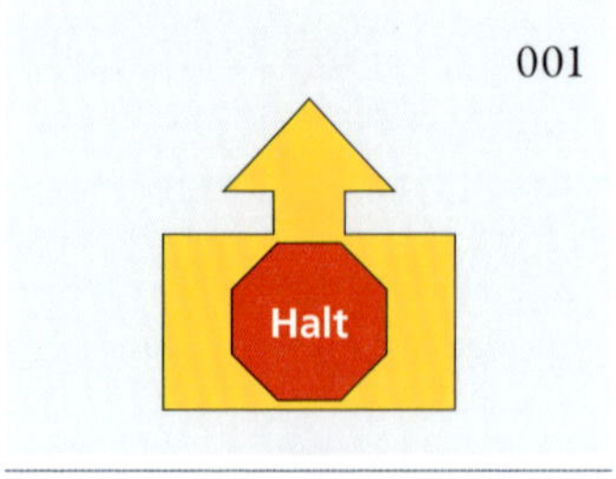

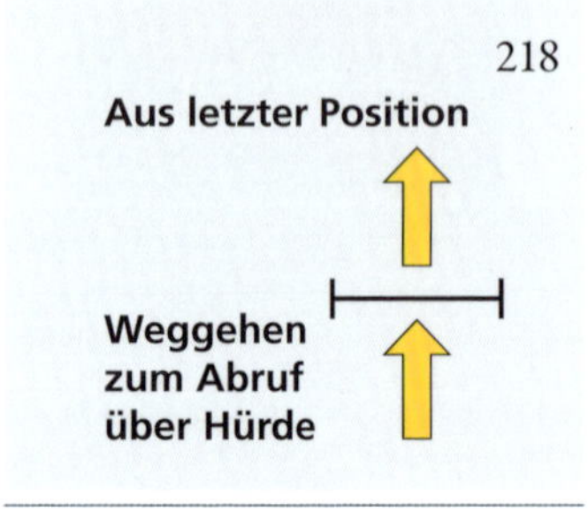

Die Schilder 420 internationale Klasse und 001 + 218 nationale Klasse sind zwar nicht wirklich gleich, aber man könnte sie theoretisch miteinander vergleichen.
Das Schild 420 steht auf der rechten Seite. Der Sprung kommt hinter dem Schild. Beim rechts geführten Hund steht die Hürde rechts. Beim links geführten Hund steht die Hürde links.
Ihr haltet im Arbeitsbereich neben dem Schild an und lasst den Hund sitzen. Ohne Hund geht ihr geradeaus weiter an der Hürde vorbei. Sobald ihr auf der Höhe der Hürde seid, dürft ihr den Hund rufen. Ihr dürft nicht stehenbleiben und geht geradeaus weiter zum nächsten Schild. Der Hund startet und springt über die Hürde und kommt wieder auf die ursprüngliche Fußseite zurück. Gemeinsam geht ihr zur nächsten Übung. Ihr dürft ab dem Rückruf wieder langsamer werden. Ihr müsst die ganze Zeit in Bewegung sein.

TRAININGSTIPPS

Die FCI-Hürden sind nicht so teuer. Von daher würde ich mir eine solche Hürde anschaffen und mit dem Hund dieses Schild trainieren. Hier könnt ihr auch ein Target hinter dem Sprung legen und den Hund auffordern, über die Hürde zum Target zu laufen. Oder, falls der Hund keine Ambitionen hat, über die Hürde zu springen, könnt ihr eine Futterschale dorthin stellen. Ihr könnt dann auch erst auf Höhe der Hürde stehenbleiben um dem Hund die Möglichkeit, ohne zu springen zu euch zu kommen, zu nehmen.

Finish/Ziel: Das Ziel-Schild beendet zwar den Parcours, aber ihr seid noch nicht am Ende. Das Ziel-Schild würde das Tempo „Schnell" oder das Tempo „Langsam" aufheben. Denn ab dem Ziel-Schild geht ihr im normalen Tempo weiter bis zur Parcoursbegrenzung. Der Hund bleibt auf der Seite, auf der er vor dem Ziel-Schild auch war. Wechselt der Hund nach dem Ziel auf die falsche Seite, kostet dies 10 Punkte für den Transport. Mit dem Verlassen des Rings wird die Zeitmessung gestoppt. Hinter der Parcoursbegrenzung leint ihr euren Hund an und jetzt dürft ihr euch freuen und den Hund loben. Ab dem Betreten des Parcourfeldes bis Verlassen des Parcoursfeldes werdet ihr bewertet.

ALLGEMEINE HINWEISE

Alle Sportler, die Probleme mit den Mehr-Schild-Übungen haben, können aufatmen: diese gibt es in der internationalen Klasse nicht.

Nicole und Dreamer zeigen die perfekte Fußarbeit im Transport.

Das ist aber auch nicht notwendig, denn die Schwierigkeit im FCI-Rally Obedience liegt in den kurzen Abständen der Schilder (3–5 Meter) und dass alle Bewegungsschilder auch in Bewegung ausgeführt werden müssen. Bei allen Übungen, die kein Element haben, wo der Hund zum Sitzen, Liegen oder Stehen kommt, müsst ihr und auch der Hund in Bewegung bleiben und keiner, weder du noch der Hund, darf stehenbleiben. Der Weg von einem Schild zum anderen wird als Transport bezeichnet und muss ebenfalls in Bewegung geschehen. Bleibt ihr zwischen den Schildern stehen oder euer Hund kommt zum Stillstand, so wird dies mit 10 Punkten bestraft.

Wie im nationalen Regelwerk auch beginnt ihr euren Lauf mit 100 Punkten. Ihr könnt 10 Punkte verlieren, wenn ihr ein Schild nicht nach Übungsbeschreibung arbeitet. Alles, was bei uns im nationalen Bereich als zusätzliche Elemente oder als fehlende Elemente fünf Punkte Abzug kostet, kostet im internationalen Regelwerk 10 Punkte und das Schild ist weg.

Richtig günstig ist es, wenn der Hund sich auf eure Füße stellt oder er euch extra mit seiner Nase berührt oder ein Schild oder einen Kegel berührt, das kostet alles nur einen Punkt.
Teurer ist es, wenn der Hund oder der Hundeführer richtig auf das Schild oder gegen einen Kegel latscht und sich diese bewegen, das kostet drei Punkte. Drei Punkte kostet es auch, wenn der Hund versucht die Seite zu wechseln, es aber letztendlich nicht macht oder wenn er versucht, seine Position zu verändern, obwohl das gerade nicht gefordert ist. Ist der Hund weiter als 51 cm bis einen Meter von euch entfernt, so kostet dies auch drei Punkte. Geht der Hund oder der Hundeführer auf der anderen Seite eines Schildes oder eines Kegels vorbei kostet es auch drei Punkte. Wenn der Hund euren Laufweg blockiert, zum Beispiel in einer Spirale und ihr nicht flüssig

laufen könnt, kostet dies auch drei Punkte. Wenn ihr ineinanderlauft, kostet es drei Punkte. Bei allen Schildern, bei denen der Hund eine stationäre Position einnimmt und sich mit 2–3 Pfoten von der ursprünglichen Stelle fortbewegt, kostet dies drei Punkte. Wenn ihr eure Füße in einer Position nicht stillhaltet, kostet es drei Punkte. Bei den Wendeübungen, müsst ihr darauf achten, dass ihr euch gleichzeitig dreht und nicht zeitversetzt. Auch dies wird mit drei Punkten bestraft. Die Pylonen, Kegeln und Futterschüsseln oder das Spielzeug dürft ihr nicht weiter als 50 cm entfernt umrunden, sonst kassiert ihr hier auch drei Punkte.
Drei Punkte Abzug gibt es, wenn man im Parcours das Tempo wechselt, wo nicht gewünscht. Wenn der Hundeführer zum Beispiel beim Twist langsamer wird, bei Sitz, Platz, Steh aus der Bewegung oder bei der Hürde der Hundeführer langsamer wird, um dem Hund die Hürde zu zeigen
Neben den Punktabzügen bei den Schildern und beim Transport gibt es sogenannte Verhaltensauffälligkeiten, die bei allen Schildern und allen Transporten zusätzlich abgezogen werden können. Diese Beurteilungen sind im Regelwerk mit einem Stern gekennzeichnet. Sie können ohne Höchstsumme abgezogen werden:

–3 Punkte	**–5 Punkte**	**–10 Punkte**
* Hund springt gegen den Hundeführer	* Der Hundeführer gibt ein lautes Kommando oder ein einschüchterndes Signal	* Der Hund verlässt den Hundeführer, wenn er nicht soll, kann aber sofort zurückgerufen werden.
		* Der Hund nimmt etwas innerhalb des Rings auf
		* Der Hundeführer berührt den Hund
		* Sichtbare Leine
		* Wiederholen einer Übung

Bevor ich zum Gesamteindruck komme, möchte ich aber noch die Disqualifizierungen bzw. „nicht bestanden“ mit euch durchgehen:

— Ihr betretet den Ring, obwohl euer Hund noch angeleint ist.
— Ihr habt Leckerlis, Futter, Spielzeug oder Ähnliches sichtbar im Ring dabei.
— Ihr geht an einem Schild vorbei, ohne dieses zu bemerken und ohne dass ihr irgendetwas macht.
— Ihr geht den Parcours in der falschen Reihenfolge ab.
— Ihr seid harsch zu eurem Hund im Ring oder auf dem Wettkampfgelände.

- Ihr trainiert im Parcours, indem ihr mehr als eine Wiederholung macht.
- Ihr seid falsch ausgerüstet.
- Euer Hund verlässt den Ring mit allen vier Pfoten, bevor ihr durchs Ziel gegangen seid.
- Euer Hund bellt oder gibt andere Geräusche von sich vom Anfang bis zum Ende.
- Euer Hund schnüffelt von Anfang bis zum Ende und kooperiert nicht mit euch.
- Ihr seid während des Wettkampfs unsportlich.
- Ihr holt euch Hilfe oder Anweisungen von außerhalb des Rings.
- Euer Hund beißt oder ist aggressiv.
- Euer Hund arbeitet nicht mit euch.
- Euer Hund läuft von euch weg, wenn er es nicht soll und kann nicht zurückgerufen werden.
- Euer Hund läuft mehr als einmal von euch weg, wenn er es nicht soll.

Nun komme ich zurück zum Gesamteindruck. Es könnte sein, dass ihr mit 100 Punkten aus dem Ring kommt und richtig gut wart. Der Richter könnte euch jedoch Punkte abziehen, wenn der Hund zum Beispiel nicht von Anfang bis Ende gebellt oder Laute von sich gegeben hat, aber zwischendurch immer wieder kläfft oder quietscht. Da könnte der Richter sagen, dass er xy Punkte dafür abzieht, dass ihn das am Gesamteindruck gestört hat.

Oder der Hund springt im Parcours immer auf und ab, berührt aber dabei nicht den Hundeführer. So gibt es im Regelwerk dafür generell keinen Punktabzug. Aber im Gesamteindruck kann es den Richter gestört haben und deswegen zieht er einige Punkte ab.

Anderes Beispiel: Der Hund bedrängt die ganze Zeit den Hundeführer, indem er beim Fußgehen immer den Laufweg stört, so kann der Richter auch hier Punkte für den Gesamteindruck abziehen.

Es könnte auch sein, dass der Hund viel zwischendurch schnüffelt und die Zusammenarbeit nicht so ist, wie es der Richter gerne sehen möchte, so kann er am Ende deshalb Punkte abziehen.

So kann es auch Punktabzug für den Gesamteindruck geben, wenn der Hundeführer die ganze Zeit einen unfreundlichen Ton gegenüber seinem Hund hat.

All diese Punkte für den Gesamteindruck dürfen jedoch nicht mit mehr als 10 Punkten insgesamt abgezogen werden und der Richter muss diese Abzüge auch begründen.

Ich hoffe nicht, dass ihr vor lauter Punktabzug den Spaß an den großartigen Übungen verloren habt. Bitte druckt euch die Schilder aus und trainiert sie mit eurem Hund. Sie machen richtig viel Spaß und sind für die Gesundheit eures Hundes förderlich. Sie fordern alle Muskelpartien rechts und links zu gleichen Maßen.

Ich wünsche euch ganz viel Spaß bei der International Class!

SERVICE
— *Was sonst noch hilfreich ist*

ZUM WEITERLESEN

Abromeit, Jörg: Haufe TaschenGuide – Lampenfieber und Prüfungsangst besiegen. 2014

Gansloßer, Udo und Mechthild Käufer: **Und sie spielen doch!** Die Wissenschaft vom Hundespiel. 2022

Gansloßer, Udo und Kate Kitchenham: **Hundeforschung aktuell.** Anatomie, Ökologie, Verhalten. 2019

Löckenhoff, Ursula: **Dogwalk.** Gemeinsam unterwegs – Ideen für eine glückliche Mensch-Hund-Beziehung. 2017

Moosmann, Klaus: **Das große Limpert-Buch der kleinen Spiele.** 525 Bewegungsspiele für Jung und Alt. 2017

Buch von Moosmann K2009 **Das große Limpert-Buch der kleinen Spiele** – Staffelspiele

ZUM WEITERCLICKEN

Regelwerk Rally Obedience-Verband für das
Deutsche Hundewesen e. V. (über die Seite vdh.de zu finden)
www.kindersache.de
www.kinderspiele-welt.de
www.sportjugend-nds.de
www.rally-obedience-just-for-fun.de
www.dvg-hundesport.de
www.vdh.de

DANK

Sandra Vonderstein mit Edin, Flicek und Jay Jay.

Ich möchte mich herzlich bei den Lesern meines ersten Buches „Rally Obedience“ bedanken. Ich habe mich über jedes einzelne Feedback gefreut. In meinem ersten Buch standen für mich die Rally-Obedience-Spiele im Vordergrund. In den letzten Jahren habe ich viele Spieleseminare gegeben und wir haben Baseballturniere veranstaltet. Für mich ist es eine große Freude, wenn ich bei diesen Veranstaltungen das Strahlen in den Augen der Hundeteams sehe. Mit wie viel Freude die Teams Rally Obedience machen, ist einfach nur großartig.
Mit meinen Büchern soll der Spaß an RO im Vordergrund stehen, und so findet ihr auch in diesem Buch und in der Kosmos App die Spiele. 2022 ist die neue Prüfungsordnung erschienen und der Kosmos Verlag hat alle Änderungen in der Kosmos App veröffentlicht. Der Kosmos Verlag ist für mich ein Partner, auf den ich mich verlassen kann. Mein Traum war es, eine Neuauflage vom ersten Buch schreiben zu dürfen, in dem ich das neue Regelwerk vorstellen darf, neue Schilder erklären und ganz viele Tipps geben kann. Deshalb möchte ich mich ganz herzlich bei Katja Pauls bedanken, die immer hinter mir steht und es geschafft hat, dass wir nun dieses Buch in der Hand halten können. Herzlichen Dank an Nicole Harth, mit der ich in den letzten Jahren die Webinare zu diesem Thema erstellt habe. Nicole hat mich viel unterstützt, die Ausbildung der Hunde in Rally Obedience mit vielen guten Ideen abwechslungsreich zu gestalten. Wir beide haben viel Spaß in den Webinaren, die im Kosmos Verlag erschienen sind, Rally Obedience für jeden Hundeführer zu öffnen und auf die Regeln hinzuweisen.
Danke auch an meinen Mann, der mich meinen Traum leben lässt: Rally Obdience selbst zu laufen, zu richten, zu lehren und zu diesem Thema Bücher zu schreiben.
Ganz besonders habe ich mich auch über die tschechischen Leser gefreut. Durch unsere Seminare in Rally Obedience habe ich supernette Teams kennengelernt, die jetzt in Tschechien diese wunderbare Sportart verbreiten und auch mein erstes Buch erworben haben. Die Krönung ist eigentlich, dass dieses Buch ins Tschechische übersetzt wird und erscheint. Ganz, ganz lieben Dank für euer Engagement, und ich hoffe, wir sehen uns bald wieder – vielleicht zur Weltmeisterschaft Rally Obedience!

REGISTER

BILDNACHWEIS

233 Farbfotos wurden von Anna Auerbach/Kosmos für dieses Buch aufgenommen.
Alle Grafiken von Ines Kulik/DOPPELPUNKT.

IMPRESSUM

Umschlaggestaltung von Claudia Eder, Konzept & Gestaltung, Pocking, Würzburg unter Verwendung zweier Farbfotos von Anna Auerbach/Kosmos.

Mit 233 Farbfotos.

Alle Angaben in diesem Buch erfolgen nach bestem Wissen und Gewissen. Sorgfalt bei der Umsetzung ist indes dennoch geboten. Der Verlag und die Autorin übernehmen keinerlei Haftung für Personen-, Sach- oder Vermögensschäden, die aus der Anwendung der vorgestellten Materialien, Methoden oder Informationen entstehen könnten.

Unser gesamtes Programm finden Sie unter **kosmos.de**
Über Neuigkeiten informieren Sie regelmäßig unsere Newsletter, einfach anmelden unter **kosmos.de/newsletter**

Gedruckt auf chlorfrei gebleichtem Papier

Aktualisierte und erweiterte Ausgabe

Pfizerstraße 5–7, 70184 Stuttgart
info@kosmos.de

ISBN 978-3-440-18013-6
Redaktion: Katja Pauls
Gestaltungskonzept: Peter Schmidt Group GmbH, Hamburg
Gestaltung und Satz: DOPPELPUNKT, Stuttgart
Produktion: Angela List, Nina Renz
Druck und Bindung: Westermann Druck Zwickau GmbH, Zwickau
Printed in Germany / Imprimé en Allemagne

FSC www.fsc.org MIX Papier | Fördert gute Waldnutzung FSC® C110508

ALLES RUND UM DEINEN HUND
Entdecke unser einzigartiges Angebot: Bücher, Webinare, Videos ...
Hier findest du kompetente Tipps und wertvolle Ratschläge. Für noch mehr Harmonie zwischen dir und deinem Hund.
KOSMOS-HUND.DE
Melde dich jetzt für unseren KOSMOS-Hunde-Newsletter an und wir schenken dir einen5€-Gutschein für unsere Webinare.
5€ RABATT SICHERN!
© Reddogs / Adobe Stock